新型食用菌食品加工技术与配方

杜连启　编著

国家一级出版社　中国纺织出版社　全国百佳图书出版单位

内容简介

本书简要介绍了食用菌的品种、营养价值及保健功效，重点介绍了利用食用菌进行各种食品加工的工艺、操作技术要点、产品配方及质量标准。本书内容丰富，理论联系实际，重点突出，文字通俗易懂，实用性和可操作性强，可作为从事有关食用菌食品加工企业、加工专业户的指导用书，也可供从事食用菌食品新产品研发的科研人员、管理人员及相关院校食品专业师生的参考。

图书在版编目（CIP）数据

新型食用菌食品加工技术与配方/杜连启编著 . —
北京：中国纺织出版社，2018．8（2021.1重印）
ISBN 978 - 7 - 5180 - 5029 - 1

Ⅰ．①新… Ⅱ．①杜… Ⅲ．①食用菌 - 蔬菜加工
Ⅳ．①S646.09

中国版本图书馆 CIP 数据核字（2018）第 108514 号

责任编辑：闫 婷 国 帅 责任印制：王艳丽 版式设计：天地鹏博

中国纺织出版社出版发行
地址：北京市朝阳区百子湾东里 A407 号楼 邮政编码：100124
销售电话：010—67004422 传真：010—87155801
http：//www. c - textilep. com
E - mail：faxing@ c - textilep. com
中国纺织出版社天猫旗舰店
官方微博 http：//weibo. com/2119887771
天津千鹤文化传播有限公司印刷 各地新华书店经销
2018 年 8 月第 1 版 2021年1月第 4 次印刷
开本：710×1000 1/16 印张：18. 75
字数：346 千字 定价：42. 80 元

前　言

我国是食用菌生产大国，目前，我国人工培植的食用菌和药用菌种类已达70多种，大宗品种有香菇、平菇、木耳、双孢菇、金针菇、草菇等，一系列珍稀品种如白灵菇、茶树菇、真姬菇和羊肚菌等也受到市场青睐。近年来，金针菇、杏鲍菇、海鲜菇和双孢菇等工厂化生产品种日渐丰富，灵芝、虫草、茯苓等药用菌发展也较快，食用菌已成为我国农业领域仅次于粮、油、果、菜的第五大作物，食用菌产量占到全球总产量的75%以上，排名世界第一。2016年全国食用菌产量为3596.66万吨，产值为2741.78亿元。然而我国食用菌以初加工产品为主，精加工产品少，鲜品、干品、罐头和盐渍品的销售约占销售量的95%，其他食品约占销售量的5%，存在着产品的精、深加工环节薄弱，加工程度低，创新产品少，加工技术相对较落后，相关知识及成果储备不足等问题，这严重制约了我国食用菌产业的健康发展。

随着科学技术的不断发展，近年来，我国科研人员对食用菌食品的加工进行了很多研究，开发出了很多新的产品，为了促进我国食用菌食品的发展，使我国食用菌食品生产企业和科研人员更好地了解食用菌食品的生产，以研究开发并生产出更多的食用菌食品、促进我国食用菌产业的健康发展、满足人们生活和健康的需要，我们特编写此书。

本书在编写过程中，参考了有关食用菌栽培的技术专著，重点参考了自2010年以来发表在相关杂志上有关各种食用菌食品加工的学术论文，在此向这些专著和论文的作者一并表示衷心的感谢。

由于作者水平有限，书中错误和不足之处在所难免，恳请广大读者批评指正，不胜感激。

编著者
2017 年 9 月

目　　录

第一章　香菇食品加工技术

第一节　香菇概述

香菇，又名冬菇、香菌、香信、椎茸，香菇隶属于真菌门，担子菌纲，伞菌目，小皮伞科/侧耳科/口蘑科，香菇属，是一种食用真菌。按生产季节分为春生型、夏生型、秋生型、冬生型和春秋生型，按菌盖大小分为大叶菇、中叶菇和小叶菇。一般食用的部分为香菇子实体，鲜香菇脱水即成干香菇，便于运输保存，是一宗重要的南北货。干鲜香菇在中国菜肴中使广泛使用。

一、形态特征

香菇子实体单生、丛生或群生，子实体中等大至稍大。菌盖直径通常 $5\sim10cm$，有时可达 $20cm$，表面茶褐色、暗褐色，被有深色的鳞片。幼时边缘内卷，有白色或黄色的绒毛，随生长而消失。菌盖下面有菌幕，后破裂，形成不完整的菌环。老熟后盖缘翻卷，开裂。菌肉白色，稍厚或厚，细密，具香味。菌褶白色，密，弯生，不等长。菌柄常偏生，白色，弯曲，长 $3\sim6cm$，粗 $1\sim1.5cm$，菌环以下有纤毛状鳞片，纤维质，内部实心。菌环易消失，白色。孢子印白色。孢子光滑，无色，椭圆形至卵圆形，$(4.5\sim7\mu m)\times(3\sim4\mu m)$，用孢子生殖。双核菌丝有锁状联合。

二、营养价值

干香菇食用部分占 72%，每 100g 食用部分中含水 13g、脂肪 1.8g、碳水化合物 54g、粗纤维 7.8g、灰分 4.9g、钙 124mg、磷 415mg、铁 25.3mg、维生素 B_1 0.07mg、维生素 B_2 1.13mg、烟酸 18.9mg。鲜香菇含水 85%~90%，固形物中含粗蛋白 19.9%、粗脂肪 3.1%、可溶性无氮物质 67%、粗纤维 7%、灰分 3%。

三、保健作用

香菇是我国一种著名的药用菌，许多医药学家对香菇的药性及功用均有著述，如《本草纲目》中记载，香菇"甘、平、无毒"；《医林纂要》中记载，香菇"甘、寒""可托痘毒"。民间用来助减少痘疮、麻疹的诱发，治头痛、头晕，又可用于治疗消化不良、便秘、减肥等。香菇对小白鼠肉瘤 S-180 细胞的抑制率为 97.5%，对艾氏癌的抑制率为 80%。香菇还含有双链核糖核酸，能诱导产生干扰素，具有抗病毒能力。

现代研究证明，香菇是含有高蛋白、低脂肪、多糖、多种氨基酸和多种维生素的菌类食物，其保健作用归纳如下：

（1）提高机体免疫功能：香菇多糖可调节人体内有免疫功能的 T 细胞活性，可降低甲基胆蒽诱发肿瘤的能力，对癌细胞有强烈的抑制作用。

（2）延缓衰老：香菇的水提取物对过氧化氢有清除作用，对体内的过氧化氢有一定的消除作用。

（3）防癌抗癌：香菇菌盖部分含有双链结构的核糖核酸，进入人体后，会产生具有抗癌作用的干扰素。

（4）降血压、降血脂、降胆固醇：香菇中含有嘌呤、胆碱、酪氨酸、氧化酶以及某些核酸物质，能起到降血压、降胆固醇、降血脂的作用，又可预防动脉硬化、肝硬化等疾病。

（5）保肝：据研究，香菇对治疗急慢性肝病如病毒性肝炎、传染性肝炎、肝硬化等有一定的疗效，香菇多糖具有护肝作用并能增强排毒能力，降低血清转氨酶水平。

（6）其他作用：香菇还对糖尿病、肺结核、传染性肝炎、神经炎等起辅助治疗作用，又可用于治疗消化不良、便秘等。

第二节　香菇饮料

一、香菇酸奶（一）

（一）生产工艺流程

白砂糖、热溶过滤的稳定剂、检验合格的鲜牛奶
↓
香菇→清洗→切块→煮沸→过滤→香菇汁→混合调配→均质→灭菌→冷却→接种发酵剂→前发酵→后发酵→成品

（二）操作要点

1. 香菇汁制备。选用新鲜、无异味、无霉变、无机械损伤的鲜香菇，用水清洗干净。先用不锈钢刀切成碎块，放入容器中并加少许清水，水量只需完全没

过香菇为宜，在 95 ~ 100℃ 下加热 15min，以脱除香菇中的不良气味，使菇体进一步软化和杀灭有害微生物，而后用打浆机打浆，最后用 120 目绢布过滤得香菇汁。注意在煮制时加水不宜过多，水量只需完全没过香菇，否则制得的香菇汁浓度小，固形物含量低，不利于发酵，对香菇酸奶成品的营养成分含量也有很大影响。

2. 混合调配。将香菇汁、鲜奶按 1∶2 的比例混合后，白砂糖加入量为 7%，并加入适量的稳定剂，白砂糖和稳定剂分别用温水溶解后加入。

3. 均质。将调配好的 60 ~ 70℃ 混合液用高压均质机进行均质，均质压力为 20MPa。

4. 杀菌、冷却、接种。将混合液温度加热到 90℃ 以上并维持 15min，然后冷却至 45℃ 左右，再接入 4% 的发酵剂（保加利亚乳杆菌∶嗜热链球菌 = 1∶2）。

5. 发酵、冷却、后熟。将接种后的混合乳液分装后，在 42℃ 的发酵间内培养 4h，定时检查，待酸度达 0.7% ~ 0.8%（乳酸度）即 pH 值低于 4.6 时可取出终止发酵。取出的发酵产品迅速冷却到 10℃ 以下，然后在 0 ~ 4℃ 下存放 12h 待乳酸进一步生成，香气、风味适宜时即可食用。

（三）成品质量标准

1. 感官指标。色泽：产品色泽均匀一致；香气：具有乳酸发酵所特有的风味和香气；滋味：口感细腻，酸甜适中，具有香菇酸奶的滋味；形态：表面光滑，凝块均匀，乳清析出，黏稠适中，无气泡、无龟裂。

2. 理化指标。可溶性固性物 ≥12%，总酸（以乳酸计）≥0.6%，总糖 ≥10%，砷（以 As 计）≤0.5mg/kg，汞（以 Hg 计）≤1.0mg/kg。

3. 微生物指标。大肠菌群 ≤90 个/100mL，致病菌未检出。

二、香菇酸奶（二）

（一）生产工艺流程

奶粉→溶解→过滤

↓

香菇菌液→打浆→调配→灭菌→冷却→接种→分装→发酵→后熟→检验→成品

（二）操作要点

1. 香菇菌液培养。于盛有 150mL 马铃薯综合液体培养基的 500mL 三角瓶中无菌接入一级香菇菌种，25℃ 条件下 150r/min 震荡培养 5d，制备香菇菌液。

2. 工作发酵剂制备。将奶粉∶水 = 1∶8 充分搅拌混匀制备脱脂乳培养基，分别装入三角瓶和试管中，105℃ 灭菌 15min，冷却至 41 ~ 42℃ 备用。将原料奶于

115℃灭菌15min，冷却至42℃后装入消毒后的干燥三角瓶中即制得牛乳培养基。于灭菌的脱脂乳培养基中接种体积分数3%的发酵剂［V（保加利亚乳杆菌）：V（嗜热链球菌）＝1:1］，于30℃活化培养14h，直到凝固制备母发酵剂，连续活化2~3次使得活力稳定，即为母发酵剂。于灭菌的牛乳培养基中接种体积分数3%的发酵剂，30℃活化培养10h，直到凝固，制得工作发酵剂。

3. 奶液制作。将鲜奶过滤，并加入适量的全脂奶粉，以调整固形物的含量。

4. 调配。将香菇菌液、奶粉、白砂糖、稳定剂混合搅拌。具体比例：香菇菌液用量为体积分数35%，奶粉、稳定剂和白砂糖添加量分别为质量分数2%、0.4%和8%，其余为纯净水。

5. 灭菌、冷却、接种。将调配好的原料装入瓶中并封口，121℃灭菌15min，冷却至42~43℃，在无菌条件下接种工作发酵剂，搅拌均匀。

6. 分装、发酵。将接种后的混合乳液分装后，42℃恒温发酵4.5h。

7. 冷却、后熟。取出发酵产品，迅速冷却到10℃以下，然后于2~4℃条件下存放12~44h，即得成品。

（三）成品质量标准

1. 感官指标。色泽：均匀一致，稍呈乳黄色；组织状态：分布均匀，凝块结实，无杂质、不分层，无乳清析出；香气：有酸乳特有的发酵香和淡淡的香菇风味，无异味；滋气味：酸甜适度，口感细腻。

2. 微生物指标。细菌总数（67~84）个/mL，大肠杆菌未检出，致病菌不得检出。

三、冬瓜香菇酸乳饮料

（一）生产工艺流程

1. 香菇汁制备。香菇→浸泡→匀浆→2次超声波提取→离心过滤分离→香菇提取液→灭菌后备用

2. 冬瓜汁制备。冬瓜→选料→去皮护色→清洗→预煮→打浆→离心过滤→冬瓜汁→灭菌

3. 酸乳饮料制备。

香菇提取液、冬瓜汁

↓

牛奶→脱脂→加糖→调配→加乳粉调干物质→预热均质→杀菌→冷却→接种→发酵→冷却搅拌→配料（加酸和稳定剂）→均质→杀菌→热灌装→冷却→成品

（二）操作要点

1. 香菇提取液的制备。

（1）浸泡。将香菇切碎后，加 10 倍的 50℃温水浸泡 6h。

（2）均质。用组织捣碎机高速匀浆。为防止氧化，可加入 0.1%抗坏血酸和 0.05%柠檬酸。

（3）超声波提取。在 50℃的条件下，用超声波破碎仪在功率为 80W 的条件下辅助提取 40min，过滤后得第 1 次滤液，然后向滤渣中加入 10 倍 50℃的温水，在同样的条件下再提取 1 次，过滤后得第 2 次滤液，并与第 1 次滤液合并得粗香菇提取液。

（4）离心分离。将粗香菇提取液用高速离心机在 3000r/min 下进行分离，得清液备用。

2. 冬瓜汁制备。

（1）原料选择与处理。选择新鲜、无虫害、无腐烂的无损伤冬瓜，用流动水进行清洗，洗去泥沙等杂质。

（2）去皮护色。将冬瓜去皮后，采用 0.1%抗坏血酸与 0.05%柠檬酸结合进行护色。另外，在护色的同时加入 0.5%无水氯化钙，可使冬瓜块硬化，有利于榨汁工序的进行。

（3）清洗。将经 20min 护色的冬瓜块从护色液中捞出，用清水冲洗 2 遍，去除护色液。

（4）热烫。用 95~100℃热水漂烫 2~3min，漂烫后立即用冷水冷却至室温。

（5）打浆。按冬瓜汁∶水 = 1∶2 的比例用打浆机打浆，并用 200 目不锈钢筛网过滤。

3. 冬瓜、香菇复合酸乳饮料制备。

（1）冬瓜、香菇混合蔬菜汁酸凝乳制备。先将冬瓜汁与香菇提取液按 2∶3 的比例调配成混合蔬菜汁，然后将冬瓜、香菇混蔬菜汁总量定为 25%的条件下，加入流量 7%的蔗糖，然后添加到脱脂乳中。为了防止加入冬瓜汁降低乳干物质含量而影响乳的凝固，要加入一定比例的奶粉使其乳固体含量达到 12.5%，并搅拌均匀。之后将混合乳升温至 50~60℃，20MPa 条件下进行均质处理，然后再加热至 90~95℃，保温 5~10min 杀菌后迅速冷却至 42~43℃，按 5%的比例接入嗜热链球菌和保加利亚乳杆菌（1∶1）的混合菌种，在 42~43℃条件下进行发酵，发酵时间为 4.5h，制成质量稳定的酸凝乳。

（2）搅拌、配料、杀菌、灌装。将稳定剂先与 5 倍量的蔗糖干混合，再加热水溶解，制成 2%~3%的溶液，在搅拌的状态下将稳定剂溶液缓慢加入经冷却的酸凝乳中，稳定剂的用量为 0.2%，然后缓慢用稀混合酸调 pH 值至 4.10~4.30，继续搅拌 15min，进行二次均质并灭菌，接着进行热灌装（对包装材料灭菌），经冷却后制成成品。

四、胡萝卜香菇发酵饮料

（一）生产工艺流程

<pre>
                                                        白砂糖、
                                                        柠檬酸、
              果胶酶   白砂糖   麦芽汁   β-环糊精
                ↓   ↓   ↓   ↓
胡萝卜、香菇→预处理→榨汁→酶解→调整成分→发酵→过滤→滤液→调配
→均质→杀菌→冷却→贴标→成品
</pre>

（二）操作要点

1. 胡萝卜、香菇处理。胡萝卜、香菇的质量比为2:3，将胡萝卜、香菇清洗后于95℃水中漂烫10~20s，捞出冷却至室温，切成小块，以1:20的比例加水在榨汁机中制成均匀的混合浆，向混合浆中加入果胶酶，30℃酶解20min，果胶酶使用量为0.03%，用纱布粗滤。将滤液用离心机离心，取上清液备用。

2. 麦芽汁制备。麦芽粉碎后糖化，糖化时麦芽粉与水的比例是1:4，温度65~70℃，糖化程度直到碘液与糖化液不发生显色反应为止。随后，经过滤得到澄清麦芽汁，将麦芽汁煮沸1h，迅速冷却至室温，澄清过滤后备用。

3. 调整成分。将制备好的香菇胡萝卜混合汁与麦芽汁按1:2混合，由于胡萝卜和香菇中的可发酵性糖含量不高，不足以供给菌种生长繁殖与发酵，应在发酵前分批加入食用级白砂糖，使糖浓度达到10%以上。

4. 发酵。用2%葡萄糖水在26~34℃条件下活化酵母菌和醋酸菌2min，立即投入发酵缸，添加水和胡萝卜、香菇混合浆进行发酵，菌种用量为原料的0.2%，前发酵温度为32℃，通风培养，后发酵温度为28℃，静置发酵60h。

5. 过滤。将成熟的酒醪用板框压滤机分离，按比例加入蜂蜜，同时加入0.15%糖色，混匀后澄清，吸取上清液经棉饼进行精滤。

6. 调配。将上述的发酵液静置，吸取上清液，向其中添加7.5%的白砂糖、0.10%柠檬酸、0.08%β-环糊精，再通过硅藻土精滤进一步提高米酒的透明度和稳定性。

7. 均质。将混合、调配好的物料通过高压均质机进行均质，工作压力为20~25MPa。

8. 杀菌、冷却。采用95℃灭菌3次，每次灭菌10min。灭菌的过程中还可以灭酶，从而保证饮料的生物稳定性。产品经冷却、灌装后即为成品。

（三）成品质量标准

1. 感官指标。外观：橙黄色至琥珀色，清亮透明，有光泽，无沉淀物；香

气：具有特有的清雅醇香，无异味；口味：柔和鲜甜，清爽无异味；风格：口感协调，酸甜适中，带有清新爽口的酒香。

2. 理化指标。总糖（以葡萄糖计）40.1~100g/L，可溶性固形物≥15g/L，酒精度（vol）（3±1.0）%，pH值3.5~4.5，总酸（以乳酸计）≥0.45g/L，氨基酸态氮≥0.4g/L，β-苯乙醇≥35.0mg/L，挥发酯（以乙酸乙酯计）≥0.2g/L，二氧化硫残留量（以游离S计）≤0.05g/kg，黄曲霉毒素B_1≤5.0g/kg。

3. 微生物指标。细菌总数≤50个/100mL，大肠菌群≤3个/100mL。

五、山楂功能性饮料

（一）生产工艺流程

　　　　　　　　　　　碱性蛋白酶　　　　山楂浓缩汁、白砂糖、柠檬酸等
　　　　　　　　　　　　↓　　　　　　　　　　↓

香菇→挑选→预处理→粉碎→酶解→浸提→粗多糖→溶解→调配→均质→脱气→灌装→杀菌→冷却→产品

（二）操作要点

1. 香菇挑选。选用成熟、新鲜、无霉变、无机械损伤的香菇。

2. 粗多糖提取。香菇经过清洗晾干后粉碎，称取一定量经过预处理的香菇粉末，溶于pH值8.5的缓冲溶液中，加热至45℃，添加0.5%的碱性蛋白酶，保温酶解2h后，迅速升温至85℃灭酶3min，快速冷却，再将混合物离心，浓缩至原体积的1/5，再加入相当于浓缩体积3倍的95%乙醇，4℃静置沉淀过夜，离心分离得到沉淀的多糖，经50℃烘干后得到香菇粗多糖。采用此工艺，香菇多糖的提取率可达6.25%。

3. 调配。按配方加入香菇粗多糖溶液、山楂清汁、安赛蜜、白砂糖、柠檬酸、胭脂红、防腐剂（0.08%）等进行调配。具体配比为：香菇粗多糖0.3%、山楂浓缩汁12%、安赛蜜0.012%、柠檬酸0.3%、白砂糖8%、香精0.002%、胭脂红0.002%，其余为纯净水。

4. 均质。将混合均匀的料液通过高压均质机均质，工作压力为20~25MPa。

5. 真空脱气。为避免果汁氧化变色和风味变化，需要进行真空脱气，脱气温度为45~50℃，真空度为60~80kPa。

6. 灌装、杀菌、冷却。灌装后的饮料置于100℃沸水中杀菌15~20min后立即充填、旋盖并倒转5min，然后迅速冷却。

（三）成品质量标准

1. 感官指标。色泽：红褐色、透明、均匀一致；香气与滋味：具有香菇和山楂混合的香气，柔和爽口；组织形态：汁液澄清透明、无悬浮物和沉淀。

2. 理化指标。可溶性固形物≥10%，总糖10%，总酸0.20%~0.40%，重金属符合GB 5009.74—2014的要求，食品添加剂符合GB 2760—2014的要求。

3. 微生物指标。细菌总数≤100个/mL，大肠杆菌≤3个/100mL，致病菌未检出。

六、发酵型香菇葡萄酒

本产品是以香菇和巨峰葡萄为原料酿制的一种香菇葡萄酒。

（一）生产工艺流程

葡萄浆液与香菇浸提液混合→调浆→接种→前发酵→分离→后发酵→陈酿→澄清→勾兑调配→成品酒

（二）操作要点

1. 香菇浸提液制备。选择菌盖肥厚、菌褶细密、菌柄短粗的干香菇，用自来水漂洗干净后浸泡24h，软化后捞出，投入沸水中煮15min，在无菌条件下破碎成粒度为0.4~0.8cm³的碎块，压榨后即得浸提液。

2. 葡萄浆液制备。巨峰葡萄除梗破碎，分多次于浆液中添加白砂糖调至糖度为20°Bx，用柠檬酸调pH值至3.5，按每1kg葡萄添加0.1g偏重亚硫酸钾，于发酵罐中密封1h。

3. 香菇葡萄酒的制备。在发酵罐的葡萄浆中添加15%的香菇浸提液，同时加入0.2%复水活化后的葡萄酒活性干酵母进行主发酵，发酵温度控制在25℃，主发酵6d后，分离出自流酒液，将剩下的葡萄皮、葡萄籽、小果梗、糟等制成压榨酒液。将自流酒液转移至二次发酵器中进行后发酵，后发酵在室温条件下进行20d后除去酒脚，粗滤，得香菇葡萄原酒，原酒用40mg/L壳聚糖进行澄清处理。将压榨酒经90~95℃蒸馏后，按1:10（V/V）与澄清后的原酒进行勾兑，装瓶杀菌即为成品酒。

（三）成品质量标准

1. 感官指标。清澈透明，红微带棕色，体系均一，无悬浮物，酒体丰满，醇厚爽口、怡悦，既有传统葡萄酒的风味，又兼具香菇的特殊清香。

2. 理化指标。酒精含量（vol）13%~15%，糖度（以葡萄糖计）13g/L，挥发酸（以乙酸计）0.6g/L，干浸出物28g/L，总二氧化硫150mg/L。

3. 微生物指标。菌落总数≤25个/mL，大肠杆菌不得检出，致病菌不得检出。

七、香菇保健酒

（一）生产工艺流程

香菇→清洗→粉碎→压榨→澄清→调整成分→酒精发酵→陈酿→过滤→杀菌

→装瓶→成品

（二）操作要点

1. 香菇原料预处理。香菇要求无杂质、无泥沙、无异味、无霉变。用清水将香菇洗净后用锤式粉碎机粉碎，压榨机榨汁，在发酵液中添加 SO_2，添加量为 90mg/L，放置过夜，以防止杂菌感染。香菇压榨前用果胶酶作用 45min，果胶酶的添加量为（0.1~0.2）g/L，酶解浸提 6h，压榨取汁备用。

2. 调整成分及酒精发酵。对香菇液中的糖度及酸度进行调整，按每 17g/L 的糖产生 1% vol 酒精来计算加糖量，使酒度（vol）在 10% 左右，糖度为 170g/L。用柠檬酸调发酵液的 pH 值 3.5，柠檬酸的添加量为 2g/L。为进一步发挥溶解发酵原料颗粒、促进微生物生长、分解蛋白生成香味物质、降解酵母蛋白等多种作用，进而提高产量和质量，可添加蛋白酶，其用量为 8U/g。

3. 酒精发酵。按 2.0% 的接种量接种安琪酵母。在发酵过程中检测温度和密度的变化，使发酵温度控制在 18~20℃，密度降至约 0.995g/mL 时停止发酵，发酵时间约为 20d。

4. 陈酿、过滤。用虹吸法将原酒倒罐分离，分离出酒脚，酒脚用 4 层纱布进行粗滤，再用抽滤机进行精滤。新酿的香菇酒刺激味大，味道不够醇和，酒液经澄清过滤后转入成熟阶段，使酒中醇酸发生酯化反应，使酒液澄清，风味柔和，并提高酒的色、香、味和稳定性，陈酿时间为 3~6 个月。

5. 杀菌、装瓶。陈酿后经过滤调配勾兑，酒度调整后澄清过滤，保持在 75~80℃下加热灭菌 15min，装瓶出厂。

（三）成品质量标准

香菇保健酒酒质澄清透明，呈棕黄色，无沉淀物和悬浮物等杂质，酒香悠长，口味微甜怡人，具有香菇香气。

八、香菇冰激凌

（一）生产工艺流程

新鲜香菇选料→去杂、去蒂→清洗→切段→榨汁→蒸煮→香菇原汁→原辅料混合调配→杀菌→均质→冷却、老化→凝冻、搅拌→灌注成形→硬化冷藏→成品

（二）操作要点

1. 香菇原汁制备。选择组织细密多汁的优质品种香菇，剔除腐烂变质部分，切除香菇蒂，用清水洗净沥干。将洗干净的香菇用不锈钢刀切段，段长 2~3cm，再用榨汁机进行榨汁，通过过滤制得香菇生汁，再经高温蒸煮后制得香菇原汁。

2. 原辅料混合调配。为改善产品的风味，提高产品稳定性，按照规定的产品配方进行合理配料。产品配方为：香菇汁 40%、牛奶 6%、鸡蛋 1%、蔗糖

10%、香兰素0.01%、乳化剂0.3%、复合稳定剂0.75%〔CMC－Na（羟甲基纤维素钠）0.15%、明胶0.4%、0.2%单甘脂〕，其余为纯净水。

3. 杀菌。用灭菌锅将混合料液加热至85℃，杀菌20min，杀灭料液中的微生物及破坏其产生的毒素，以保证产品安全性、卫生指标，延长冰淇淋的保质期。

4. 均质。杀菌后的料液冷却至65℃左右，再进行均质处理。均质进行2次，第1次压力为15MPa，第2次压力为3MPa。

5. 冷却、老化。将均质后的料液迅速冷却至4℃进入老化缸，提高料液黏度，增加产品稳定性和膨胀率。

6. 凝冻、搅拌。将老化成熟后的物料放入冰激凌机凝冻搅拌，使产品得到合适的膨胀率。使其中的冰晶微细均匀。

7. 灌注、硬化冷藏。将凝冻成形后的冰激凌迅速进行低温冷却。将成品冰激凌放在冰箱中冷藏后即为成品。

（三）成品质量标准

1. 感官指标。滋味和气味：滋味和顺、香气纯正，口感细腻滑润，具有牛奶的天然香气，并有香菇特有的清香味，纯正无其他异味；组织状态：组织细腻、滑润、无明显冰晶、形态完整、均匀一致；色泽：呈鲜奶颜色、乳白色或稍带黄色，且色泽均匀；形状：形态整齐完整、均匀一致。

2. 微生物指标。细菌总数≤1800个/mL，大肠杆菌≤60个/100mL，致病菌不得检出。

九、香菇柄水溶性膳食纤维饮料

（一）生产工艺流程

香菇柄→粉碎→酶解→灭酶→离心分离→上清液→减压浓缩→水溶性膳食纤维提取液→调配→均质→脱气→杀菌→冷却→灌装→成品

（二）操作要点

1. 原料预处理。挑选无霉烂的香菇柄，除去木屑等杂质，清水洗净，烘干粉碎后过60目筛，取筛下物备用。

2. 酶解。原料经预处理后，按一定比例加入蒸馏水，匀浆，放入水浴恒温振荡器中，待温度上升至设定温度后，调节pH值，加入纤维素酶进行水浴酶解，酶解后离心分离，上清液减压浓缩至可溶性固形物含量≥5%，得到水溶性膳食纤维提取液。酶解最佳条件：纤维素酶浓度2.5mg/mL，酶解温度55℃，pH值5.0，酶解时间2.5h。在此条件下，香菇柄水溶性膳食纤维的得率为10.55%。

3. 调配。在水溶性膳食纤维提取液中加入一定比例的白砂糖、柠檬酸、维生素 C、稳定剂（CMC – Na 与黄原胶质量比为 3 : 1），充分混合。各种原辅料添加的具体配比：白砂糖 7%、稳定剂 0.25%、柠檬酸 0.15%、维生素 C 0.03%。

4. 均质、脱气。将调配好的料液在均质压力 25 ~ 30MPa 条件下均质 2min，使饮料保持稳定均匀，口感细腻，再经真空脱气机脱去空气。

5. 杀菌、冷却、灌装。将调配好的饮料经杀菌、冷却后灌装为成品。

（三）成品质量标准

1. 感官指标。产品色泽呈深红色，半透明状，有香菇特有香气，口味酸甜适口。体系均一稳定，无杂质。

2. 理化指标。可溶性固形物含量为 ≥12%，水溶性膳食纤维 ≥2%。

3. 微生物指标。细菌总数 ≤100 个/mL，大肠菌群 ≤3 个/100mL，致病菌未检出。

十、香菇核桃酸奶

（一）生产工艺流程

原料预处理→纯牛奶及香菇核桃混合汁的制备→添加稳定剂→调配、均质→灭菌、冷却→接种→发酵培养→冷藏后熟→成品

（二）操作要点

1. 香菇的处理。选取新鲜、无虫害、无腐烂、香味浓郁的香菇进行称量，冲洗干净后，切成大小均匀的小块，投入温度为 90 ~ 95℃的蒸煮锅中，蒸煮 10 ~ 15min，以脱除香菇中的不良气味，使香菇进一步软化并杀灭有害微生物。

2. 核桃仁的处理。选择质量较好的核桃仁，放入 150℃的烘箱中烘烤 15 ~ 30min，至呈现暗红色、去除生异味、散发出焦香气为止，然后在 7% 氢氧化钠溶液中煮沸 15min，除去核桃仁上的褐色皮层后待用。

3. 混合汁的制备。将香菇与核桃仁按照 1 : 2 的比例放入打浆机，加入 5 倍质量的水进行打浆处理，过滤后除去滤渣，即可得混合汁。

4. 稳定剂的选择。不添加稳定剂的酸奶可能会出现组织状态较差、分层和乳清析出的现象，使用 1 : 1 的果胶和 CMC（羧甲基纤维素）作为稳定剂。

5. 调配、均质。按照香菇核桃混合汁 : 纯牛奶为 1 : 1 的比例混合，蔗糖添加量为 7%，稳定剂（果胶和 CMC）加入量 0.5%，将上述各种原料充分搅拌后进行均质处理，使料液充分混匀，防止出现脂肪上浮现象，提高稳定性和稠度，保证乳脂肪的均匀分布，从而获得质地细腻、口感良好的产品。

6. 灭菌、冷却。加热搅拌，90℃维持 30min，进行灭菌处理，然后自然降温至 42℃。

7. 接种。选用产酸性缓、产香性强、耐热性良好的德氏乳杆菌保加利亚亚种和嗜热链球菌在无菌条件下以 1:1 的比例进行接种，接种量为 5%。

8. 发酵培养和后熟。接种后，置于 44℃ 恒温条件下发酵 7h，然后将发酵后的酸奶移入 4℃ 条件下冷藏后熟 24h，即得成品。

（三）成品质量标准

色泽：乳白色或微黄色；组织状态：质地均匀，无分层；口感：口感细腻，酸度适中；风味：有香菇核桃和奶香味，无不良气味。

十一、香菇菌丝体酸奶

（一）生产工艺流程

原料乳→净化→标准化

↓

菌丝体→超声波破碎→热水浸提→离心沉淀→上清液→调配→过滤→均质→杀菌→冷却→接种→发酵→冷却后熟→成品

（二）操作要点

1. 香菇菌丝体处理。取 5g 菌丝体加水配制成 200mg/mL 菌悬液。配制菌悬液前将菌丝研成糊状，提高破碎效果。超声波细胞粉碎机的工作参数：工作时间 2s，间歇时间 2s，全程时间 100s，保护温度 30℃，功率 125W，破碎时变幅杆末端插入样品液面约 1cm，并加冰浴，防止温度过高破坏探头，破碎 3 次共 300s。破碎后的细胞悬液加水，料水比 1:20，90℃ 水浴 4h。4000r/min 离心 10min，弃细胞残渣，得粗多糖上清液。

2. 原料调配、杀菌。将原料乳净化、标准化后加入 7% 的蔗糖、5% 的菌丝体粗多糖液、稳定剂（单甘脂 0.07%、明胶 0.05%、CMC – Na 0.15%）以及适量的乳化剂进行调配，完全溶解后，过 120 目筛去杂，再将混合液预热到 55℃，在 16~18MPa 均质。

3. 接种、发酵。将上述料液冷却到 42℃，在无菌条件下，按 6% 接入生产发酵剂，混匀后，灌装，封口，在 42℃ 下发酵 8h。发酵结束后，将其放入 0~4℃ 的冰箱中保藏 12h，经后熟即为成品。

（三）成品质量标准

1. 感官指标。凝乳性良好，无乳清析出，有酸乳的滋味、气味和香菇的清香味，无其他异味。色泽均匀一致呈乳白色或微黄色。口感细腻，酸甜适口。

2. 理化指标。滴定酸度 78~89°T，总固形物 ≥16.4%，粗蛋白质 ≥2.9%。

3. 微生物指标。乳酸菌 ≥3.0 × 10^7 个/mL，大肠杆菌数 <30 个/100mL，致

病菌不得检出。

十二、香菇菌液制香菇酸奶

（一）生产工艺流程

香菇菌液、奶粉、白砂糖、稳定剂→混匀→灭菌→冷却→加发酵剂→培养→
冷藏→成品

（二）操作要点

1. 香菇菌液的制备。从活化的香菇菌种斜面上，挑取适量的菌丝接种到改
良 PDA 液体培养基中，于25℃恒温培养10d。在此期间，隔12h观察培养是否正
常。待培养完成，对培养液进行抽滤，得到香菇菌液。

2. 酸奶的制备。取25g奶粉、120mL香菇菌液、7%的白砂糖、5‰的稳定
剂的比例于无菌酸奶瓶中，加热混匀，放入80℃恒温水浴中灭菌20min，取出，
冷却，于无菌条件下加入发酵剂，42℃恒温箱中培养8h后放入4℃无菌冰箱后熟
24h，得到香菇菌液发酵酸奶。

（三）成品质量标准

1. 感官指标。色泽：乳白色，有光泽，无杂色；香味：具有浓烈的香菇味
和纯正的奶香味，无异味；滋味：酸甜可口，质地细腻；组织状态：均匀，无杂
质，无清分离。

2. 理化指标。酸度≥70°T，总固形物≥16%。

3. 微生物指标。乳酸菌≥1.0×10^6 个/g，大肠菌群≤90 个/100g，致病菌
未检出。

十三、香菇莲藕乳酸饮料

（一）生产工艺流程

$$香菇→选料→清洗→热烫→破碎→榨汁→过滤→杀菌→香菇汁$$
$$↓$$

莲藕→选料→预处理→切片→护色→榨汁→过滤→分离→杀菌→莲藕汁→调
配→均质→杀菌→冷却→加发酵剂接种→装罐→发酵→后熟→成品

（二）操作要点

1. 发酵液制备。将脱脂乳粉调制成11%的乳液，以1/4的灌装量装入已灭
菌的试管中，塞好棉塞，在115℃条件下灭菌15min，冷却至40℃后以无菌方式
接乳酸菌种，在40℃左右保温培养至凝乳，反复3~4次，使其充分活化。然
后，在装有灭菌11%乳酸液的三角瓶中接入2%~3%的活化菌种，在42℃条件
下培养4~6h，凝乳后在0~5℃冰箱中保存备用。

2. 莲藕汁制备。

（1）选料。选颜色纯白、新鲜、无霉变、无腐烂的莲藕作为制作莲藕汁的原料。

（2）预处理。清洗莲藕表面的污泥，然后去头去节，并剔除机械损伤、孔间污染物及有其他损伤的莲藕，并用不锈钢刀具将莲藕切成厚度均一的薄片。

（3）护色。将藕片浸入0.1%的柠檬酸溶液中，酸浸液和净藕质量比为3:2，酸浸时间为30min。

（4）榨汁、过滤。将藕片连同酸浸液一起放入榨汁机中榨汁。将榨汁后的莲藕渣加入适量质量分数为0.05%的柠檬酸溶液，浸泡10min后再次榨汁。将藕汁导入离心机中进行离心，得到无色、透明、无悬浮物的清汁。

（5）分离、杀菌。用沉降式离心机分离脱去淀粉。将离心机离出的藕汁用高温瞬时杀菌器在95~100℃条件下杀菌，15~30s后立即降至25℃以下，装入洁净消毒过的贮桶中密闭，置于5℃条件下冷藏备用。

3. 香菇汁制备。

（1）选料。选用新鲜、无霉变、无腐烂的香菇作为制作香菇汁的原料。

（2）清洗、热烫。将新鲜香菇去根除杂，在清水中清洗干净后切块。将香菇块放入锅中加少许清水，同时加入0.2%柠檬酸和0.1%维生素C，在40~50℃条件下热烫1min。

（3）榨汁、过滤。将香菇捞出切碎并放入榨汁机榨汁，收集滤液。汁液经100目过滤布过滤得香菇汁。

（4）杀菌。香菇汁用高温瞬时杀菌器在95~100℃条件下杀菌，15~30s后立即降至25℃以下，装入已消毒的贮桶中密闭，置于5℃条件下储藏备用。

4. 脱脂乳粉处理。脱脂乳粉与水按1:6溶液复原，并加入适量白砂糖溶解，得到乳糖液。

5. 调配、均质。先将香菇汁、莲藕汁按一定比例混合，再将脱脂乳粉液、糖溶液加入调配，搅拌均匀后在20MPa压力下进行均质处理。

6. 杀菌。将调配液的pH值调至6.0~6.5，在95~100℃下灭菌5~10min，然后迅速冷却至40~43℃。

7. 接种发酵。将一定量的保加利亚乳杆菌和嗜热链球菌的混合发酵剂接入灭菌冷却至4℃左右的调配液中，并采用260mL消毒过的玻璃瓶进行灌装、封口，在适当温度下进行一定时间的乳酸菌发酵。

8. 后熟。将发酵好的罐装凝固酸奶立即放入0~5℃的条件下存放24h，防止发酵继续进行而造成酸度过高，同时使其成熟产香，并使酸奶组织更加结实，保持整齐而光滑的表面。

十四、香菇糯米甜酒

（一）生产工艺流程

香菇→洗净→切碎→蒸菇→冷却

↓

糯米→洗米→浸米→蒸米→淋冷→混合→拌曲糖化→发酵→成品

（二）操作要点

1. 原料选择。选择无霉烂、无虫害香菇，洗净，适当晾干水分。糯米选用黑龙江省五常市向阳镇天源粮米加工厂生产的优质新鲜糯米，含水量12%左右，米粒完整，产品符合（GB 1354—2009）执行标准。甜酒曲选用安琪甜酒曲。

2. 香菇处理。将洗净的香菇切碎，在锅里水已沸腾的蒸笼上蒸15min。洗香菇时不要把香菇完全浸入水中，应在流水下迅速洗净，放在筲箕里晾干部分水分。这样操作的主要目的是减少香菇内含水分，保持香菇独特香味，防止营养物质丢失。

3. 糯米处理。糯米浸米时先除杂，清洗3次，去污水后才浸米，浸泡好后上笼蒸米，蒸的时间是上汽后20min至有糯米清香时方可。浸米时根据外界温度变化而作相应调整。夏季一般温度过高，选择的浸米水温在40～60℃，浸米时间5h左右；冬季一般温度过低，选择浸米的水温可以高一些，浸米时间也要适当延长。总之，浸糯米时要注意：一是浸米的水不能有酸败味；二是浸水水位要高出米粒5～10cm，防止米粒在吸水过程中体积增加而使上部分米裸露在水外，导致米没有整体浸泡好；三是蒸米时一定要用手捻米粒，要达到用手碾碎，内无白心，这时糯米的吸水率为25%～30%。

4. 冷却。香菇选用自然冷却法，而糯米选用的是自来水直接冲淋冷却法，把糯米饭粒放在筲箕上，用自来水冲淋，淋冷过程中用筷子轻轻翻动饭粒，使饭粒完全分散，有利于糖化。淋冷温度为30℃左右。

5. 混合、拌曲糖化。将降温好的糯米饭粒和冷却好的香菇拌匀后装入器皿或食品发酵容器里（鲜香菇和糯米二者比例为1:3），再将甜酒曲按相应的量加入，搅拌混匀，如感觉发酵品有一点干，可加冷开水稀释，加水量是在盛装物上表面搭窝，米饭上面和窝内撒点冷开水即可。

6. 发酵。在30℃左右的环境，保温24～36h进行发酵，发酵好后用筷子搅拌甜酒，会感觉到固体发酵物在器皿内转动摩擦阻力非常小，并在搅动过程中散发出阵阵甜酒香味。

（三）成品质量标准

1. 感官指标。色泽清亮透明，富有光泽，有本产品独特的风味，滋味甜润，爽口，入口即化。

2. 理化指标。香菇糯米甜酒的糖度为（12±1）%，pH值3.8±0.2。

3. 微生物指标。符合国家相关标准。

十五、香菇肽乳饮料

（一）生产工艺流程

1. 香菇肽制备。干香菇→浸泡→匀浆→碱提（pH值9.0）→离心→上清液→调pH值至等电点→离心→沉淀→水洗至中性→冷冻干燥→香菇蛋白→酶解→灭酶→离心→上清液→超滤→层析纯化→冷冻干燥→检测→香菇肽

2. 香菇肽乳饮料生产工艺流程。

乳粉
↓

香菇肽、水、绵白糖、柠檬酸、稳定剂→杀菌→过滤→调配→定容→冷却→均质→灌装封口→二次杀菌→冷却→成品

（二）操作要点

1. 香菇肽制备。称一定量的干香菇，清洗、浸泡至完全复水，切成2cm左右见方的小块，按料水比1:40（m/V）加入蒸馏水。用1mol/L的NaOH溶液进行提取，50℃提取120min后，3800r/min离心15min，去除沉淀。将上清液调pH值至等电点（pH值3.5），离心得到香菇蛋白沉淀，冻干备用。称取一定量的香菇蛋白，按料水比1:50（m/V）加入蒸馏水，在50℃、pH值9的条件下，加入碱性蛋白酶，酶解3h，酶解结束后酶解液在90℃条件下灭酶处理20min，然后3800r/min离心18min，得到上清液。上清液通过超滤膜分离，收集透析液，再经凝胶柱层析分离得香菇肽。

2. 香菇肽乳饮料生产。

（1）原料处理及调配。将柠檬酸、绵白糖和稳定剂混合均匀，缓慢加入温水搅拌使其溶解，加热煮沸（100℃、5min），杀菌冷却，过滤得到糖浆。用温水把乳粉复原并与香菇肽搅拌均匀，再加入上述糖浆定容，制备香菇肽乳饮料。具体调配的比例：香菇肽2.0%、乳粉1%、绵白糖10%、柠檬酸0.20%、适量稳定剂，其余为纯净水。

（2）均质。利用均质机在50℃、25MPa条件下对乳饮料进行均质处理，提高饮料的稳定性，增加饮料细腻柔和口感。

（3）灌装封口。预先将玻璃瓶杀菌，均质后的香菇肽乳饮料需立即灌装封口，在操作过程中保持无菌状态，防止饮料受到污染。

（4）二次杀菌、冷却。为了提高产品稳定性、延长货架期，将灌装后的饮

料在100℃、5~8min条件下进行二次杀菌，然后采用逐级递减的方式进行冷却，避免瓶子爆裂，同时最大限度保留饮料中热敏性营养成分。80℃热水喷淋3min后，60℃温水喷洒瓶体表面，直至瓶体达到室温。

十六、香菇可溶性膳食纤维饮品

（一）生产工艺流程

香菇→清洗→干燥→粉碎→超声波辅助酶解→灭酶→抽滤→滤液醇沉→可溶性膳食纤维提取液→浓缩→调配→均质→灌装→杀菌→成品

（二）操作要点

1. 原料预处理。选择无霉变的香菇，用清水洗净，烘干粉碎，过60目筛，得香菇粉。

2. 酶法提取膳食纤维。称取一定量的香菇粉，置于容器中，按料液比1:15（m/V）调成匀浆，59℃水浴加热，用柠檬酸溶液调节样品pH值为6.0，加入0.8%纤维素酶，并同时用300W超声处理27min，取出后，沸水浴10min灭酶。抽滤，得到可溶性膳食纤维提取液。在此条件下香菇可溶性膳食纤维提取率达8.07%。

3. 调配、均质。将复合稳定剂（CMC–Na与黄原胶质量比3:1）与白砂糖混合均匀，再将其与柠檬酸加入到浓缩后的可溶性膳食纤维提取液中，定容后混匀。具体各种原辅料配比：可溶性膳食纤维提取液10%、白砂糖7%、柠檬酸0.15%、复合稳定剂0.25%，其余为纯净水。将经过调配的饮料送入均质机中进行均质处理。

4. 灌装、杀菌。将上述经过均质处理的饮料装入已经清洗消毒后的玻璃瓶中，在90~95℃的温度下进行灭菌处理15~20min，杀菌结束后经密封、冷却即为成品。

（三）成品质量标准

1. 感官指标。色泽呈浅黄色，液体状态均一稳定，味道酸甜可口，有香菇特殊风味。

2. 理化指标。可溶性固形物11.15%，可溶性膳食纤维3.16%，总酸度为3.61g/kg。

3. 微生物指标。菌落总数89.67个/mL，其他指标均符合国家相关指标（GB 7101—2015）。

第三节 香菇酱

一、红曲香菇黄豆酱

(一) 生产工艺流程

米曲霉
↓

黄豆浸泡→蒸煮→冷却→加面粉→接种制豆曲→豆曲＋红曲＋香菇→调配装瓶→加花椒盐水→发酵→成品

(二) 操作要点

1. 黄豆的预处理。将淘洗过的黄豆用30℃温水浸泡数小时，使黄豆充分吸水膨胀但又不易于脱皮，煮沸直至熟透不夹生即可，沥去水分，摊晾冷却至温度40℃左右。

2. 面粉的预处理。将适量面粉摊平，于100℃烘箱中焙烤约40min，以除去面粉中的杂菌和水分，便于吸收黄豆料中的多余水分，有利于米曲霉的生长。

3. 红曲的制作。将大米浸泡约3h至无白心，淘洗沥干水，常压下蒸至半熟（10min左右），冷却凉至半干打散后装培养皿中，每皿10g左右。121℃灭菌20min。待冷却后以5%接种量接种红曲霉，37℃恒温恒湿（70%）环境下培养7d，至饭粒中心全部变为红色，米粒为紫红色或黑红色。将饭粒于40℃干燥后粉碎成末，即为成品红曲，于干燥黑暗处保存备用。

4. 香菇的预处理。将香菇浸泡，清洗干净，沥去水分。切成黄豆大小的丁块，常压下蒸5min，杀菌的同时可使香菇细胞破裂，有利于在发酵过程中浸出其营养成分，然后在100℃烘箱中烘烤约40min，使其具有较好的口感。

5. 接种制豆曲。在已处理过的黄豆中添加适量已预处理的面粉，使其表面均匀的裹上一层面粉。然后，按2%的接种量接种米曲霉孢子种曲，混合均匀后摊平于竹帘上，厚度以2~3cm为宜，在30℃恒温恒湿（70%）环境下培养2d左右，当曲料上长有白色菌丝、曲料结块时，对曲料进行翻曲，并将曲块打散，然后摊平继续培养2~3d，至曲料上白色菌丝转为绿色，即可对曲料进行轻轻搓曲，去除掉曲料表面的绿色菌丝，即制成黄豆曲。

6. 调配、装瓶。以黄豆曲重的20%加入已处理过的香菇，以黄豆曲重的0.5%加入红曲粉。将香菇、红曲粉、黄豆曲混匀后装入发酵瓶内，装量为发酵容器的1/3。然后向发酵瓶内加入40℃左右的盐水（控制最终盐水浓度在10%左右），加至发酵容器的2/3，加盖后水封。

7. 发酵培养。将调配好装瓶的黄豆酱，放置于恒温条件下进行发酵，控制每12h 发酵温度为45～47℃，每12h 为20～25℃，如此循环进行变温发酵。发酵10d 即得成熟的红曲香菇黄豆酱。

二、红曲香菇豆瓣酱

（一）生产工艺流程

大米→浸泡→蒸饭→接种红曲霉→红曲 + 预处理过的香菇

　　　　　　　　　　　　　　　　　↓

蚕豆→浸泡→煮沸去皮→蒸瓣→冷却→接种制曲→调配→装坛→发酵→成品

　　　　　　　　　　　　　　↑

米曲霉→麸曲孢子种曲 + 焙烤过的面粉

（二）操作要点

1. 原料要求。蚕豆：无霉变、无腐烂、无虫蛀；大米：新鲜、无霉变、无虫蛀；香菇：鲜菇，无腐烂、无病变或干菇；面粉：新鲜、无霉变、无虫蛀；米曲霉：不产生毒素，高产淀粉酶和蛋白酶；红曲霉：不产生毒素，高产红曲色素的功能性菌种。

2. 红曲的制作。将大米浸泡数小时至无白心，淘洗沥去水分，常压蒸30～50min 或高压0.1MPa、15～20min，要求米饭熟而不糊，待冷却后接种。按大米500g、红曲25～30g、冰醋酸（99%）1.4mL、水适量的比例，混合均匀，盖上灭菌的纱布保温保湿，于30℃培养3～7d，每天翻曲，补充适当无菌水，保持米饭湿润，有利红曲霉生长，在生长过程中产生红曲色素，饭粒逐渐变红直到全部成红色，米粒无白心，取出摊晾干燥即为成品红曲，备用。

3. 香菇的预处理。将香菇浸泡、清洗干净，沥去水分，切成小碎块，放入2%～5%的食盐水中常压煮沸30min 或高压0.1MPa、10～15min，目的是杀菌，使香菇细胞破裂，有利于在酱品发酵过程中浸出其营养成分。

4. 米曲霉麸曲孢子的制备。麦麸过筛除去过多的细粉，水洗除去部分淀粉，拧干至手捏见水出而不下滴，装500mL 三角瓶，于0.1MPa，灭菌45min，冷却接种已活化的斜面米曲霉菌种，28～30℃培养2～6d，每天摇瓶翻曲，直至长满黄绿色孢子即为三角瓶种曲，按此方法，将三角瓶种曲继续扩大培养成麸曲孢子种曲，干燥低温保藏备用。

5. 面粉的焙烤。于105℃恒温箱中将面粉摊开焙烤30～45min，目的是除去水分，便于吸收蚕豆瓣料中多余水分，有利米曲霉的生长。

6. 蚕豆的处理。将蚕豆浸泡数小时充分吸水，煮沸5～10min，人工去皮、清洗，沥去水分，常压蒸瓣30～40min 或高压0.1MPa、10～15min，要求熟透，有利于细胞破裂、淀粉膨胀，摊晾冷却至温度35℃左右。

7. 接种制曲。加入原料重量10%的焙烤面粉，调节蒸料水分含量为65%～68%，接种1%～3%的米曲霉麸曲孢子种曲，混合均匀，装入竹编盘内，厚度以2～3cm为宜，上覆盖一层干净湿纱布保湿。28～30℃培养约20h，当曲料上生长白色菌丝、结块，品温升至37℃时进行翻曲，搓散曲块、摊平，根据需要补充适量无菌水，保持曲料的湿度；品温控制在40℃培养，一般培养2～3d即为成曲。

8. 调配。根据不同消费者的要求，添加适量香菇和红曲。一般添加量按照蚕豆曲重的5%～10%加入已处理过的香菇，如加入量少香菇味不足，加入量大，则菇味过浓，酱香不突出；按1%～10%加入红曲粉（磨成粉状），加入量大，颜色过红，酱味淡薄，后味不足。

9. 装坛。将上述调配曲料装入发酵容器内。将混合曲600g送入发酵坛（2kg），扒平表面，稍予压实。待品温上升至40℃时，加60～65℃热盐水（10～12°Bé′）1400～1800g，让盐水逐渐渗入曲内后，再翻拌酱醅，扒平表面，加一薄层封面盐，密封。食盐含量控制在8%左右，夏季可适当增加食盐含量，但不超过12.5%。

10. 发酵。放置45℃恒温条件下厌氧发酵5～7d酱醅成熟，第2次加盐水搅拌均匀，再发酵3～5d或将发酵缸移至室外后熟数天，即得成熟的红曲香菇蚕豆酱。

（三）成品质量指标

1. 感官指标。色泽：深红色，鲜艳有光泽；香气：浓郁的酱香和酯香味；滋味：咸甜适口，味鲜无异味；形态：稠状固液混合物，其固体形态呈小块状。

2. 理化指标。固形物含量≥30%，食盐（以NaCl计）7%～12.5%，砷（以As计）≤0.5mg/kg，铅（以Pb计）≤1.0mg/kg。

3. 微生物指标。大肠菌群≤30MPN/100g，致病菌（系指肠道致病菌）不得检出。

三、牛蒡香菇保健肉酱

（一）原料配方

牛蒡：香菇用量比为4:1（总量为40%），猪肉10%，豆瓣酱20%，干辣椒4%，姜2%，白糖5%，味精1%，芝麻1%，花生1%，黄酒2%，圆葱2%，香辛料2%，色拉油10%。

（二）生产工艺流程

　　　　　　　　　　　　　　　　　　猪肉丁　　牛蒡丁、香菇丁
　　　　　　　　　　　　　　　　　　　↓　　　　　　↓
色拉油加热→芝麻、花生、辣椒段→圆葱丁、姜末→豆瓣酱爆出香味→炒制→

糖、香辛料→煮沸→黄酒、味精→搅拌→装瓶→封顶→杀菌→冷却→成品

（三）操作要点

1. 牛蒡丁的制备。选择无病斑、机械伤、糠心且粗细均匀新鲜的牛蒡作为原料，清洗表面的泥沙，去皮，注意不留毛眼，修去斑疤，切成15cm的段，立刻投入护色液中，护色30min。护色液为0.5%柠檬酸、0.5%抗坏血酸、0.5%$CaCl_2$，$CaCl_2$的加入既能增强护色效果，也能增加牛蒡的脆性。配制18%的食盐水，同时加入0.5%的异抗坏血酸钠，将牛蒡段腌制5d，清水脱盐，去除多余的水分，切成5mm见方小丁。锅内加色拉油，油温升至160℃，将牛蒡丁下入锅内，炸制5min，捞出，备用。

2. 香菇丁的制备。选择菇形圆整，菌盖下卷，菌柄短粗鲜嫩，菌肉肥厚，菌褶白色整齐，大小均匀的香菇作为原料，用小刀将菌柄末端的泥除去，削掉香菇根，放入1%的食盐水中浸泡10min，然后用清水洗净，切成5mm见方的小丁，放入3%的大料水中，浸泡2h，捞出，沥干水。锅内加色拉油，油温升至160℃时，将香菇丁下锅内，炸制金黄色，捞出，备用。

3. 其他原料的制备。选新鲜猪里脊肉，洗去肉表面的血污及其他杂质，切成5mm见方的小丁；干辣椒去籽，加工成5mm左右的小段；花生炒熟，切碎；姜清洗去皮，切成姜末；圆葱去皮清洗，切碎。

4. 炒制。将色拉油倒入锅中，加热，待油温升至140℃时，加入熟芝麻、熟花生快速翻炒，当油温再次升至140℃时，加入辣椒段炸出香味，继而加入圆葱碎、姜末爆出香味，加入豆瓣酱，炒出酱香味道，加入猪肉丁，炒制5min左右后加入炸好的牛蒡丁、香菇丁，加入白糖、花椒粉、小茴香粉，翻炒10min，起锅前加入黄酒、味精。

注意干辣椒炒制时间不要过长，以免产生焦糊等不良的气味；炒酱的过程中掌握炒制程度，油温低炒制时间短，酱体香味不够丰满；油温高炒制时间过长，会使酱变焦，味苦，影响成品的颜色和滋味。

5. 装瓶、杀菌。将上述调味好的酱体趁热加入已经消毒好的四旋玻璃瓶中，装入九分满，每罐净重150g，用红油封口，预封，移入蒸汽排气箱常压排气15～20min，中心温度达到85℃即可，立即密封瓶盖，于115℃杀菌20min，杀菌结束后，分段冷却至30～35℃，即为成品。

四、香菇大蒜调味酱

（一）原料配方

香菇48%、大蒜8%、蜂蜜8%、食糖2%、姜0.5%、食盐1.5%、柠檬酸0.8%～1.0%、CMC 0.2%、水31%左右、食用色素适量。

（二）生产工艺流程

香菇→清洗→预煮→破碎
大蒜→去皮→清洗→预煮→破碎 　　→调配→胶体磨处理→装罐→密封→杀菌
姜→清洗→去皮→破碎

→冷却→检验→成品

（三）操作要点

1. 原料选择及预处理。

（1）香菇。选择新鲜香菇，利用清水洗净，将2%的食盐水加热到95℃，放入香菇，预煮2~3min，备用。

（2）大蒜。选择新鲜大蒜，除去霉烂、虫蛀、空瘪的蒜粒，切除根蒂、根须、去皮，利用清水洗净，按配方用量取大部分蒜放入95℃以上的热水中预煮2~3min，备用。

大蒜进行预处理的目的是为了脱臭和钝化各种酶的活性，处理温度不能太低，如果温度太低，处理时间过长，会影响产品质量（风味）。

（3）姜。选择新鲜、肥嫩、纤维细、无黑斑、不瘟不烂的鲜姜作为加工原料，剔除姜管、根须，置入容器内，洗净泥沙，刮去姜皮，备用。

2. 破碎。按配方规定量将全部的香菇、大蒜、姜放入果蔬破碎机中进行破碎，以各种成分混合均匀打成浆状为好。

3. 调配。按照配方规定量将食糖、柠檬酸、CMC混合均匀、溶化，加入打好的浆液中，再将蜂蜜、食盐溶解加入，最后加入适量食用色素。注意要边加边搅拌，混合均匀。

4. 胶体磨处理。将调配好的浆液送入胶体磨中反复研磨，以3~4次为好，要求粒度10~15μm为好。

5. 装罐、密封、杀菌、冷却。采用定量灌装机进行灌装，然后利用真空封罐机进行封罐，一般封罐后高温杀菌15~20min即可，最后采用冷却水分段进行冷却即可。

（四）成品质量指标

1. 感官指标。色泽：均匀一致，红色或酱红色（以所加色素为准）；口味：具有香菇与大蒜特有的滋味，辣味柔和，微有甜味，食后无大蒜臭味；组织形态：酱体细腻，呈黏稠状，分散度好，无沉淀分层现象。

2. 理化指标。水分75%~80%，pH值4.0~4.5，砷（以As计）≤0.5mg/kg，铅（以Pb计）≤0.1mg/kg。

3. 微生物指标。符合国家卫生标准，致病菌不得检出。

五、大河乌猪火腿香菇杂酱

（一）生产工艺流程

原辅料的选择和处理→称量→混拌、调味、熬制→装罐→杀菌→成品→检验

（二）操作要点

1. 原料选择及处理。火腿选择大河乌猪火腿，用清水浸泡4h后，淘洗10次后捞起沥干备用。选择无霉变、无虫的香菇，用热水浸泡，切去根部的杂质备用。

2. 混拌、调味、熬制。首先把处理好的火腿丁倒入锅中炒6min，起锅；接着倒入香菇丁炒15min，起锅；再倒入生姜炒5min后，倒入大蒜继续炒5min，再把香辣酱倒入生姜大蒜中炒，边炒边拌，最后加入白芝麻、白砂糖、味精、花椒、草角、八角等进行调味，待拌匀即可，最佳炒制时间为10min。具体各种原辅料用量：火腿丁和香菇丁的合理添加量分别为45%和30%，其他原料占25%。其他原料的组成：香辣酱35%、油炸黄豆7%、花生2.5%、白芝麻1.5%，适量的味精、花椒、大蒜、生姜、八角、草角以及水。

3. 装罐。趁热灌装，选用容量为180g的干净并灭菌后的玻璃罐，装好后倒入烧熟的大豆油封口，盖好盖子。

4. 冷却杀菌。采用立式压力蒸汽灭菌器在0.11MPa、121℃条件下灭菌20min。

5. 检验。对产品进行相关理化指标和微生物指标的检验，并进行贮藏期的检验。

（三）成品质量标准

1. 感官指标。色泽：杂酱呈棕黄色或棕褐色，肉丁呈黄褐色至酱红色，有光泽，香菇丁呈黄褐色，油呈桔红色；气味：具有火腿和香菇的混合香味，类似于油炸鸡枞的香味，无异味；组织状态：肉质软硬适度，边长为3~10mm的丁状，大小基本均匀，香菇软硬适度，边长为3~10mm的丁状，大小基本均匀，黄豆和芝麻分布均匀，花椒、八角等配料颗粒均匀，无肉眼可见的外来杂质；口感：香辣适口，软硬适度，咸味适中，具有火腿、香菇、花生、黄豆等特有的滋味。

2. 理化指标。水分28.15%，亚硝酸盐0.76mg/kg，食盐5.08%，酸价0.62mg/g，过氧化值0.038g/100g。

3. 微生物指标。菌落总数≤30个/g，大肠菌群960个/100g，致病菌未检出。

六、香菇牛肉酱

（一）生产工艺流程

原料验收→预处理→配料→炒制→熬酱→装罐→杀菌→冷却→金属检测→装

箱→入库

（二）操作要点

1. 原料验收。选用新鲜或冷冻的牛肉进行加工，感官检验项目有色泽、弹性、黏度、气味等，经检验合格才能接收，具体执行参照《牛肉采购及验收标准》。香菇要求干燥，无发霉软烂，无虫蛀，无变质，气味清香浓郁的整香菇或香菇丝。豆豉要求以大豆为原料，经充分发酵制成具有浓郁酱香及酯香气，气味鲜美醇厚，咸甜适口，色泽浅红褐色，含盐量 18%～22%，氨基态氮在 0.7g/100mL 以上的豆豉原料。

2. 预处理。

（1）香菇预处理。用清水浸泡浸透，捞出后再清洗 2 遍，洗净泥沙杂质，用间距为 2.5mm 的切片机切成丝条。

（2）牛肉预处理。牛肉采用新鲜或冷冻的牛碎肉，解冻后用清水清洗 1 遍，滤水后倒入夹层锅中，沸水预煮 10～15min，去掉浮油血沫后用 8mm 孔板的绞肉机绞 1 遍。

（3）豆豉预处理。豆豉用直径 6mm 孔板的绞肉机绞碎成豆酱。

3. 配料。按照原辅料配比要求，准确称取所需的所有辅料。具体配比：牛肉 28%，白糖 9.3%，香菇 18.6%，调和油 11.2%，豆豉 32.7%，其他（盐、味精、香辛料等）0.2%。

4. 炒制。炒制在夹层锅中进行。先打开蒸汽对夹层锅进行加热，蒸汽压力控制在 0.05～0.08MPa，保持小火加热。在夹层锅中加入适量调和油，然后加入绞好的香菇不断翻炒，5min 后加入绞好的牛肉继续炒制，此时应转大火，蒸汽压力调整至 0.1～0.15MPa，保持此温度继续翻炒约 10min 后即可出锅。继续在锅中加入调和油，然后加入绞好的豆酱，在此蒸汽压力下加热翻炒，炒干水分，直到有豆豉变得松散有香味炒出，此过程 15min 左右。

5. 熬酱。将炒制好的香菇、牛肉和豆豉进行混合，然后加入剩余的糖、盐、味精、水等所有辅料，开启蒸汽阀门继续炒制，蒸汽压力为 0.08～0.1MPa。在此期间要不断翻炒，防止粘锅，直到酱体变得浓稠、颜色深褐色，有浓郁的香气飘出为止，熬制时间约为 2.5h。

6. 装罐。肉酱熬制结束后，用自动定量灌装机进行灌装，用玻璃瓶装，每瓶 250g，装瓶中心温度不低于 60℃，趁热旋紧瓶盖。

7. 杀菌。采用高温水浴杀菌，杀菌公式为 15′－25′－15′/116℃，反压控制在 0.2～0.25MPa。

8. 冷却。杀菌冷却时锅内应含有（3～5）×10⁻⁶ 有效氯水进行冷却，在出水口应有（0.5～1）×10⁻⁶ 的余氯含量，冷却到水温在 40℃ 以下即可出锅。冷却后应将罐体表面的水分擦干。

9. 金属检测。将杀菌后的肉酱逐个放在金属探测仪的传送带上，进行金属异物检测，剔除不合格品。

10. 装箱入库。按规定的要求将产品进行包装并装箱，箱体标注品名、数量及生产日期。装好的产品存放在常温的仓库中，库存过程中应注意防潮、防鼠、防虫。

（三）成品质量标准

色泽：产品呈棕褐色，有光泽，油呈棕红色；气味与滋味：具有香菇肉酱罐头应有的滋味及气味，无异味；组织状态：豆酱细腻，肉块呈小块或粒状，大小均匀，香菇呈条状，酱体不流散；杂质：不得出现肉眼可见杂质。

七、香辣香菇酱

（一）生产工艺流程

选料、清洗→复水、切丁→过油处理→炒酱→装罐、排气→密封、杀菌→冷却→成品

（二）操作要点

1. 选料、清洗。挑选干净、无霉变、无虫蛀的干香菇柄，用流动自来水洗掉菇柄上附着的泥沙、杂质等。

2. 复水、切丁。将预处理后的香菇柄置于30倍的自来水中，在恒温50℃水浴条件下，浸泡3h，复水后的香菇柄菇芯软化无白芯，硬度适宜利于加工，菇味浓郁。复水后将香菇取出，用脱水机脱水后，用切菜机切成均匀的菇粒。

3. 过油处理。待油温升至120℃，将菇粒倒入锅中进行油炸处理，时间为2~3min，捞出进行沥油。注意要不停地翻动，使菇粒受热均匀，并防止其相互粘结。

4. 炒酱。待油温升至130℃时，将辣椒粉倒入锅中，再加入适量生姜粉不停搅拌，待炒出辣椒红油后，倒入沥油后的菇粒不断翻炒；再加入一定量的黄豆酱滑炒保持酱受热均匀，待炒出酱香后，停止加热，炒酱时间为5~6min，随即加入白砂糖、食盐、香辛料、味精等调味料进行调味。各种原辅料的具体配比（以100g干香菇柄质量为基准）：食用油60%，黄豆酱90%，辣椒8%，白砂糖8%，食盐1%，味精0.5%，香辛料1%，生姜粉1%。

5. 装罐、排气。起锅趁热装入净重220g的玻璃罐中，经90℃水浴加热，保持中心温度85℃以上排气8min，迅速旋紧瓶盖。

6. 杀菌、冷却。将玻璃罐在1.01MPa，121℃条件下，杀菌30min。灭菌后的产品迅速进行冷却，用凉水冷却至25℃即为成品。

（三）成品质量标准

1. 感官指标。色泽：酱体红润油亮，菇粒颜色适中；组织形态：菇粒大小基本均匀，酱体黏稠适中，料质均匀；风味：有香菇特有的香味，酱味适中，整体气味协调；口感：酱香醇厚，味道鲜香微辣，咸甜鲜适中，菇粒软硬适度，粒粒有嚼劲，咀嚼性良好。

2. 理化指标。水分21.6%，灰分4.6%，脂肪1.6%，pH值4.5~4.8。

3. 微生物指标。符合国家卫生标准，致病菌不得检出。

八、鲴鱼香菇调味酱

本产品是以鲴鱼碎肉为主要原料，加入豆豉、香菇、辣椒酱、天然香辛料等，经调配、炒制、灌装制得一种调味酱。

（一）原料配方

主料55份（鲴鱼肉25份、豆豉10份、香菇20份）、主香辛料21份（姜3份、蒜5份、辣椒7份、花椒6份）、副香辛料0.8份（八角0.2份、肉桂0.2份、丁香0.1份、白芷0.1份、桂皮0.2份）、植物油40份、调味料15份（辣椒酱3份、盐0.5份、白砂糖3.5份、味精2份、酱油4份、料酒2份）。

（二）生产工艺流程

原辅料预处理（清洗、去杂、切分、泡发、腌制、配重、磨细等）→鱼肉油炸→分时段加入香料、鱼肉、配料、调味料炒制→灌装、杀菌→检验→成品

（三）操作要点

1. 原辅料预处理。

（1）鲴鱼碎肉处理。鲴鱼碎肉必须是加工合格斑点叉尾鲴所产生的，除去鱼刺、鱼肠等杂物，清洗干净后切成2cm见方的小块，将鱼肉洗净、沥干后加入食盐进行腌制，先常温腌制30min，然后在1~4℃下冷藏24h以上。

（2）干香菇处理。将干香菇用冷水泡发柔软后搓洗，除去杂质，用清水洗净，切成1cm见方的小丁，沥干水分。

（3）其他辅料处理。姜、蒜切末，干红辣椒、花椒、八角、肉桂、丁香、白芷、桂皮等分别用文火炒香，用粉碎机打成粉末状。白芝麻用中火炒香。

2. 鱼肉油炸。将植物油加热到140~150℃后加入腌制并冷藏过的鲴鱼肉炸至金黄色后捞起。

3. 炒制。分时段将各种原辅料加入锅中。在炒锅中倒入植物油，待油温升至160℃时，向锅中加入处理好的香菇，翻炒30min，再加入豆豉，翻炒2min；加入处理后的辣椒、花椒、八角、肉桂、丁香、白芷、桂皮粉，翻炒均匀后加入辣椒酱、酱油炒20s，接着加入油炸后的鱼肉，关火翻炒，接着加入姜末、蒜末、

白砂糖、味精、白芝麻、料酒，搅拌均匀准备出锅。在炒制过程中每加入一种料，都应不断翻搅，使各种原辅料充分混合均匀，防止糊底。

4. 灌装、杀菌。将炒制好的酱趁热装入预先清洗消毒好的瓶中，盖上瓶盖，加热排气5min后旋紧瓶盖，置杀菌锅沸水杀菌15min，杀菌完毕用流动自来水迅速冷却至40℃以下。

5. 检验。冷却后，检查瓶身有无裂纹，瓶盖是否封严，不得有油渗出。经检验合格者即为成品。

（四）成品质量标准

1. 感官指标。色泽：酱体红褐色，有油脂的光泽；香气：具有香菇鱼酱特有的香味，花椒与辣椒的麻辣味以及芝麻、姜等香辛料的香味，无其他不良气味；滋味：鲜、香、麻辣，辣味柔和适中；组织状态：料质均匀，黏稠适中，鱼肉、香菇及豆豉颗粒可见并大小均匀；口感：有明显鱼粒、香菇和豆豉颗粒，有较强的耐咀嚼感。

2. 理化指标。氯化钠（质量分数）1.8%~2.0%。

3. 微生物指标。菌落总数≤3000个/g，大肠菌群≤30个/100g，致病菌（沙门氏菌、金黄色葡萄球菌、志贺氏菌）不得检出。

九、方便面香菇酱包

（一）生产工艺流程

1. 香菇腌制。鲜香菇→挑选清洗→切块→预煮→配制盐水→腌制

2. 肉末、肉骨汤制备。新鲜猪肉、猪骨→肉绞碎成花生粒大小、骨头剁块→煮制→过滤→冷却

3. 方便面香菇酱包制备。各种原辅料处理及计量→炒酱→冷却→搅拌→检验→成品

（二）操作要点

1. 腌制香菇。

（1）原料精选。选用七八分成熟、新鲜、茶褐色、无损伤、无病态的完好香菇。用不锈钢刀对香菇逐朵进行修剪，使每朵香菇的规格基本一致，剔除不合格的破菇、烂菇。

（2）清洗、切块。选用洁净的清水将香菇菇体上的泥沙及杂物清洗掉，用不锈钢刀将香菇切成扇形的四块。

（3）预煮、冷却。清水煮沸，将切块后的香菇倒入沸水中煮制10min。煮熟后的香菇捞出，放入冷水中冷却至常温。

（4）盐水配制。将500mL清水煮沸，0.5g桂皮、2g花椒、1g八角用纱布包

裹为调料包，放入沸水中煮制5min，停火，取出调料包，加入140g食盐，搅拌使其溶化，冷却至常温。

（5）香菇腌制。将冷却后的香菇浸泡在配制好的盐水中，腌制48h，捞出，待用。

2. 肉末、肉骨汤制备。

（1）配料。猪骨400g，猪肉600g，大料1.5g，花椒1.5g，桂皮1g，葱30g，姜15g，蒜14g。

（2）原料精选及处理。猪肉选择颜色鲜亮的纯瘦肉，猪骨选择新鲜的猪肋骨。将猪肉、猪骨用清水清洗干净，猪肉用绞肉机绞成花生粒大小，猪骨剁块。

（3）煮制。将处理好的猪肉、猪骨放入铝锅中，加适量清水，将大料、花椒、桂皮用纱布包裹，放入锅内，大火煮沸，用勺子撇去浮沫，文火熬制3h，在熬制2.5h时加入葱、姜、蒜。

（4）过滤、冷却。停火后，将骨头、调料包和葱、姜、蒜捞出，用两层纱布将肉汤过滤，得到浓缩肉汤和肉末，冷却后放入冰箱内，备用。

3. 方便面香菇酱包制备。

（1）原辅料处理及计量。选择市售新鲜的葱、姜、蒜，清水清洗干净，晾干水分，用不锈钢刀切成碎末。腌制香菇沥干水分，切成大小以黄豆的粒。按照基础配方称取生鲜香辛料、猪油、豆油、豆瓣酱、干黄酱、腌制香菇、肉末、肉骨汤、玉米淀粉、五香粉等。

（2）原料配比。猪油6g，豆油6g，腌制香菇10g，新鲜葱2g，新鲜姜0.5g，新鲜蒜1g，豆瓣酱5g，干黄酱5g，肉末2g，酱油2g，肉汤10g，黄酒3g，玉米淀粉2.5g，盐1g，味精0.3g，五香粉0.4g，糖1.2g，辣椒面1.5g，香菇香精0.066g，水50g。

（3）炒酱。用大火加热豆油和猪油的混合油至130℃，然后加入生鲜香辛料爆炒至炸干水分，加入豆瓣酱、干黄酱，中火炒2min产生特有的酱香风味，加入香菇、肉末，中火炒3min，加入酱油、黄酒，继续翻炒，然后加入糊化的玉米淀粉、骨汤、辣椒面、盐、味精、五香粉、糖，不停地翻炒，防止糊锅。浓缩至酱体相当黏稠，停止加热。

（4）冷却、检验。将酱体置于冷水上不停地搅拌使其迅速冷却至40℃，加入香菇香精，继续搅拌，使香菇香精与酱体充分混匀。经检验合格者即为成品。

（三）成品质量标准

1. 感官指标。色泽：具有原辅料加工后特有的棕褐色；香气：香菇、猪肉气味纯正，无不良气味；滋味：咸淡适中，不油腻不清淡，后味浓厚，无异味；组织状态：组织状态均一，具有适宜的黏稠度，无异物。

2. 理化指标。水分23.79%，酸价（以 KOH 计）＜0.5mg/g。

3. 微生物指标。符合国家卫生标准，致病菌不得检出。

十、香菇黑木耳保健牛肉酱

（一）原料配方

香菇、黑木耳用量比为2:1（总量为32.5%），牛肉为15%，黄酱15%，麻油2%，姜2.5%，辣椒片4%，白糖1.5%，味精1%，芝麻1%，黄酒3%，圆葱2.5%，色拉油20%。

（二）生产工艺流程

香菇丁、木耳丁、牛肉丁
↓

色拉油加热→芝麻、辣椒片→圆葱丁、姜末→黄酱爆出香味→炒制→糖、麻油→煮沸→黄酒、味精→搅拌→装瓶→封顶→杀菌→冷却→成品

（三）操作要点

1. 香菇丁的制备。选择菇形圆整、菌盖下卷、菌柄短粗鲜嫩、菌肉肥厚、菌褶白色整齐、大小均匀的香菇作为原料，用小刀将菌柄末端的泥除去，削掉香菇根，将香菇放入1%的食盐水中浸泡10min，然后用清水洗净，沥干水，切成5mm 见方的小丁，备用。

2. 黑木耳丁的制备。选择优质的秋木耳为原料，秋木耳肉质较厚，能增加产品的口感。将黑木耳浸泡于清水中，木耳充分吸水涨发，清水洗净，去根，去杂物。将洗净的木耳在60℃烘箱中烘制1~2h，使木耳水分减少，增加木耳的韧性，从而使制品有良好的咀嚼口感，然后将木耳切成5mm 见方的小片，备用。

3. 其他原料的制备。选新鲜牛肉，以流动水洗去肉表面的血污及其他杂质。剔除筋膜、淋巴，切成5mm 左右见方的小丁；干辣椒去籽，加工成5mm 左右的小片；姜清洗去皮，切成姜末；圆葱去皮清洗，切碎。

4. 炒制。将色拉油倒入锅中，加热，待油温升至140℃时，加入熟芝麻，快速翻炒，当油温再次升至140℃时，加入辣椒片炸出香味，注意不可炸制时间过长，以免产生焦糊味道，继而加入圆葱碎、姜末爆出香味，加入黄酱，炒出酱香味道，加入牛肉丁，炒制5min 左右后加入香菇丁、黑木耳片，加入白糖、麻油调味，翻炒5~8min，起锅前加入黄酒、味精。炒制过程中要注意控制油温，掌握炒制程度，油温低炒制时间短，酱体香味不够丰满；油温高炒制时间过长，会使酱变焦、味苦，影响成品的颜色和滋味。

5. 装瓶、杀菌。将上述调味好的酱体趁热加入已经消毒好的四旋玻璃瓶中，装入九分满，每罐净重200g，用红油封口，趁热将瓶盖拧紧。注意酱体装瓶时，

温度不得低于 85℃，否则杀菌过程中容易出现胀罐的现象。115℃ 杀菌 15min，杀菌后分段冷却即为成品。

十一、香菇鸡肉酱

（一）生产工艺流程

原料选择→预处理→炒制→成品

（二）操作要点

1. 原料选择及预处理。选取肉质肥厚的新鲜香菇，用 2% 沸盐水煮 5min 左右，捞出冷却晾干，切成黄豆大小的香菇丁；同时选择新鲜的鸡胸嫩肉，流水洗净，切成 1cm 大小的方粒。

2. 用料比例。香菇鸡肉配比为 7∶3，加油量和豆瓣酱量分别占香菇鸡肉丁的 30% 和 85%，生姜、大蒜、香葱、八角等其他辅料适量。

3. 炒制。将食用油倒入锅中预热后加入姜片快速翻炒，待姜片微黄泌出香汁后，加入葱、蒜、八角炸出香味，捞出姜、蒜等残渣，加入豆瓣酱炒出酱香味后，将香菇丁和鸡肉丁混匀一起倒入锅中翻炒 6min，然后转中火慢炖 30min，慢炖过程中若汤汁不足时可补加少量温水，起锅前加入黄酒、香辛料、调味料、十三香、麻油进行调味。炒制结束后，经冷却即为成品酱。

（三）成品质量标准

色泽：酱体红润油亮，香菇鸡丁呈酱红色；气味：香气浓郁，具有香菇和鸡肉双重风味，酱体味适宜，整体气味协调；口感：甘滑纯美，香菇鸡丁韧爽有嚼劲；组织状态：香菇丁、鸡丁大小适宜，与油料混合均匀，黏稠度好。

第四节　香菇休闲食品

一、香菇脆片（一）

（一）生产工艺流程

干香菇→整理→清洗→复水→护色漂烫→沥水→超声波辅助浸渍→调味→冷冻→油炸→脱油→香菇脆片→真空包装

（二）操作要点

1. 整理。选用无霉变、无杂质、无不良气味、形状完整、直径大小 2.5～3.0cm 的干香菇为原料，并去除菇柄。

2. 清洗、复水。先用清水反复清洗，再用 0.5g/L 的亚硫酸钠漂洗。使用 35～40℃ 的温水使干香菇吸水变软。复水时间 3h 左右，以干香菇完全泡软为宜。

3. 护色漂烫。添加复合褐变抑制剂（质量分数 0.6% 的柠檬酸、0.09% 的 L–半胱氨酸）于 95℃的水中漂烫香菇 3min 左右，以减少褐变，保持香菇原有的色泽，然后沥干。

4. 浸渍。添加质量分数为 5% 麦芽糖浆和 10% 麦芽糊精的浸渍液中，漂烫的香菇与浸渍液质量比为 1:4，采用超声波辅助浸渍 15min，以提高香菇的可溶性固形物含量，保持油浴后香菇的平整性，降低香菇的含水量，从而降低香菇脆片的含油率，增加香菇脆片的酥脆度，然后沥干。

5. 调味。在容器中放入少量水，加入食盐、胡椒粉、味精、酵母抽提液及香菇，拌匀静置 6h，使香菇充分入味，沥干。

6. 冷冻。将香菇放入 –24℃冷库中，冷冻 10～12h。

7. 真空油炸。选择真空度为 0.09MPa，在 90℃条件下真空油浴 30min，对香菇进行油浴脱水，以油面无水泡沸腾为止。

8. 真空脱油。将煎炸好的香菇脆片提出油面，趁热在真空状态下离心脱油。离心旋转脱油转速为 300r/min，脱油时间为 5min。

9. 充氮包装。在干燥条件下，将香菇脆片装袋，并充氮气封口即为成品。

（三）成品质量标准

色泽：保持香菇原有色泽；酥脆度：酥脆；形状：饱满不皱缩，膨化均匀；风味：香菇风味浓郁，具有产品特有的滋味、气味，无异味；口味：甜度适中。

二、香菇脆片（二）

（一）生产工艺流程

原料→分选→清洗→修整或切片→烫漂→脱水→浸渍→速冻→真空油炸→脱油→冷却→调味→包装→成品→检验

（二）操作要点

1. 分选。香菇通过人工挑选剔除其中的异物、虫伤和霉变菇等。按大小和完整程度进行分级。干制香菇先浸泡 2h，完全浸透后，人工目选，剔除残次、霉变、异物等，并按大小进行分级。

2. 清洗。将分选好的香菇放在浸泡池里，用 30mg/kg 的次氯酸钠溶液浸泡 30min，再用清水搅拌清洗不少于 5min，清洗干净。

3. 修整或切片。留有毛根的香菇，切除根部，留根约 1cm；断体明显的菇体应进行修整。完整的乳香菇不需要切片；大香菇需要切片，切片厚度为 5mm。

4. 烫漂、脱水。将预处理的香菇，在水温保持在 96℃的条件下，漂烫 10min，然后在 1400r/min 条件下脱水 4min。

5. 浸渍、速冻。称取 100kg 脱水后的香菇放入真空浸渍机内，再准确称取麦芽糖 17.2kg、白砂糖 5.6kg、麦芽糊精 7.8kg、食盐 1.5kg、香辛料 1.6kg，在真空度 -0.9MPa、转速 12r/min 条件下浸渍 60min，取出后在温度 -17℃下速冻 6h。

6. 真空油炸。将速冻后的香菇装入油炸用的不锈钢网筐中，固定好网筐盖，按设备说明书要求，设定真空脆化机的真空度为 -0.09MPa，快速送入待炸香菇网筐，在 97℃的温度下油炸 40min。

7. 脱油及冷却。真空油炸结束后，在转速为 560r/min 条件下，将油脱净。取出放入不锈钢盘内降温冷却至 40℃左右。

8. 调味。准确称量后，在搅拌机中先加入油炸后的香菇（按 100kg 脱水后香菇计算），然后分别加入味精 0.5kg、呈味核苷酸二钠 0.3kg。开机搅拌，持续 5~10min。

9. 包装。由于产品比较脆，为了避免储存和运输中被挤压破碎，需要采取充氮包装方式。打开制氮机，约 30min 后，显示窗口显示氮气纯度为 99.9% 时，开始包装。

（三）成品质量标准

1. 感官指标。色泽：接近原色，具有香菇应有的光泽；酥脆度：非常酥脆，轻微咀嚼即碎；完整度：完整度≥98%，有极少量断体存在；组织状态：肉质紧密，干燥不湿软；滋味与气味：香脆可口，无刺激、焦糊、酸败等异味。

2. 理化指标。水分 6.0%，酸价（以脂肪计）0.8mg/g，过氧化值（以脂肪计）0.06g/100g。

3. 微生物指标。菌落总数≤40 个/g，大肠菌群未检出，致病菌未检出。

三、低温真空油炸香菇脆片

（一）生产工艺流程

香菇→清洗→拣选→切片→90℃杀青、沥水→浸渍→清洗→-18℃速冻→真空油炸→真空脱油→调味→冷却→分选→包装→成品

（二）操作要点

1. 清洗。将香菇放入清洗机中用流动水漂洗，除去菌体表面泥沙等不洁物。

2. 拣选、切片。洗涤后的香菇人工除去腐烂变质原料。用十字刀将整朵香菇一分为四。

3. 杀青。将切片的香菇用 90℃热水将香菇杀青，时间在 60s 左右，迅速捞出至冷却池中冷却到 20℃左右，沥水。

4. 浸渍、清洗。浸渍液由 30Brix 麦芽糖溶液 +15% 麦芽糊精 +1% 食盐组成。将香菇置于预先配置好浸渍液中浸泡 6h。然后用清水清洗表面糖液并沥水。

5. 速冻。将香菇平摊，−18℃条件下速冻24h以上。

6. 真空油炸。将油温预热至110℃左右，装入物料后封闭系统，抽空，使得真空度稳定在0.095~0.10MPa，启动油循环系统，将油炸室充入热油开始油炸，油温控制在100℃左右，时间约30min。

7. 脱油。油炸结束后应立即脱油，以免物料温度下降影响脱油效果。排除油炸室内的热油后，在真空状态下离心脱油，转速1000r/min，时间3~5min。

8. 调味。将脱油后的香菇放入八角调味桶，按1%~2%比例添加调味料进行调味。

9. 冷却、包装。将调味后的香菇脆片散开，用风扇吹凉或自然冷却。冷透的物料应尽快用复合塑料薄膜冲氮包装以防吸潮返软。产品经包装后即为成品。

四、真空油炸香菇脆片

（一）生产工艺流程
香菇选择→清洗→去柄→护色漂烫→沥干→浸糖→冷冻→真空油炸→真空脱油→调味→包装→成品

（二）操作要点
1. 香菇选择。选择无病虫害、大小均一、形态饱满、无机械损伤的新鲜香菇。

2. 清洗、去柄。用流动水清洗掉新鲜香菇表面所带的木屑、灰尘、培养基、塑料等杂质，洗至清洗后的水澄清为止。将清洗干净的新鲜香菇从根部去除菇柄。

3. 护色漂烫、沥干。在漂烫液中加入护色剂，煮沸漂烫7min，捞出并在流动水中快速冷却。将处理好的香菇置于沥水筛，至无水滴出。护色剂的最佳配比为柠檬酸0.8%、抗坏血酸0.07%、L-半胱氨酸0.6%、食用盐5%。

4. 浸糖。将经过漂烫冷却后的香菇置于质量浓度为30%的麦芽糖与麦芽糊精（质量比1:2）混合溶液中，30℃浸泡，香菇与糖液投放比例为1:7（质量比），浸渍约3h，然后取出沥干糖液。

5. 冷冻。将沥干糖液后的香菇平铺在铁盘上，放入超低温冰柜中进行预冻，冷冻时间为16~20h，香菇中心温度在−28℃以下。

6. 真空油炸、脱油。将冷冻后的香菇放入真空油炸框中，炸至油表面气泡从大且密集到小且稀少直至无气泡，即可停止油炸，油炸时间约70min，油炸温度90℃，油炸运行频率2Hz，油炸真空度−0.1MPa，脱油运行频率30Hz，脱油时间7min。

7. 调味、包装。将真空脱油的香菇脆片趁热撒调味粉，然后进行冷却，并把冷却后的香菇脆片放入塑料瓶中，加入干燥剂，热塑封口，于常温、干燥处放置即为成品。

（三）成品质量标准

1. 感官指标。色泽：具有香菇原有的色泽；滋味和口感：有香菇特有的滋味，脂香、清香纯正，口感酥脆可口；形态：具有香菇原有的形态，个体平整饱满，大小均匀，且基本无碎屑；杂质：无肉眼可见杂质。

2. 理化指标。每批平均净含量不得低于标明量，水分≤5%，酸价（以脂肪计）≤5%，过氧化值（以脂肪计）≤20meq/kg，铅（以 Pb 计）≤0.5%，砷（以 As 计）≤0.5%。

3. 微生物指标。细菌总数≤1000 个/g，大肠菌群≤30 个/100g，致病菌不得检出。

五、即食五香香菇粒

本产品以香菇柄为主要原料，辅以盐、糖、味精以及多种天然香辛料，利用传统加工工艺熟制而成，产品具有良好的口感和风味以及独特的外观特性，是一种老少皆宜，携带方便，具有一定营养保健功能的熟制品。

（一）生产工艺流程

熬糖
↓

原辅料验收→清洗→浸泡→绞制→卤煮→烘干→拌料→成形→冷却→切粒→包装

（二）操作要点

1. 原辅料验收。原辅料到厂经检验合格后方可入库使用。具体配方：香菇柄 300g，水 800g，食盐 12g，白砂糖 50g，五香粉 6g，八角粉 1g，花椒粉 0.8g，辣椒粉 1g，明胶 12g。

2. 清洗、浸泡。检验合格的香菇柄，去除原料中杂质、黑点、污迹。将清洗干净的香菇柄按照干香菇柄:水 = 1:3 比例浸泡 12~24h。

3. 绞制。浸泡好的香菇柄用 6mm 孔板进行绞制。

4. 卤煮。按配方要求配制原辅料，煮制时先将定量好的水放进锅内，加入辅料化开后加入绞制好的香菇柄，煮制温度 95~100℃，时间约 30min，煮至水分收干即可。

5. 烘干。将卤煮后的香菇均匀摆放在筛网上，65~70℃烘干，时间 1.5~2h，烘干至手感干爽。

6. 熬糖。按配方要求将配置好的水、盐、糖、食用明胶等放进夹层锅内熬煮，熬至糖浆有拉丝感即可关火，待用。

7. 拌料。将烘干好的香菇加入熬好的糖浆，搅拌均匀。

8. 成形、冷却。将拌好的香菇放至成形的模具中，采用压扁机进行压扁成形。成形后放置 5h 即可进行切粒。环境温度 ≤18℃，湿度 ≤45%，放置地点需保持干燥，无积水。

9. 切粒、包装。将成形好的五香香菇粒放至切粒机上进行切粒，每个香菇粒的大小约在 1.2cm×1.2cm×1.2cm。切粒后经过包装即为成品。

（三）成品质量标准

1. 感官指标。色泽：表面呈褐色，有光泽；风味：香菇风味浓郁，无不愉快气味，无发苦现象，五香味明显，无异味；组织结构：整体呈规则正方形，大小基本一致，肉质细密，不松散；口感：咀嚼感强，不发渣，咸甜适中，滋味鲜美。

2. 理化指标。水分 20.2%，盐分（以 NaCl 计）2.1%，总糖 31%，亚硝酸钠（以 $NaNO_2$ 计）0.78mg/kg。

3. 微生物指标。菌落总数 ≤10^4 个/g，大肠菌群 ≤30 个/100g，致病菌不得检出。

六、多味香菇丝

本产品是以香菇柄为原料生产，成品呈金黄丝状，香脆酥松，甜中带辣，风味独特，是一种老少皆宜的风味小食品。

（一）生产工艺流程

香菇菌柄→浸泡→加料混合→干燥→油炸→分装→成品

（二）操作要点

1. 浸泡。去除残碎菇柄中的杂质及染病、腐烂部分，放入 2 倍重量的清水中，添加适量醋，浸泡 24h 后捞起，撕成丝状，放入水槽中以流动水洗涤，捞起，用竹筛过滤，沥干。

2. 干燥。将香菇丝晒干，最好送入烘房，在 50~55℃温度下焙烤，待其水分降至 18% 以下时取出。

3. 加料混合。按淀粉 80%、白糖 10%、精盐 4%、胡椒粉 3%、鲜辣椒粉 2%、味精 1% 的比例混匀，加适量水调匀。上述粉料重量占香菇丝重量的 10%~15%。

4. 油炸。大锅内盛植物油加热升温至 150℃，将香菇丝与粉料混匀后，分次倒入锅内油炸。炸至金黄色、酥脆时捞出。

5. 分装。成品冷却后按 200g 或 250g 称重，装入食品塑料袋，用封口机密封包装即可。

七、仿真素食香菇丝

本产品是采用香菇的下脚料（香菇柄）开发的一种仿真素食香菇丝休闲食品。

（一）原料配方

香菇柄12kg、大豆油2kg、纯净水1.5kg、砂糖4.0kg、桂皮60g、茴香40g、甘草80g、生姜350g、白盐400g、老抽酱油（氨基酸态氮≥0.8g/100mL）300g、甘油100g、鲜味素50g、味精100g、天然提取牛肉膏200g、干贝素（琥珀酸二钠）20g、朝天椒300g。

（二）生产工艺流程

调味液、辣椒油
↓

香菇柄→去杂、清洗→高压蒸煮→切丝→计量→调味→炒制→烘干→冷却→装袋密封→成品

（三）操作要点

1. 调味液制备。按配方称取桂皮、茴香、甘草和生姜，用流动的饮用水将其清洗干净，去除表面浮尘及泥土。生姜用榨汁机榨汁。将上述预处理好的原料投入到盛有1.5kg纯净水的不锈钢锅中，加热保持微沸状态30min（在此过程中要及时补充蒸发掉的水），过400目滤布，并定量至1.5kg。称取剩余配料白砂糖、盐、老抽酱油、甘油、鲜味素、味精、天然提取牛肉膏及干贝素（琥珀酸二钠）加入到上述1.5kg的萃取液中加热溶解，煮沸即可，定量至6.8kg，即得调味液。

2. 辣椒油制备。按配方称取一级大豆油入不锈钢锅中，加热到150℃时投入称取好的干燥的朝天椒，搅拌2min，时间不可过长，以防产生焦糊味，过200目不锈钢滤网，得辣椒油。

3. 香菇柄预处理。因香菇柄纤维较多较硬，因此需高压蒸煮，直至手撕香菇根中心部分未见白色为宜，用此方法可直观判断纤维是否被完全软化。高压蒸煮软化后的香菇柄放入高速离心机（转速≥3000r/min）内脱水，脱水时间5min，脱水后水分≤35%为合格，再经切丝机切成40mm×5mm×2mm的细片状，称取切片后的香菇丝12kg备用。

4. 调味。将备用的6.8kg调味液加入到12kg香菇丝中，混合搅拌，让香菇丝充分入味均匀，再把辣椒油加入，搅拌均匀充分混合。

5. 焙炒。焙炒可去除过多水分，并使香菇丝充分入味，炒香味突出，颜色

金黄鲜亮。焙炒方法：经调味后的香菇丝倒入滚筒炒锅，开启燃气小火加热旋转的滚筒，滚筒转速设定为 30r/min，焙炒时间 30min，焙制后水分在28%~33%。

6. 烘干。将焙炒后的香菇丝均匀分摊在不锈钢丝网上，香菇丝分摊厚度不超过 2cm，烘箱温度为 65℃，同时开启排气扇以便水分散发，烘干时间40~60min，以最终香菇丝水分含量为 13%~15% 为合格。

7. 冷却、装袋密封。冬天自然冷却，夏天需开启带除湿功能的空调，冷却至温度为 20℃ 即可。冷却的产品选用阻水、阻气性较好的 PET 材料包装袋进行包装，并放入小包的脱氧剂，即为仿真素食香菇丝成品。

（四）成品质量标准

1. 感官指标。色泽：金黄光亮，无焦糊；组织形态：似牛肉干、质地均匀、呈薄片丝状；风味：清香味独特，香气协调；口感：有嚼劲，但不费力，唇齿留香。

2. 理化指标。水分 13%~15%，保质期：密封状态下 12 个月。

3. 微生物指标。菌落总数≤10000 个/g，大肠菌群≤30 个/100g，致病菌未检出。

八、牛肉味香菇柄松

（一）生产工艺流程

原料选择→原料处理→灰漂、漂洗→煮制→浸渍→打丝→炒松→烘松→密封包装→杀菌→冷却→成品

（二）操作要点

1. 原料选择及处理。选用干净、无霉变、无虫蛀的干香菇柄为原料，放在清水中浸泡4~5h，捞起沥干水分。用不锈钢刀剔除菇脚黏附的杂物及粗老部分，菇柄切成 1~1.5cm 的段，粗的撕成 3~4 片。

2. 灰漂、漂洗。由于香菇柄纤维比较坚韧，需将其软化才能获得较好的口感，将菇柄置于 5.0%~5.5% 的 $NaHCO_3$ 溶液中浸泡 4~5h，使粗纤维软化后用清水漂洗至中性。

3. 煮制、浸渍。将牛肉切丁或片，姜切片后与香料混合，用纱布包扎，一起入锅煮制，加水量为总物料量的 2.7~3.0 倍，蒸煮温度为 90℃，时间为45min。煮至牛肉烂熟，加入菇柄、食盐、砂糖、酱油等浸渍24h 左右，再将全部物料加入锅中煮沸，捞出香料包，改用文火煎煮 70~80min，再加入味精、料酒，边煮边用锅勺轻轻捣压，至物料收汁。

4. 风味辅料配比。按 100g 干香菇柄计，五香味香菇松的配料：辣椒粉0.4g、砂糖4.0g、食盐8.0g、五香3.5g、生姜5.0g、酱油10.0g、料酒2.8g、

味精 0.6g；麻辣味香菇松的配料：花椒 2.0g、胡椒粉 1.2g、辣椒粉 3.0g、砂糖4.0g、食盐 6.0g、五香 2.0g、生姜 4.0g、酱油 10.0g、料酒 2.8g、味精 0.6g；甜味香菇松配料：砂糖 20.0g、食盐 2.0g、五香 2.0g、生姜 5.0g、酱油 10.0g、料酒 2.8g、味精 0.6g。

5. 打丝。将煮干的菇柄物料分批用斩拌机打成丝状或茸状，使产品初步成形。

6. 炒松及烘松。将所得的半成品回锅文火干炒，若粘锅，可加入适量食用油炒松，至产品完全呈松状即可，放入烘箱 60~70℃烘 4h，使产品水分降至18%~20% 以便保存。

7. 密封包装。产品用真空包装机抽真空包装，真空度为 0.1MPa 左右。

8. 杀菌、冷却。包装后的产品在 100℃的沸水中加热杀菌 10~15min，杀菌结束后用冷水冷却至 30℃左右，经检验合格者即为成品。

（三）成品质量标准

色泽：金黄或褐黄色，色泽均匀一致；滋味及气味：有牛肉香味及浓郁的香菇风味，味道纯正，无异味；组织状态：外观疏松，呈絮状或茸状，细腻且形态均匀一致；口感：入口细腻，适口，有弹性，有嚼劲，无木质感。

九、炭烤香菇

本成品以新鲜香菇为原料，加工出了营养丰富，具有独特烧烤风味的炭烤香菇制品。

（一）生产工艺流程

调味料的配制
↓

原料→修整去柄脚→清洗→穿串→炭烤→调味→冷却→真空包装→杀菌→冷却→成品→贮藏

（二）操作要点

1. 原料选择及预处理。选择菇肉质地结实，无虫害，品质良好，色泽正常，大小一致，无霉变，无畸形，美观的新鲜香菇，将所选新鲜香菇修整去除香菇根蒂及柄脚。

2. 清洗。用清水洗净香菇菌盖表面及菌褶内的杂质，沥干水，并用刀片将菌盖上以十字划开，以便烧烤过程中香菇菇肉受热均匀。将处理好的香菇用竹签串起。

3. 配制调味料。将食盐、胡椒、辣椒、孜然、熟花生粉等按照一定的比例进行调制。

4. 炭烤、调味。用专业的炭烤设备，对香菇进行烧烤处理。烧烤过程中应注意掌握炭火的大小以及烧烤的时间，及时对香菇串进行翻转，避免香菇烤糊，同时在翻转过程中将调料刷在香菇串上，使香菇味道鲜美。

5. 冷却。将经过炭烤及调味后的香菇放入冷却室，使其快速冷却至10℃。

6. 真空包装。将经过冷却后的香菇放入复合膜包装袋中进行包装，然后在−0.1MPa 的压力下进行真空包装处理。

7. 杀菌、冷却。将真空包装后的炭烤香菇进行杀菌，杀菌温度 80～85℃，时间 20～25min。将杀菌后的制品尽快冷却，即为成品。

（三）成品质量标准

1. 感官指标。炭烤香菇具有香菇特有的香味，表面调料分布均匀，无汁液渗出，菌盖肉质鲜美，味道爽口。

2. 理化指标。亚硝酸盐 <70mg/kg，复合磷酸盐 <4.0g/kg，铅（以 Pb 计）<1.0mg/kg。

3. 微生物指标。细菌总数≤100 个/g，大肠杆菌≤30 个/100g，致病菌不得检出。

十、香菇山楂复合果丹皮

（一）生产工艺流程

香菇→清洗→切块→烘干→粉碎→过筛→香菇粉

↓

山楂→挑选、清洗→去果蒂→热烫→磨浆→混合调配→浓缩→刮片→烘干→揭起→成品

（二）操作要点

1. 香菇粉制作。将香菇清洗，切成 3～5cm 小块，置于烘干箱中烘干，再用粉碎机粉碎后，过 40 目筛，备用。

2. 山楂浆制备。选取颜色红艳、无病虫害、无腐烂的山楂，清洗，去除山楂的果蒂，再煮沸至软，冷却，筛孔直径为 2mm 的打浆机打浆，加定量水，一次加足水，以便水能和原来的相系较好的结合在一起，打浆后，加入维生素 C 以防止果浆褐变，冷藏备用。

3. 混合调配、浓缩。在果浆中分别加入不同量的香菇粉、白砂糖、柠檬酸，混匀，加热浓缩，不断搅拌防止焦糊，浓缩至果浆呈泥状，有刮片现象为止。各种原料的用量为：山楂76.2%、香菇粉4.6%、白砂糖19.1%、柠檬酸0.1%。

4. 刮片、烘干。将浓缩的果泥均匀摊在不锈钢盘中，厚度适中，刮片要均匀一致，将抹好的果泥放入干燥箱中干燥直至不粘手，能卷起，呈韧性薄片时取出。

5. 揭起。将烘好的果丹皮趁热揭起，再放到烤盘上烘干表面水分，用刀切

成片卷起,在成品上再撒上一层砂糖即为成品。

十一、香菇番茄复合果丹皮

(一) 生产工艺流程

香菇柄粉、蔗糖、柠檬酸、果胶
↓

番茄→预处理→加热软化→打浆→调配→浓缩→刮片→烘干→揭起→包装→成品

(二) 操作要点

1. 原料预处理。将干香菇柄烘干,粉碎后,过 260 目筛,备用;将番茄清洗后,在 90~95℃水中,漂烫 2min,冷却,去皮、柄,打浆,备用。

2. 调配、浓缩。在番茄浆中,加入香菇柄粉 1.0%、蔗糖 20.0%、柠檬酸 0.6% 混匀,加热浓缩,不断搅拌防止焦糊,临近浓缩终点时加入预先配好的果胶溶液(果胶用量为 0.6%),浓缩至果浆成泥状、有挂片现象为止。

3. 刮片、烘干。将浓缩好的果泥均匀摊在不锈钢盘中,厚度为 3~5mm,刮片要均匀一致。将抹好的果泥放入远红外线鼓风干燥箱中,在 70℃下干燥 12~14h,直至成为具有韧性皮状时取出。

4. 揭起、包装。将烘制好的果丹皮趁热揭起,冷却后切片卷起,用玻璃纸包装即成香菇番茄复合果丹皮。

(三) 成品质量标准

1. 感官指标。味道:酸甜适中,不腻不淡;香气:有明显香菇香,且香味柔和;色泽:红色鲜艳,有一定亮度和透明度;组织状态:黏度适中,不粘牙,劲道,耐嚼。

2. 理化指标。水分 14%~20%,总酸 2.7%,总糖 64%~67%,总胡萝卜素 (3.1~3.9) mg/100g。

十二、香菇软糖

(一) 原料配方

以香菇浸提液重量为基础,明胶 8%,卡拉胶 1.5%,琼脂 0.3%,白糖 53%,食盐 1.6%,乙基麦芽酚 0.0125%,适量的麦芽糖浆和柠檬酸。

(二) 生产工艺流程

熬糖→冷却
↓

香菇浸提液制备→胶的溶胀→胶的溶解→混合、搅拌、调酸→静置→注模→

冷却、脱模→包装→成品

（三）操作要点

1. 熬糖。先将白糖和一定量麦芽糖浆混合后加入规定量的水，在60℃进行溶糖15min，再加温至105～111℃进行溶糖，至白糖颗粒完全溶化为好。

2. 香菇浸提液制备。香菇与水按1∶20比例进行煮制，煮制温度为96℃，时间为10min，时间太短，香菇的香味不能充分浸出，时间太长，苦味又太浓。浓缩、过滤至可溶性固形物达6%，备用。

3. 胶体的溶解。将各种食用胶按照配料比例称重后，加入规定量的香菇浸提液室温浸润4h，使其充分吸水溶涨，再在相应的温度条件（60～80）℃下水浴溶解，充分溶解后即可。具体情况如下：明胶以5倍重量的香菇浸提液室温浸润4h后，用60℃水进行水浴溶胶，卡拉胶用50倍重量的香菇浸提液室温浸润4h后用80℃水进行水浴溶胶，琼脂用30倍香菇浸提液室温浸润4h后用80℃水进行热溶。

4. 混合、搅拌、调酸。在预冷的糖溶液中将各食用胶溶液逐一加入并不断搅拌，再将用香菇浸提液稀释溶解的乙基麦芽酚和柠檬酸溶液加入到混合液中，充分搅拌。

5. 静置。静置的目的是为了使搅拌过程中混入胶体溶液的气泡充分上浮消失，提高软糖的质量。

6. 注模。将静置后的糖胶混合液灌注于模型中，灌注时注意量要一致，动作要快，以保证软糖的均匀一致。

7. 冷却、脱模。冷却是为了使胶糖混合液凝固，脱模时一定要轻，切记不能用锋利的工具进行撬动，以免破坏软糖的外观。脱模后经过包装即为成品。

十三、香菇牦牛肉松

本产品是以香菇柄和高原特有的牦牛肉为原料加工生产而成，它不仅增加了牦牛肉制品的花色品种，提高了其附加值，而且具有现实的市场价值和良好的商业前景。

（一）原料配方

牦牛肉松：牦牛肉100kg、食盐1.8kg、砂糖6.0kg、酱油7.0kg；香菇松：干香菇柄100kg、食盐1.6kg、砂糖6.0kg；牦牛肉松和香菇松按7∶3比例混合。

（二）生产工艺流程

原料肉整理→配料煮制→{ 取香菇→拌炒→初烘→整丝→复烘→磨丝→炒松 / 除去香菇外→继续煮制直至水干→炒松→擦松 }→

混合

（三）操作要点

1. 香菇柄选取及处理。选择色泽正常、无霉变、无虫蚀、无异味的干香菇柄，置于水中浸泡，待变软后剪去菇柄下端老化部分，洗净待用。若选用的是新鲜香菇柄，则直接剪去菇柄下端老化部分，洗净后待用。

2. 牦牛肉整理。将新鲜牦牛肉去皮、骨、肥膘、筋腱等，顺瘦肉的纤维纹路切成肉条，然后再切成长约7cm、宽约3cm的短条。

3. 煮制。将大茴香、生姜用纱布包扎好，与肉条一起放入锅内，加入用纱布包好的相应的香菇，倒入一定比例的水，用大火煮开，改用文火焖煮，待菇柄入味后（煮制时间40min）即可取出香菇，然后改用大火煮制，当肉煮到发酥时（约需煮2h），放入料酒、食盐，继续煮到肉块自行散开时，再加入白糖，用锅铲轻轻搅动，30min后加入酱油、味精，煮到料汤快要干时，改用中火，防止结焦，再翻动几次，当肌肉纤维松软时，即可进入炒松工序，牛肉的总煮制时间为4h。

4. 拌炒香菇。在铝锅中加入适量食用油烧沸后，加入适量大蒜炸至金黄色、放出香味时，倒入已煮制好的香菇柄，立刻翻动拌炒，此时应注意火候不能过旺，以免烧焦菇根。拌炒约15min后即可进行初烘。

5. 香菇初烘和整丝。将香菇柄取出，摊放在烘盘中，然后将烘盘置入烘箱中，在70~80℃通风烘烤，期间注意翻动2~3次，菇柄烘至半干、表面金黄色为止。把烘制半干的菇柄放入粉碎机中粉碎，使菇柄疏松，呈纤维丝状。

6. 香菇复烘。将以上制成的菇丝摊放在烘盘里，约2cm厚，然后将烘盘放进烘箱，在60~70℃通风烘3~4h，期间应翻动2~3次。

7. 磨丝、炒松。把复烘后的粗丝放入磨盘式粉碎机中，适当调整磨盘间距，使粉碎出的菇丝呈均匀的纤维絮状，然后将其倒入炒松机内，在50~55℃烘炒至酥松、有浓郁香味时即为香菇松。

8. 炒牦牛肉松。取出香料包，采用中等火力，用锅铲一边压散肉块，一边翻炒，注意炒压要适时，过早炒压工效低，而炒压过迟，肉烂易粘锅、炒糊。当肉块全部炒至松散时，要用小火勤炒勤翻，操作轻而均匀。当颜色由灰棕色变为金黄色、含水量达到20%、具有特殊香味时，即可结束炒松。

9. 擦松。用滚筒式擦松机将肌肉纤维擦开，使炒好的肉松进一步蓬松。

10. 混合。将30%的香菇松和70%的肉松均匀混合在一起，装入复合塑料袋内，真空封口，即为成品。

十四、香菇柄松（一）

（一）原料配方

香菇柄1000g、食盐18g、白砂糖40g、味精2g、辣椒粉5g、食用油25g、黄酒 5g、大蒜少许。

（二）生产工艺流程

原料选择及处理→煮制调味→拌炒→初烘→成丝→复烘→磨丝→炒松→冷却→包装→产品

（三）操作要点

1. 原料选择及处理。在选择香菇柄时，如果是使用干香菇柄，要通过观察和闻味选择色泽健康、无虫眼、无霉变、无异味的干香菇柄，将其浸泡在水中若干分钟至其蓬松变软，再用剪刀将两头老化的部分去除，洗净待用。若是选择新鲜的香菇柄，只要将两端老化部分去除，洗净待用即可。

2. 煮制调味。将洗净的香菇柄放入锅中，按照 1:3 的比例加入水，再将按照配方比例事先称好的调味料（食盐、白砂糖、味精、辣椒粉、黄酒）一起加入，搅拌均匀后大火烧煮。待水烧开沸腾时，改用文火慢慢焖煮，不时对其进行搅拌，使香菇柄入味。等到锅中的水烧干，所有的调味料都被香菇柄吸收时，烧煮结束，将香菇柄取出待用。

3. 拌抄。在锅中加入适量食用油，当油温上升到一定程度时，加入少许大蒜煸炒至金黄，待其释放出香味时，将事先准备好的香菇柄倒入，一同翻炒大约 15min 后取出。此过程需要尤其注意火候的大小，切不能过旺，否则会在翻炒时炒焦香菇柄。

4. 初烘。将取出的香菇柄倒入烘焙专用盘内，均匀平铺放入烤箱，在 70~80℃ 的温度下通风烘烤。期间要时刻注意香菇柄的情况，翻动 2~3 次，以确保其均匀受热。待香菇柄烘焙至半干，表面呈现金黄色时取出。

5. 成丝。将烘焙至半干的香菇柄放入粉碎机中粉碎搅拌，使菇柄松软疏松，呈现纤维丝状。

6. 复烘。将粉碎后的香菇柄粗丝平整地摊放在烤盘中，确保厚度不超过 2cm，再次放入烤箱烘烤。此时烤箱温度保持在 60~70℃，通风烘烤 3~4h 即可。同样，在烘烤过程中，为使其均匀受热，要定时翻动若干次。

7. 磨丝。将再次烘焙好的香菇柄放入磨盘式粉碎机中，调整好合适的磨盘间距，使其将香菇柄粗丝磨成均匀的纤维絮状。

8. 炒松、冷却、包装。将磨好的絮状香菇柄丝倒入炒松机内，保持 50℃ 左右的温度翻炒，待其变得疏松且有浓郁的香味时，即为香菇柄松，再经冷却、包装即为成品。

十五、香菇柄松（二）

（一）生产工艺流程

原料选择→原料预处理→软化→切段→清洗→煮制→调味→一次烘烤→打丝

→炒制→二次烘烤→成品

（二）操作要点

1. 原料选择及预处理。选择干净、无虫蛀、无霉变、浅色的干香菇柄，用不锈钢刀剔除菇脚附着的杂质及粗老部分。

2. 软化。由于干香菇柄纤维比较坚韧，需将其软化才能获得较好的口感，此外浸泡还可以减少灰涩味，缩短煮制时间。将香菇柄置于清水中浸泡，使其充分软化。

3. 切段、清洗。将菇柄切成 1~1.5cm 长的小段，粗的撕成 2~3 片。将切好的菇柄段在清水中清洗 3 次，进一步除去杂质。

4. 煮制。将切好的香菇柄放入锅中，加水量为菇柄质量的 3 倍，煮沸后先用大火煮 60min，然后用文火煮 100min，沥干水分。

5. 调味。将菇柄放入锅中，加入与菇柄等质量的水煮沸，按配方加入辅料，待汁基本收干，然后沥干水分准备进行一次烘烤。辅料用量（占原料质量）：白砂糖 6%、食盐 3%、味精 0.2%、酱油 1.0%、黄酒 1.5%。

6. 一次烘烤。把香菇柄均匀地摊放在烘盘上，放入烘箱内在 70℃下烘烤 90min，中间翻动 3 次。

7. 打丝。将半干香菇柄分批用调理机粉碎至疏松，成为纤维丝状。

8. 炒制。在不锈钢炒锅中加入香菇柄质量 8% 的调和油，待加热后在保温状态下加入打丝后的香菇柄松，不断翻炒至调和油和香菇柄松混合均匀，即可进入二次烘烤阶段。

9. 二次烘烤。将香菇柄松均匀地摊放在烘盘上，厚度为 2~3cm，放入烘箱内在 60℃下烘烤 55min，至水分小于 20%，中间翻动 2 次，使烘烤均匀即为成品。

十六、香菇柄松（三）

（一）生产工艺流程

选料→煮制→拌炒→初烘→粗整丝→复烘→打丝→炒松

（二）操作要点

1. 选料。选择无病虫、无霉变、色泽正常、新鲜香菇柄，剪去柄脚杂质，洗净待用。

2. 煮制。将菇柄倒入锅中，加 3 倍于菇重的水，再加入食盐、黄酒、味精、糖、辣椒粉等调料煮制，至水干时为止。

3. 拌炒。先在锅中放入适量的食用油，烧沸，再加入适量的大蒜，炸至金黄色，然后倒入经煮制的香菇柄，立即翻炒，此时应注意火候不宜过旺，防止菇柄烧焦，拌炒约20min，稍微冷却即可。

4. 初烘。将拌炒好的香菇柄摊放于烘盘中，厚约3cm，再将烘盘放入烘箱，在80~90℃的温度条件下进行通风烘烤，中途翻动2~3次，当菇柄烘烤至半干，表面呈金黄色时停止。

5. 粗整丝。将烘至半干的菇柄加入擦松机，使之呈疏松、粗纤维丝状。

6. 复烘。将菇丝摊于烘盘内，厚约3cm，放进烘箱，在60~70℃的温度条件下通风烘烤3~4h，翻动2~3次，即为半成品。

7. 打丝。将半成品放入粉碎机中，适当调整磨盘间距，使粉碎出的菇丝成为既疏松又均匀的纤维絮状。

8. 炒松。将菇松倒入炒松机内，在50~60℃的温度条件下烘炒至蓬松，并有香气溢出，即为香菇松成品，也可将香菇松按一定比例与肉松混合，制成不同规格的香菇肉松或牛肉香菇松等系列产品。

十七、香菇纸

纸型蔬菜，简称蔬菜纸，是由新鲜蔬菜经预处理后制成蔬菜泥（糊），加入适量黏结剂、调味剂混合均匀后，经涂膜、干燥、成型而制得的一种纸片状食品。本成品是以香菇为主要原料开发出的香菇纸休闲食品。

（一）生产工艺流程

新鲜香菇去根→称量→清洗→漂烫→冷却去水→破碎→调配、均质→涂膜→烘烤→揭片→修剪成型→包装→成品

（二）操作要点

1. 清洗。将新鲜香菇剪掉香菇根部，菌柄和菌盖分离，称重，用自来水清洗香菇表面的泥沙等杂质。

2. 漂烫。将洗净的香菇放入沸水中漂烫3min，以钝化香菇中特有的酶类，减少后续步骤中的苦涩味，然后用冷水冲洗并挤干水分。

3. 破碎。将菌柄和菌盖撕碎后放入组织捣碎机中，捣成糊状备用。

4. 调配、均质按未清洗前香菇的重量计算（菌柄20%、菌盖80%），将占香菇质量0.6%盐、0.2%白砂糖、0.1%魔芋粉、0.3%CMC放入容器中，加入少量的水溶解，搅拌均匀，然后加入破碎的香菇糊和炼乳并送入均质机中进行均质处理。

5. 涂膜。在烤盘内涂上薄薄的一层食用油，将均质好的香菇糊铺成厚度3mm均匀的薄层。

6. 烘干。将涂好的烤盘放入电热鼓风干燥箱中烘干，温度为80℃，时间为3h。

7. 揭片、修剪成形、包装密封。烘干后将香菇纸揭起，修整成一定的形状，采用 BOPA6/LDPE 复合袋进行包装后即为成品。

第五节　香菇肠类

一、低盐风干香菇香肠

（一）原料配方

新鲜猪肉 500g、香菇 150g、生姜 100g、鲜葱 150g、酸奶（含有活性乳酸菌）100mL、食盐 7.5g、酱油 6mL、五香粉 5g、砂糖 10g、淀粉 10g、芝麻 20g、香油 10mL。

（二）生产工艺流程

各种辅料原料肉→切丁→拌馅→腌制→滚揉→灌肠→整理→上杆→发酵→晾晒干燥→成品

（三）操作要点

1. 猪肉选择及处理。采用市售健康无病的新鲜猪肉，肥瘦比为 3:7，清洗干净后沿肉的纤维伸展方向把肉切成宽 2cm，长为 5cm 的肉条，备用。

2. 鲜香菇预处理。香菇洗净，沸水漂烫 3min，捞出沥干水，冷却后切丁备用。

3. 拌馅、腌制。将上述肉条加入鲜香菇、生姜等辅料，拌和均匀，在 2~5℃ 的环境条件下腌制 8h。每隔 2h 翻拌一次。

4. 滚揉。将腌制好的肉条放入滚揉机中，放入少量冰块，滚揉 20min，滚揉温度小于 10℃，最后加入酸奶。滚揉后，静置 10min，即可灌肠。

5. 灌肠。将整根肠衣灌满后，进行扎节，每隔 10cm 左右扎节，扎完后，检查肠体，看是否存在气泡，若有则应用针扎小孔排气。

6. 发酵。将灌制好的香肠放于 35℃ 恒温箱中培养 24h。

7. 干燥。把发酵成熟的香肠挂在阴凉处，温度控制在 0~10℃，干燥，待肠体收缩，透出红色，水分含量低于 10%，即可停止晾晒干燥，总的晾晒时间为 15d。10℃ 以下保藏，待食用时蒸、煮都可。

（四）成品质量标准

1. 感观指标。肠体褐色，菜肉结合好，香肠香味浓郁，不析盐，不析油，切面着力好，口感鲜嫩均匀细腻，有发酵的奶香味。

2. 理化指标。pH 值 6.0，水分 9.0%，食盐 1.7%，蛋白质 21.4%，脂肪 12.6%。

3. 微生物指标。细菌总数≤100 个/g、大肠群菌≤40 个/100g、致病菌不得检出。

二、发酵香菇香肠

（一）原料配方

猪肉 100g、香菇 40g、蔗糖 5g、红曲粉 3g、淀粉 8g、食盐 6g、味精 0.3g、抗坏血酸 0.2g、五香粉 0.1g、生姜粉 0.1g、胡椒粉适量。

（二）生产工艺流程

　　　　　　调味料 + 香菇丝　　　　　发酵剂
　　　　　　　　↓　　　　　　　　　　↓
原料肉→清洗→绞肉→腌制→斩拌→接种→灌肠→发酵→烘烤煮制→成品

（三）操作要点

1. 香菇加工。取新鲜香菇若干，水洗，捞起，沥干，使其水分含量在 30% 左右，切丝。

2. 发酵剂制备。采用乳酸菌单独培养混合发酵的方式来制备发酵剂，即按 3% 的接种量向豆奶中接入按 1:2 的比例混合好的保加利亚乳杆菌、嗜热链球菌的工作发酵剂，混匀后将其置于 37℃恒温箱中，静置培养 10h 左右，当酸度达到 6.5～7°T 时，即可终止发酵。

3. 原料肉选择及处理。选用卫生检验合格的新鲜猪肉，肥瘦比为 3:7，剔除筋、软骨等，清洗干净后沿肉的纤维伸展方向把肉切成宽 2cm、长为 5cm 的肉条。

4. 绞肉腌制。将上述肉条放入绞肉机中绞成肉糜状，在绞制过程中加冰水以控制温度在 2～4℃，然后按配方的比例加入食盐、味精、胡椒粉、五香粉、蔗糖、抗坏血酸、淀粉、香菇丝等，并拌和均匀，在 2～5℃ 的环境条件下腌制 24h。

5. 斩拌。将腌制好的肉糜放入斩拌机中，斩拌 5min，斩拌温度小于 10℃，待其肉馅随手拍打而颤动为最佳。

6. 接种灌肠。按肠馅重量的 3% 接种发酵剂，将发酵剂与肉馅拌匀，进行灌肠。将整根肠衣灌满后，进行扎节，每隔 10cm 左右扎节，扎完后，检查肠体，看是否存在气泡，若有，则应用针扎小孔排气。

7. 发酵。将灌制好的香肠放于 35℃恒温条件中培养 24h，即可。

8. 烘烤煮制。把发酵成熟的香肠挂在烤炉中，炉温控制在 65～70℃，烘烤 3h，待肠体透出红色，手感光滑、有弹性时出炉，立即放入蒸煮锅内，使水淹没肠体，并保持水温在 75～80℃，蒸煮 40min，使肠体熟透，出锅快速冷却到

$0 \sim 5℃$，即为成品。

（三）成品质量标准

1. 感观指标。肠体及切面色泽红润，香味浓郁，外观坚实饱满，不析油，切面结着力好，口感鲜嫩均匀细腻，风味特殊，无异味。

2. 理化指标。Aw 值 0.87，pH 值 6.2，水分 36.2%，食盐 3.1%，蛋白质 29.1%，脂肪 18.2%。

3. 微生物指标。细菌总数≤100 个/g，大肠群菌≤40 个/100g，致病菌不得检出。

三、香菇保健香肠

（一）原料配方

猪瘦肉 225g、肥肉 37.5g、香菇 37.5g、马铃薯淀粉 62.5g、其他辅料（盐、白糖、味素、亚硝酸盐、白酒、酱油、姜、乳化剂等）适量。

（二）生产工艺流程

香菇→清洗→热烫→冷却→切丁

↓

原料肉选择和修整→低温腌制→绞肉→斩拌→混合→灌制与填充→烘烤→蒸煮→成品

（三）操作要点

1. 香菇处理。将鲜香菇用水洗净，然后热水下锅焯 10min，再将香菇捞出，淋干水分后用切丁机将香菇切成 1cm 见方的小块。

2. 原料肉选择和修整。选择符合卫生检验要求的鲜猪肉作为加工的原料，如需解冻，则在常温下自然解冻。

3. 低温腌制。将猪瘦肉与亚硝酸盐、食盐充分混合，猪肥肉只用食盐腌制，置于腌制室内腌制 72h，腌制温度为 $2 \sim 4℃$。瘦肉块变成玫瑰红色，且较坚实、有弹性、无黑心时腌制结束；脂肪坚实、不绵软，切开后内外呈均一的乳白色时腌制结束。

4. 绞肉。将腌制好的肉送入绞肉机中初绞，以提高肉馅的黏度和弹性，减少表面油脂，使制品鲜嫩细腻、易消化吸收。

5. 斩拌。斩拌时，为防止肉温升高、微生物繁殖和品质下降，需加适量冰水，控制斩拌过程中的肉温在 10℃ 以下。斩拌时的投料顺序是：猪肉、冰水、部分调料等。

6. 混合。将香菇、添加剂和调味料（水、香辛料、乳化剂等）加适量水调匀，加入到斩拌后的原料中进行混合搅拌，时间控制在 $15 \sim 20min$，温度控制在

10℃以下。

7. 灌制与填充。灌制前先将肠衣用温水浸泡，再用清水反复冲洗干净，并检查是否有漏洞，然后将斩拌好的肉馅放入自动灌肠机中，套上已清洗的肠衣进行灌制。灌肠不宜太紧或太松；长度控制在 10cm 左右；小气泡用钢针刺破后排出；用清水冲去肠表面的油垢。

8. 烘烤。灌好的肠体穿在铁钩上，送入烤炉中烘制。采用热风烘制，设置 2 段不同温度：第一阶段 55℃，烘 2h；第二阶段 40℃，烘 12h。烘制后冷却至室温。待肠体表面干燥、手感光滑、肠体透出微红色时，即可出炉。

9. 蒸煮。烘烤后的香肠用 85~90℃水煮 30min，使肠体中心温度达到 72℃，冷却成品。

（四）成品质量标准

肠衣表面干爽，完整，无斑点，无黑痕及走油现象；截面颜色鲜艳，切面光滑，香菇分布均匀，肉质坚固，结合紧密，无气泡等缺陷；肉质鲜嫩，兼有香肠和香菇的特殊香味，味美适口，无酸味和异味。

四、香菇冷却肉低温火腿

（一）生产工艺流程

香菇→分选→洗涤→漂烫→打碎

↓

原料肉→绞肉→配制料水→滚揉腌制→搅拌→灌装→热加工→冷却→包装→成品

（二）操作要点

1. 原料肉处理。选用经卫生检验合格的肉，将原料肉修去筋腱、软骨、结缔组织并切成小块，用直径 25mm 的孔板绞碎。

2. 香菇处理。选用新鲜无病虫害的新鲜香菇。将香菇去除杂质，用 70℃热水烫 5~10min 后用冷水浸泡冷却后捞出沥水。

3. 辅料和料水配制。按要求准确称取各种辅料（淀粉、大豆分离蛋白、食盐、白砂糖、香辛料、味精、料酒、磷酸盐、维生素 C）和冰水，将 2/3 冰水加到均质机中；再把各种辅料按一定顺序加入，开启设备 5~10min，确保各种辅料充分溶解乳化，温度控制在 0~4℃范围。

4. 滚揉、腌制。将绞好的肉和配制好的盐水加入到滚揉机中，抽真空度达到 85kPa 以上。采用间歇滚揉工艺（滚 20min，停 40min），按照 10~12r/min 的速度滚揉，滚揉时间为 16h。滚揉温度控制在 2~8℃之间，最终料温为 0~4℃之间。将处理过的香菇和余下的 1/3 冰水、淀粉放入斩拌机细斩后连同滚揉好的肉馅一起倒入搅拌机里充分搅拌均匀即可。

5. 灌装。将制好的肉馅倒入真空灌装机料斗，调整合适的真空度、灌装速度和定量，灌入玻璃纸套管中（每根净含量380g），用线扎好口并绑紧，每杆12根穿起挂在烟熏车上。

6. 热加工、冷却、包装。将灌好的半成品推入烟熏炉内，烟熏工艺分三个阶段进行，第一阶段：温度75℃、时间30~60min、无烟、气门打开；第二阶段：温度75~95℃、时间90min、无烟、气门关闭；第三阶段：温度75℃、时间40min、浓烟熏、气门关闭。产品出炉后应迅速推到冷却间进行冷却降温，使产品中心温度降至25℃以下，经包装即为成品。

（三）成品质量标准

1. 感官指标。色泽：肉馅呈大理石状粉红色花纹，肉块分布均匀；滋味：香菇香气浓郁，咸淡适中，有淡淡的烟熏气味，无异味；口感：肉质细嫩，爽口，肉感强烈。

2. 理化指标。氯化物≤0.3%，亚硝酸盐（$NaNO_2$计）≤30mg/kg，磷酸盐<0.3%，蛋白质≥14%，脂肪≤8%，水分≤75%。

3. 微生物指标。细菌总数≤10000个/g，大肠菌群≤30个/100g，致病菌不得检出。

五、香菇鸡肉低温火腿

（一）生产工艺流程

香菇→香菇浆
↓

原料肉选择与修整→腌制→绞肉→斩拌乳化→灌肠→煮制→冷却→成品

（二）操作要点

1. 香菇浆制备。选取优质市售香菇，切除根基部，清洗干净，然后将其置于沸水中漂烫2~3min，将水沥干，送入打浆机中打成浆液。

2. 原料肉选择与修整。选用符合国家卫生标准的鸡瘦肉作原料，剔除筋腱、软骨、血污及淋巴等，将肉块切成5cm长的细条。肥膘选用猪背部皮下脂肪，切成块冷却备用。

3. 腌制。将切好的肉在低温腌制12h以上。

4. 绞肉。将腌制好的肉用φ3mm筛孔的绞肉机绞碎。绞肉时要不断加入冰水以控制肉温不高于10℃。

5. 斩拌乳化。先将肉馅斩拌2min，再分别加入香菇浆（香菇用量12%）、淀粉（12%）、复合香辛料（0.1%）、复合磷酸盐（0.6%）及适量的红曲色素、异抗坏血酸钠和大豆蛋白，在斩拌过程中要及时添加冰水控制温度，斩拌后的混合物色泽均匀、黏度适中。

6. 灌肠。将斩拌好的肉馅及时灌入 PVDC 肠衣中，并结扎，规格为 100g，灌制肉馅松紧适中。

7. 煮制、冷却。将灌制好的火腿在 75℃的水中煮制 40min。煮制结束后经冷却检验合格者即为成品。

（三）成品质量标准

1. 感官指标。色泽自然，诱人，肠衣饱满有光泽，结构紧密有弹性，香气浓郁，滋味鲜美，有浓厚的香菇香气，口味纯正。

2. 理化指标。NaCl≤2%，亚硝酸钠≤30mg/kg。

3. 微生物指标。细菌总数 ≤2000 个/g，大肠菌群 < 30 个/100g，致病菌不得检出。

六、香菇灌肠

（一）生产工艺流程

原料选择与修整→低温腌制→绞肉→斩拌→混合→灌制→煮制→烘烤→烟熏→包装→成品

（二）操作要点

1. 原料选择与修整。将猪肉切成 2cm×5cm×10cm 的肉块。香菇要选择无污染、无病害的新鲜香菇，洗净后切成 1cm 见方的丁备用。

2. 低温腌制。将切好的瘦肉加入 0.015% 的亚硝酸钠和 2.5% 的食盐混合均匀后，再加入多聚磷酸盐（其配比为 0.4% 的焦磷酸钠、0.4% 的三聚磷酸钠、0.2% 的六偏磷酸钠），再加入 1.0% 的维生素 C 混合均匀，放入 0~4℃的冷库腌制 24h 左右即可。

3. 绞肉。将肉块放入绞肉机中进行绞碎，瘦肉和肥肉要分开绞碎。

4. 斩拌。先将瘦肉倒入斩拌机进行斩拌，当斩拌到一定程度，倒入肥肉。在操作过程中要加适量的冷水以保证肉温不超过 10℃，当斩拌至肉馅无游离水、具有弹性并有坚实感即可。

5. 混合、灌制。按比例将各种原辅料进行混合，具体比例为：猪肉肥瘦比 2:8，香菇、大豆蛋白和淀粉分别占猪肉的 30%、4% 和 6%。原辅料混合均匀后即可进行灌制，松紧要求适中，然后结扎，为防止煮制过程中肠衣破裂，可用细针在肠体上刺孔。

6. 煮制。利用常压煮锅进行煮制，煮制时水温保持在 80~85℃，时间 30~40min，以肠衣的中心温度达到 75℃为准。

7. 烘烤。为使肠衣蛋白质变性凝固，增加肠衣的强度，同时促进肉馅发色，煮制后要进行烘烤。烘烤温度 60~70℃，时间 0.5~1.0h，烘烤至肠衣呈半透明状，表面干燥无黏湿感，肉馅初露红色即可。

8. 烟熏。烟熏温度 50℃，时间为 1h。熏制后肠体会具有烟熏的香味。产品经熏制后包装即为成品。

（三）成品质量标准

1. 感官指标。外观：肠体干燥完整，长短一致，粗细均匀，无黏液，不破损，有光泽；色泽：有产品固有的颜色，色泽红润、均匀一致；组织状态：组织致密，切片性能好，有弹性，无空洞，无汁液；风味：咸淡适中，滋味鲜美，无异味。

2. 理化指标和微生物指标。符合国家相关标准。

七、香菇鸡肉灌肠

（一）生产工艺流程

原料肉和香菇选择→预处理→腌制→绞肉→斩拌→拌馅→灌制→烘烤→煮制→包装→成品

（二）操作要点

1. 原料选择及处理。猪肉选择新鲜的精瘦肉和猪背膘，鸡肉选择鸡胸脯肉。将精瘦肉剔除肌腱、筋膜、淤血、淋巴等，挑除碎肉。把精瘦肉和猪背膘切成长、宽、高均为 0.5~1cm 的小块。将鸡胸脯肉切成小块，香菇洗净，剁成细小的碎末。

2. 腌制。先用少量水把 0.015% 亚硝酸钠溶解，再与 2.2% 食盐混合均匀，然后分别与瘦肉（猪肉和鸡肉）混合进行腌制。肥肉与瘦肉分开腌制，加食盐量与瘦肉相同，不加亚硝酸钠。放入冷库，腌制 48h。瘦肉切面呈鲜红色，有弹性。肥膘坚硬，色泽均匀即可。

3. 绞肉。将肉块放入绞肉机中进行绞碎，瘦肉和肥肉要分开绞碎。

4. 斩拌。先将瘦肉倒入斩拌机进行斩拌，当斩拌到一定程度，倒入肥肉。在操作过程中要加适量的冷水或碎冰以保证肉温不超过 10℃，防止脂肪氧化。当斩拌至肉馅无游离水，具有弹性并有坚实感即可。

5. 拌馅。将猪肉、鸡肉和香菇等放入拌料机，按比例称取辅料，然后将辅料混合均匀倒入，用拌馅机进行充分搅拌。具体比例：鸡肉 20%、大豆蛋白 4%、香菇 20%、淀粉 10%，其他辅料：卡拉胶 0.3%、味精 0.1%、亚硝酸盐 0.015%、白砂糖 1.5%、食盐 2.2%、料酒 0.5%、蒜 1.0%，其余为纯净水。

6. 灌制。选用猪小肠衣，利用灌肠机进行灌制，要求松紧适中，然后结扎，每节长 10~15cm，用细针在肠体上刺孔，以免煮制过程中肠衣破裂。

7. 烘烤。将灌好的肠放入烤炉内，每烘烤 5~10min 将肠上下翻动一次，保证烘烤均匀，烤炉温度为 60℃，直至肠体表面干燥，手摸没有黏湿的感觉，肠衣半透明，即可出炉。烘烤时间为 2h。

8. 煮制。在常压下进行煮制，煮制水温保持 80~85℃，时间 30~40min，以肠衣的中心温度达到 75℃为准。煮制结束后经冷却进行包装即为成品。

（三）成品质量标准

1. 感官指标。色泽良好，光泽感强，组织结实紧密，香菇鸡肉分布较为均匀，口感细腻，咸淡适口，具有灌肠特有风味。

2. 理化指标。水分≤5%，脂肪≤22%，亚硝酸盐≤30mg/kg。

3. 微生物指标。菌落总数≤30000 个/g，大肠杆菌≤30 个/g，致病菌不得检出。

八、香菇热狗肠

（一）原料配方

猪碎肉 20kg，鸡胸肉 10kg，鸡皮 10kg，3:7 肉 10kg，冰水 30kg，食盐 0.85kg，白糖 0.5kg，味精 150g，亚硝酸钠 7g，卡拉胶 0.5kg，三聚磷酸钠 0.08kg，红曲红 0.03kg，异抗坏血酸钠 80g，山梨酸钾 8g，乳酸钠 1.5kg，白胡椒粉 80g，大豆分离蛋白 3.5kg，玉米淀粉 8kg，香菇粒 10kg，香菇香精 40g。

（二）生产工艺流程

原料肉解冻→分割→绞肉→斩拌→灌装挂杆→烟熏蒸煮→冷却→真空包装→杀菌冷却→贴标→成品

（三）操作要点

1. 原料肉解冻。选用无杂质、符合卫生要求的鸡胸肉、猪碎肉、3:7 肉和鸡皮在低于 15℃条件下解冻，解冻时间不超过 24h，解冻后肉温不超过 7℃。

2. 分割。猪碎肉、鸡肉经过修整、水洗干净，去除脂肪和杂质，分割后的肉温≤8℃，分割室温≤15℃。

3. 绞肉。原料猪肉、鸡胸肉、鸡皮和 3:7 肉均采用 3mm 的筛板绞碎，绞后肉温≤8℃。

4. 斩拌。将鸡肉、猪碎肉、乳化皮倒入斩拌机，在低速斩拌时加入食盐、磷酸盐、白糖等辅料，3~4 转后加入总量 50%的冰水，高速斩拌，当肉温达到 3~4℃时，加入乳化鸡皮，当肉温达到 6~7℃时，加入大豆蛋白粉，并加入其余的冰水继续斩拌，当温度再次达到 6~7℃时，加入香辛料和香精，继续斩拌，当温度达到 8℃时，加入淀粉，继续斩拌至均匀，且肉泥温度不高于 12℃时出机，加入香菇粒以最低速斩拌混匀即可。

5. 灌装挂杆。采用直径为 22mm 羊肠衣进行灌装，定量为 55g/个，长度为 9cm/个，灌装颗粒要均匀，无散结现象。

6. 烟熏蒸煮。烟熏的操作条件：55℃发色 20min，58℃干燥 30min，58℃烟熏 15min，58℃排烟 3min，烟熏后在 80℃蒸煮 35min，然后取出在 65℃干燥 5min。

7. 冷却、真空包装。将产品在室温≤15℃的散热间散热至中心温度低于 25℃进行下架，在低于 15℃的温度下采用连续真空包装机进行真空包装。

8. 杀菌、冷却、贴标。杀菌温度为（90±2）℃，温度达到后保温 40min，杀菌后在冷水中冷却 50min，中心温度达到低于 25℃出锅。将产品表面的水擦净，贴标打码后送入 5~10℃的仓库保存。

（四）成品质量标准

1. 感官指标。外观：肠体自然完全，粗细均匀，呈现烟熏的棕黄色，切面呈粉红色，有均匀分布的黑棕色香菇颗粒；口感：口感脆嫩，有弹性，切片光滑；风味：具有明显的香菇味，鲜味协调，美味可口。

2. 理化指标。蛋白质 11.25%，脂肪 18.66%，水分 60.49%，淀粉 8.22%，食盐 3.08%，亚硝酸钠 20mg/kg。

3. 微生物指标。菌落总数≤35 个/g，大肠菌群≤10 个/100g，致病菌未检出。

第六节　其他香菇食品

一、风味香菇猪蹄

（一）生产工艺流程

原料选择及处理→预煮→上色油炸→切块→复炸→调味→装袋→真空密封→高温杀菌→保温检验→成品

（二）操作要点

1. 原辅材料选择。猪蹄要求新鲜、饱满、无伤痕及色斑，符合卫生标准；香菇要求新鲜或干制品，无虫害，品质良好；食盐、味精、白砂糖要符合国家质量标准；大茴、小茴、花椒、肉蔻、丁香、白芷、姜、黄酒、酱油等均符合卫生质量标准。

2. 原料处理。去除猪蹄上的残毛，浸入温水中，刮洗干净，然后沿蹄夹缝将猪蹄左右对称锯开。

3. 预煮。将刮洗干净后的猪蹄放入骨汤中预煮，每 100kg 骨汤中加入生姜、鲜葱 300g。沸腾 15min 后起锅。

4. 上色油炸。把经预煮后的猪蹄趁热揩干表面，涂上上色液（红曲红：黄酒：饴糖 = 1:2:1），皮朝上凉干后，放入油温 180～190℃植物油中炸 25～30s，使皮色呈酱红色。

5. 切块、复炸。初炸后的猪蹄切成 3～4cm 大小方块，浸入上述同温度油中复炸 15s，复炸时尽量展开切口部分。

6. 配料处理。新鲜香菇浸水 10min，干制香菇浸入开水中发 15min，切去菇柄，视大小分块。

7. 原料调味。大茴、小茴、花椒、肉蔻，丁香、白芷、姜等入锅熬制，取汤加入猪蹄，微沸煮制 60min 左右，待猪蹄呈七至八成熟，稍用力能将猪蹄趾关节处掰断，即可起锅。在起锅前加入香菇、酱油、味精、白砂糖。煮制时应不时搅动，使猪蹄熟制并进一步上色均匀。

8. 称重装袋、真空密封。每袋 250g，大小、肥瘦成片搭配，皮面方向一致。装袋后进行真空密封，真空度为 0.1MPa，要求密封良好，无过热，无皱折。

9. 杀菌、检验、检验。真空密封后立即进行杀菌，杀菌公式为：15′－25′－15′/121℃，反压 0.25MPa 冷却。最后在 37℃恒温保持 7d，无胀袋，无破袋者即为合格成品。

（三）成品质量标准

1. 感官指标。色泽酱红、香味浓郁，软硬适宜，弹性和适口性良好，有嚼劲。

2. 理化及微生物指标。符合国家标准。

3. 保质期。常温下 6 个月。

二、香菇罐头

（一）生产工艺流程

原料选择及处理→预煮→配汤→装罐→封口→杀菌→冷却→成品

（二）操作要点

1. 选料。选用新鲜、未开伞、未破碎、厚实、大小适中的香菇味原料，菌盖直径 6cm 以上，为防止变色，菇体需及时浸泡在 2% 食盐溶液（用 0.1% 柠檬酸调节 pH 值为 3～4）中。剪去菇柄，柄长不超过 2cm，用清水漂洗干净。

2. 预煮。洗净的香菇沥干水分，立即放入不锈钢夹层锅内，加水进行预煮，香菇与水之比例为 1:1。在沸水中预煮 8～10min，煮至透心，外观以呈半透明为度，然后放入冷水中进行冷却。

3. 装罐。装罐前将经整修分级的香菇轻轻漂洗 1 次，除去杂质与碎屑，采用消毒的旋口玻璃罐罐装，加入含 0.5% ~ 1% 食盐、0.1% L - 抗坏血酸的填充液，液面距罐口 0.8cm，或按不同规格分级装罐，直径 7cm 以下的香菇，装入 6101 号罐，净重 284g，装菇量 155 ~ 160g；直径 7cm 以上的香菇，装入 9124 号罐，净重 850g，装菇量 480 ~ 490g。同一罐中，香菇大小、色泽要求基本均匀。

4. 密封。通常采用真空封罐机封口，真空度为 40 ~ 46.66kPa，罐内中心温度不低于 70℃。密封后用洗罐机将罐外盐水和油污洗净，放入灭菌锅内灭菌。

5. 灭菌。284g 装的罐，灭菌公式为 10′ - 23′ - 10′/121℃，850g 装的罐，为 10′ - 30′ - 10′/121℃，反压 96.1kPa 降温。灭菌后冷却至 37 ~ 40℃，擦干罐体，贴上标签，入库保存。

（三）成品质量标准

成品色泽淡黄，汤汁较清亮，具有香菇罐头应有的风味，无异味，同一罐中香菇大小较均匀。允许菌有小裂口，碎片极少，不允许有杂质存在。

三、火腿香菇软罐头

（一）生产工艺流程

香菇选择→浸泡→清洗→预煮→切片

↓

火腿选择→浸泡→清洗→煮制→冷却→切片→调味→计量包装→灭菌→冷却→检验→成品

（二）操作要点

1. 原料选择。火腿必须经卫生检验合格，无杂质、无异味，具有火腿特有的风味。香菇要求大小均匀，无虫菌，无杂质，含水率较低。

2. 火腿处理。将火腿在清水中浸泡 1 ~ 5h，水淹过火腿，用刀轻轻刮去表面油污，用热水清洗，用竹刷刷洗，清洗 3 ~ 5 次。

3. 煮制。将洗好的火腿置于沸水中煮 2.5h，其间撇除浮沫，换水 1 次，以降低火腿的咸味。

4. 香菇处理。将香菇置于热水中浸泡至柔软，洗净后放于火腿汤汁中煮制 3 ~ 5min。捞出，经冷却后切片。

5. 火腿切片。将煮制好的火腿捞出，经冷却后切成（3 ~ 5）×（2 ~ 3）cm 的片，尽量使片切分均匀，碎块少。

6. 调味。按最佳配方将炼好的红辣椒油置于炒锅中，开小火。放白砂糖置于油中直至基本溶化，将肉片和香菇片放于其中翻炒 1 ~ 2min，使肉的表面颜色呈金黄色，放炒熟的芝麻调整感官性状。各种原料用量：火腿 82.95%、香菇

10%、白糖2%、味精0.05%、红辣椒油4%、芝麻1%。

7. 计量包装。用耐高温蒸煮袋包装，每袋称取100g。用真空封口机进行热合封口，封口时真空度0.1MPa以上，封口牢固。

8. 杀菌、冷却。将装好的火腿香菇软罐头，置于高压灭菌锅内灭菌。杀菌公式：15′-20′-10′/121℃，杀菌后反压冷却至室温，经检验合格即为成品。

（三）成品质量标准

1. 感观指标。色泽：香菇表面呈黑色，火腿呈浅橙红色或略带黄色；滋味和气味：具有火腿香菇软罐头应有的滋味和气味，无异味；组织状态：香菇和火腿片的大小、厚薄基本均匀，软而不烂，允许有轻微的碎屑。

2. 理化指标。食盐1.63%，亚硝酸盐13.7×10^{-6}，水分46.37%。

3. 微生物指标。符合国家商业罐头无菌的要求（按GB 4789.26—2013的检验方法）。

四、香菇保健鱼丸

（一）生产工艺流程

绞肉→斩拌（空斩、盐斩、混合斩拌）→成形→水煮→冷却→成品

（二）操作要点

1. 基本配方。冷冻鱼糜100kg、冰水38kg、盐2.2kg、糖1.5kg、味精1.6kg、胡椒粉0.1kg、姜汁0.4kg、磷酸盐0.2kg、安琪酵母粉0.5kg、香油0.3kg。

2. 绞肉。将缓化后的鱼糜放入绞肉机中进行绞制，使鱼糜的粒径为0.1～0.5cm大小。

3. 斩拌。将绞制好的鱼糜转移至真空斩拌机中进行斩拌，在斩拌速度为1200r/min条件下先空斩4min，加入食用盐后在斩拌速度为2000r/min条件下斩拌18min，然后加入占基本配方9%鲜香菇、10%淀粉、5%猪肥肉调味料以及和冰水，在斩拌速度为1600r/min条件下斩拌3min。

4. 成形。将斩拌好的物料转移至丸子成形机中进行成形。

5. 水煮。将成形后的鱼丸转移至热水槽中进行加热，热水槽的水温控制在90～95℃。

6. 冷却。鱼丸通过冷风系统进行冷却，产品经冷却后即为成品。

（三）成品质量标准

1. 感官指标。色泽：洁白、无明显的香菇颜色；鲜度及滋气味：具有浓郁的香菇芳香和鱼肉特有的鲜味；组织状态：断面密实、无大气孔，有许多微小且均匀的小气孔；弹性：中指稍压鱼丸，明显凹陷而不破裂，放手则恢复原状，在

桌上 30~35cm 处落下，鱼丸会弹跳两次而不破裂。

2. 理化指标。水分 69.31%，鱼肉 59.24%，鲜香菇 5.34%，脂肪 3.73%，食盐 1.33%，淀粉 5.92%。

3. 微生物指标。细菌总数≤120 个/g，大肠菌群≤90 个/100g，致病菌不得检出。

五、速冻调理香菇木耳鱼丸

（一）原料配方

鱼糜 82%，香菇 2%，木耳 2.5%，淀粉 9%，食盐 2.2%，味精 0.3%，姜汁 0.2%，白砂糖 1.2%，香辛料 0.4%，香油 0.2%。

（二）生产工艺流程

原料预处理→采肉→漂洗→沥干→擂溃→成形→加热煮制→冷却→包装→保藏

（三）操作要点

1. 香菇选择与处理。香菇干制品，要求无虫害，品质良好，用 20~35℃的温水，按香菇与水 1:5 的比例浸泡 0.5h，使其吸水变软，使鸟苷酸分解，待菇盖全部软化，就立即捞起滤干。

2. 木耳选择与处理。选用优质的秋木耳为原料，秋木耳肉质较厚，能提高产品的品质。将木耳用凉水按照 1:13 比例浸泡 3~4h。

3. 新鲜白鲢鱼预处理。要用新鲜白鲢鱼，鱼体完整，骨肉紧密连接，肌肉富有弹性，符合淡水鱼的卫生标准，将鱼去头去尾，去鳞去内脏后，沿其脊柱骨纵向剖成两半，洗净。

4. 采肉。将半片鱼切面朝上，送入鱼肉采肉机进行采肉（采肉机筛孔直径 5mm），收集出口处的鱼肉，并扔掉分离出来的鱼皮、鱼刺和鱼骨。采肉 2 次，将鱼肉混合均匀，采肉得率在 55%。

5. 漂洗、沥干。将鱼肉放在不锈钢漂洗槽，加入 4 倍量的水，水温 10℃，漂洗时间为 3~4min，漂洗 3 次，增加白度和去除鱼腥味。将鱼肉放在不锈钢的盆中，放置 0.5h，沥干多余水分。

6. 擂溃。在擂溃机中进行，分为空擂、盐擂和配料擂溃三个阶段。第一阶段是空擂，将鱼混入擂溃机中擂溃，空擂时间为 2min。第二阶段是盐擂，即在空擂后的鱼肉中加入食盐，继续擂溃 4min，此时，鱼肉逐步变得黏稠。第三阶段是配料擂溃，加入糖、调味、淀粉和其他辅料进行擂溃 8min。

7. 成形。经配料，擂溃后的鱼糜具有很高的黏性和塑成形，放入成形机中，加工成 12g，直径 1.5cm 的鱼丸，再加热处理。成形后冷却增强弹性鱼糜保水性。

8. 煮制。将成形后的鱼丸纳入水中煮制以达到定形的目的，煮制水温为90℃，煮制时间15min。

9. 速冻、包装、保藏。煮制后置于 −18℃冻库冷冻后放在密封袋中，并冷冻保藏。

（四）成品质量标准

1. 感官指标。色泽：颜色均匀，美观；鲜度及滋气味：有浓郁的香菇木耳芳香和鱼肉特有的鲜味；组织状态：断面密实，无大气孔，有微小、均匀的气孔；弹性：稍压鱼丸，明显陷下去不破裂，放手恢复原状，在桌上 5～10cm 处落下，鱼丸会弹跳两次而不破裂。

2. 理化指标。水分62.31%，蛋白质12.16%，脂肪3.73%，淀粉4.12%，铅（以 Pb 计）0.01mg/kg，总砷（以 As 计）0.01mg/kg，镉（以 Cd 计）0.01mg/kg，汞（以 Hg 计）0.01mg/kg。

3. 微生物指标。菌落总数 ≤400 个/g，大肠菌群 ≤5 个/100g，致病菌未检出。

六、鳙鱼香菇鱼丸

（一）生产工艺流程

原料鱼选择→清洗→去头、去鳞、去内脏→采肉→漂洗→精滤→脱水→鱼肉加香菇斩拌、添辅料→成形、凝胶化→加热→冷却→包装

（二）操作要点

1. 原料选择。选择捕获后18h 内，新鲜度良好的鳙鱼作为原料鱼。

2. 原料处理。用清水洗涤鱼体，除去表面附着的黏液和细菌，然后去鳞，去头，去内脏，再用水清洗腹腔内的残余内脏、污物和黑膜。清洗重复 2～3 次，水温控制在10℃以下。

3. 采肉、漂洗。将处理好的鱼体放入采肉机，除掉皮、骨，分离出鱼肉。将分离的鱼肉放入清水中（鱼:水 =1:10）反复清洗几次，最后用 0.15% 食盐水清洗 1 次。

4. 精滤、脱水。将鱼肉放入精滤机中除去细碎鱼皮、碎骨头等，在此过程中在机外冰槽加冰，使鱼肉温度控制在 2～3℃，然后利用离心机对鱼肉离心脱水，适量加冰，温度控制在10℃左右。

5. 香菇处理。称取新鲜香菇（鱼肉量的3%～5%），清洗、控水、切丝。

6. 斩拌。将鱼肉、香菇放入斩拌机内斩拌（或者用擂溃机擂溃），先将鱼肉及香菇丝空斩 5～10min，加入鱼肉量2.5% 的食盐继续斩拌 15～20min，再加

入蛋清6%、淀粉10%、肥膘8%、氯化钙0.3%、适量的葱姜汁等与鱼肉充分斩拌均匀，斩拌过程中适当加冰。斩拌20~30min结束。

7. 成形、凝胶化。利用鱼丸成形机将经斩拌的鱼肉加工成形，鱼糜成形后在较低温度下放置一段时间。

8. 加热。将成形的鱼丸在30~45℃的温度下保持一段时间，然后再对其加热至70~80℃。

9. 冷却、包装。将加热完毕的制品在清洁的厂房内用空气鼓风冷却，冷却后包装，储存在10℃以下的冷库内。

（三）成品质量标准

1. 感官指标。外观：包装袋完整无破损、不漏气，袋内产品形状良好，个体大小基本均匀、完整、较饱满，排列整齐，丸类有丸子的形状；色泽：制品表面有自然光泽，切面柔嫩，白度较好；肉质：口感爽，肉滑，弹性较好；滋味：制品有香菇的香味及淡淡的腥味，口感爽，肉滑，弹性较好；杂质：允许有少量2mm以下小鱼刺或鱼皮，但不允许有鱼骨以外的夹杂物；色泽：制品表面有自然光泽，切面柔嫩，白度较好。

2. 理化指标。失水率≤6%，淀粉≤15，水分≤82%，汞（以 Hg 计）≤0.5mg/kg，砷（以 As 计）≤0.5mg/kg，无机砷（以 As 计）≤0.5mg/kg，铅（以 Pb 计）≤0.5mg/kg，镉（以 Cd 计）≤0.5mg/kg。

3. 微生物指标。菌落总数≤5.0×10^4 个/g，大肠菌群≤30 个/100g，致病菌不得检出。

七、香菇贡丸

（一）生产工艺流程

香菇→浸泡→斩拌

↓

原料肉→解冻→斩拌→打料→静腌→煮制定形→成品

（二）操作要点

1. 香菇处理。香菇干制品，要求无虫害，品质良好，用适量的温水进行浸泡，浸泡时间30min左右，取出沥干水分，斩拌后备用。

2. 猪肉解冻、斩拌。将利用的猪肉先进行解冻，然后利用斩拌机将猪肉（后腿肌肉）、肥膘斩拌好备用。

3. 打料。将斩拌好的猪肉和肥膘（30%）投入打料机内，在400r/min转速下混合均匀，同时加入食盐，再在600r/min的转速下打料2min后，把转速调至400r/min，加入木薯变性淀粉（15%）、冰水（25%）和斩拌香菇（15%），以及15%其他添加物（大豆分离蛋白、卡拉胶、磷酸盐和调味料），混合均匀后，把转速调至600r/min打料2min，最后把转速调至400r/min继续打料1min即可。本产品生产中的添加量均为占添加物总重量的百分比。

4. 静腌。将打好的料装入桶内盖好，推入腌制库静腌7～12h。

5. 煮制成形。用贡丸成形机把腌制好的肉馅加工成直径1.5～2cm的肉丸，在80～90℃水中煮制成形后捞出，冷却即为成品。

（三）成品质量标准

滋味：有香菇和猪肉固有的滋味，咸淡适中；组织状态：外形呈圆球形，无裂痕，组织均匀，香菇粒分布均匀；色泽：色泽正常均匀，无异色，有该产品正常色泽特征；口感：弹性好，有嚼劲，软硬适中，不发黏，不油腻；香味：有香菇和猪肉固有香味，无异味。

八、香菇胡萝卜汁牛肉丸

（一）原料配方

鲜牛肉500g、香菇100g、胡萝卜汁250mL、玉米淀粉100g、大豆分离蛋白30g、食盐15g、牛肥膘60g、鸡蛋60g（1个鸡蛋）、葱20g、蒜15g、姜粉2.5g、味精1.5g、白糖10g、复合磷酸盐2g、五香粉0.5g。

（二）生产工艺流程

牛肉选料→预处理→绞肉　胡萝卜汁

香菇→分选→清洗→修整→热烫→冷却→切分→加辅料搅拌→成丸→水煮→油炸→预冷→包装→成品

（三）操作要点

1. 牛肉选料及预处理。选择经卫生检验合格的新鲜牛肉，剔除筋、脂肪、软骨、杂物，保持新鲜干净。

2. 绞肉。将洗净整理后的牛肉切成小块，用绞肉机绞碎成肉糜。为防止绞肉时会产生大量的热使肉本身的温度升高，影响产品的品质，在绞肉前最好对加工的肉进行冷却，使肉糜温度尽量控制在10℃以下。

3. 香菇预处理。香菇要选择无污染、无病害的新鲜香菇，洗净后去除菌柄，放入沸水中焯1～2min，以去除香菇过重的腥味及异味等，冷却后切成2mm见方的小丁。

4. 胡萝卜汁制备。选择新鲜、颜色橙红、成熟度高的胡萝卜为原料，用清水洗净后去皮。将去皮后的胡萝卜切块，放入锅内，在100℃的沸水中热煮7～10min,软化后，趁热按固液比1:3一起榨汁，得胡萝卜汁。

5. 加辅料搅拌。按照配方要求，在预处理好的牛肉糜中边搅拌边加入食盐、牛肥膘、大豆分离蛋白、味精、白糖、五香粉等各种辅料及适量的胡萝卜汁，充分搅拌至胶状。搅拌时一定要按一个方向搅拌，否则，牛肉馅难以形成胶状，然后加入水淀粉（按料水比1:1的比例调匀）和剩余的胡萝卜汁，充分搅拌均匀。最后将剁碎的葱和蒜也拌入肉馅中，接着搅拌至起胶且用手摸有弹性，整体稀稠一致为止。

6. 成丸、水煮。将切分好的香菇丁添加到搅拌好的肉丸基料中，搅拌均匀，手工挤成直径2cm的肉丸。在煮锅中加入清水，加热到90～95℃时下入成形牛肉丸。煮制15min，待其中心温度达80℃，肉丸浮于水面，手捏有弹性，呈灰白色时，捞出牛肉丸沥干水分。

7. 油炸。煮熟的牛肉丸，经冷风吹凉后，将肉丸表面水分吹干，随即入沸腾的油锅里油炸，形成一层漂亮的浅棕色或棕红色外壳。

8. 预冷。将油炸后的肉丸进行预冷，预冷温度0～-4℃，要勤翻动，做到肉丸预冷均匀。当肉丸中心温度达到6℃以下时，方可进行包装。

9. 包装。将冷却好的牛肉丸采用真空包装即得成品，在4℃以下贮藏。

（四）成品质量标准

1. 感官指标。外皮棕红色，细嫩，富有弹性，口感松软，鲜嫩而不腻。

2. 理化指标。蛋白质≥20%，脂肪≤15%，水分≤75%，铅（以Pb计）≤1.0mg/kg，挥发性盐基氮≤25.0mg/100g。

3. 微生物指标。细菌总数＜50000个/g，大肠菌群＜450个/100mL，致病菌不得检出。

九、香菇保健馒头

（一）生产工艺流程

原料处理→和面→发酵→汽蒸→冷却→产品

（二）操作要点

1. 香菇粉制备。将购买的大小均匀、肉厚、菇面完整、气味鲜香的新鲜香菇去除菇柄，然后放水中清洗3～5次，于室温下沥干后，再放置干燥箱中干燥。干燥方法：初始参数设置为40℃，10～15h；后调温到55℃，维持4h，干燥结束。取出干燥好的香菇用粉碎机进行粉碎，随后用100目筛滤去残渣，得到细腻光滑的成品香菇粉。

2. 黄豆粉制备。将购买的颗粒饱满、新鲜无霉变、大小均匀的黄豆反复冲洗干净，于室温下沥干水分后再放置干燥箱中烘干，温度35℃，烘2～3h即可。取出烘干的黄豆用粉碎机粉碎，过100目筛，得到洁白、细腻的黄豆粉。

3. 和面。将香菇粉、黄豆粉、酵母与面粉按一定的比例称取，混合均匀，用34℃温水调制成面团。具体各种原料的比例：面粉120g、香菇粉3.2g、黄豆粉1.7g、酵母3.3g、白糖1.8g。

4. 发酵。将调好的面团放在温度28℃、相对湿度75%的恒温发酵箱中发酵90min。

5. 成型。取出发酵好的面团，在操作台上进行反复的揉搓，使表面光滑，制作成大小均匀的生胚。

6. 汽蒸、冷却。用电磁炉1500W的功率，待水开后蒸30min。蒸熟后出锅，经冷却后即为成品。

十、香菇柄仿真肉味素食品

（一）生产工艺流程

香菇柄→原料预处理→挤压－酶法改性→香菇柄膳食纤维→斩拌、混合配料→装模成形→蒸煮→冷却→包装→灭菌→成品

（二）操作要点

1. 原料预处理。选择无霉变、无虫蛀、无异味的香菇柄，剪去菇柄下端老化部分，洗净后置于烘箱中105℃干燥4h，控制含水量约13%，然后粉碎过60～80目筛，备用。

2. 挤压－酶法改性。香菇柄挤压－酶法改性的最佳工艺参数：将预处理后香菇柄粉，先按添加量28.5%的水、膨化温度130℃、螺杆转速230r/min的工艺条件进行挤压处理，然后添加纤维素酶进行二次改性，其中酶添加量0.6%，酶解时间2h，酶解温度55℃，pH值5.0，液固比25:1，获得含水量约13%的香菇柄膳食纤维。

3. 斩拌、混合配料。经斩拌，可以使物料充分混合，斩拌的好坏直接影响产品的质量。斩拌前先用冰水将斩拌机降温至10℃左右，然后投放改性处理后的香菇柄、大豆分离蛋白（用水先稀释成乳化剂）、卡拉胶以及风味物质（牛肉味酵母浸膏、核苷酸二钠、盐、花生油）等，并加入20%左右的冰片，控制斩拌温度在10℃左右，斩拌时间为5～8min。

不同风味产品的配料不同，猪肉味：香菇柄膳食纤维14%、花生油5%、盐1.7%、大豆分离蛋白15%、核苷酸二钠0.14%、卡拉胶4%、风味酵母浸膏0.7%，其他为水。鸡肉味：香菇柄膳食纤维12%、花生油6%、盐1.5%、大豆分离蛋白18%、核苷酸二钠0.15%、卡拉胶3%、风味酵母浸膏0.6%，其他为水。

4. 装模成形。将充分混合调制好的原辅材料装入相应的模具中，尽量压实。

5. 蒸煮、冷却。将装入模具的原辅料置于蒸煮锅中蒸煮15min，取出自然冷却。

6. 包装、灭菌。将去掉模具后的产品采用真空包装，并在121℃下高压灭菌15min左右，灭菌后再经冷却即为成品。

（三）成品质量标准

1. 感官指标。咀嚼度好，结构紧密有弹性，风味接近天然牛肉味，香菇味浓郁。

2. 理化指标。香菇膳食纤维13.76%，蛋白质14.89%，脂肪4.53%，水分64.17%。

十一、香菇柄曲奇饼干

（一）原料配方

面粉1000g，香菇粉428g，固体奶油1000g，白砂糖357g，鸡蛋500g，奶粉100g，小苏打5g，食盐适量。

（二）生产工艺流程

香菇柄粉碎→面团调制→成形、摆盘→烘烤→冷却→包装→入库

（三）操作要点

1. 原料选择。应选择无霉变、无虫蛀、无异味的香菇柄，剪去菇柄下端老化部分，洗净后置于烘箱中，105℃条件下干燥4h，控制含水量约13%。

2. 粉碎。利用粉碎机将香菇柄进行粉碎并过筛，备用。

3. 面团调制。按照配方要求将白糖、固体奶油放入搅拌缸，装上打蛋球，用搅拌机快档搅拌至发白。往缸内分次加入香菇柄粉、食盐等，搅拌至均匀，停机，取下搅拌缸放案板上，将面粉加入到缸内，慢慢将面粉与缸内的物料拌匀。

4. 成形、摆盘。将调制好的面团在曲奇饼干成形机中成形，成形后的饼干坯置于烤炉托盘上，摆放均匀，并留出一定的空隙。

5. 烘烤。严格控制烘烤的温度和时间，保证产品的水分符合质量标准，以有效控制微生物，保证产品质量。烘烤前，要先将电热旋转炉提前预热至规定温度（195~215℃）。达到该温度后，打开炉门，待旋转停止，将烤车推入炉内，关门，烘烤时间为18~22min。

6. 冷却。烘烤结束，出炉，将烤车推到冷却间自然冷却。

7. 包装。产品冷却后，及时包装，产品经包装后即为成品。

十二、香菇膳食纤维营养强化曲奇饼干

（一）生产工艺流程

香菇→粉碎→超声波辅助酶解→灭酶→抽滤→弃上清液→干燥→研磨成粉→

面团调制→成形→烘焙→冷却→包装→成品

（二）操作要点

1. 原料处理。选择新鲜，无腐烂变质的香菇，放置于鼓风干燥机内直至其完全脱水。粉碎机将其粉碎并过 60 目筛。

2. 水不溶性膳食纤维制备。取 200g 香菇粉末，按香菇粉∶水 = 1∶15 调成匀浆，用柠檬酸将其 pH 值调为 6.0，加入 0.8% 纤维素酶，超声处理，具体操作条件为功率 300W，温度 59℃，时间 27min。取出后，沸水浴 10min，灭酶。抽滤弃上清液并烘干，即为水不溶性膳食纤维。

3. 面团调制。将黄油、糖、鸡蛋、面粉、膳食纤维进行混合，利用和面机充分搅拌均匀，将其制成面团。具体各种原辅料的配比为：膳食纤维 4%、黄油 28%、白砂糖 18%、鸡蛋 16%、面粉 34%。

4. 成形、烘烤。将调制好的面团利用曲奇饼干成形机进行成形，成形后的饼干坯置于烤炉托盘上，摆放均匀，并留出一定的空隙，送入烤箱进行烘烤，烘烤的条件：烘烤温度 170℃、时间 15min。烘烤结束后经冷却包装即为成品。

（三）成品质量标准

1. 感官指标。外形完整，花纹或波纹清晰，饼体摊散适度，无连边，呈金黄色，色泽基本均匀，有明显的奶香味和淡淡的香菇味，无异味，口感酥松，不黏牙，断面结构呈细密的多孔状，无油污，无异物，其中包含的膳食纤维富有嚼劲，口感独特，香甜适口。

2. 理化指标。含水率 1.53%。

十三、香菇蛋糕

（一）原料配方

香菇粉 50g，白砂糖 150g，低筋面粉 150g，鸡蛋清 300g，黄油 150g，泡打粉 0.2g，酵母 1g。

（二）生产工艺流程

蛋清、白砂糖搅打→加入融化的黄油→加入面粉和香菇粉调成糊状→灌末→烘烤→出模→冷却→包装→成品

（三）操作要点

1. 香菇选择及处理。选择颜色较好的干香菇，磨成粉状，过 80 目筛。

2. 搅打。将鸡蛋的蛋清和蛋黄分离，向 300g 蛋清中分 3 次加入共 150g 白砂糖，使用电动打蛋器搅打，直至成为有一定稠度、光洁而细腻的白色泡沫膏。搅打适宜程度判断：用打蛋器划过蛋浆后应留下痕迹，且在 30s 内不消失。

3. 加黄油。称取 150g 黄油，水浴加热融化，将打好的蛋白与黄油缓慢搅拌

均匀。

4. 调糊。在搅拌均匀的蛋白与黄油中加入 150g 过 80 目筛的低筋面粉、0.2g 泡打粉、1g 酵母和 50g 香菇粉，调成均匀的面糊。

5. 灌模、烘烤。在模具四周及底部铺上一层干净的油纸，在油纸上均匀地涂上一层花生油。将调制好的面糊倒入模具，填充至模具七八成满为宜。放入烤箱中在 180℃烘烤 25min 左右。

6. 出模、冷却、包装。蛋糕烘烤后，从模具中取出蛋糕，经过冷却、包装即为成品。

十四、香菇面包

（一）原料配方

高筋面粉 100g、香菇柄粉 2.0g、糖 18g、干酵母 1.5g、食盐和色拉油适量。

（二）生产工艺流程

制粉→过筛→调粉→和面→发酵→整形→醒发→做形→烘烤→冷却→包装→成品

（三）操作要点

1. 制粉、过筛。将香菇柄经除杂、干燥后进行粉碎，并过 60 目筛。

2. 调粉。按配方的比例，每 100g 面粉中添加的各种配料来计算比例。将原料混合之后进行过筛，混匀。

3. 和面。将活性干酵母与调好的粉、水、鸡蛋和奶油放入和面机中，经过充分搅拌，调制成表面光滑的面团。

4. 发酵。将调好的面团在温度 30℃、相对湿度不低于 75% 的条件下进行发酵，发酵时间为 100min，发酵成熟度可通过手按压面团进行判断，即手指一旦松开，不会塌陷，不会立即反弹。

5. 做形。将发酵好的面团，经分块、称量后，做成一定的形状，送入醒发箱进行醒发。

6. 醒发。醒发箱内的温度 32℃，相对湿度 85% 左右，醒发时间控制在 130min，一般体积膨胀至原来的 2 倍左右则醒发完全。

7. 烘烤。将醒发好的面包坯送入烤炉或烤箱中，在上火温度 190℃、下火温度 200℃的条件下进行烘烤，烘烤 12min，为了防止面包表面出现干裂现象，可以在表面刷一层色拉油。面包经烘烤后，取出经过冷却、包装即为成品。

十五、香菇营养面包

（一）原料配方

面包粉 100g、香菇粉 1.5g、糖 20g、酵母 1.5g、盐 1.2g、色拉油 12g。

（二）生产工艺流程

原料→称量→面团调制→一次发酵→整形→二次发酵→烘烤→冷却→包装→成品

（三）操作要点

1. 香菇营养粉制备。干香菇去蒂，洗净，将香菇放入鼓风干燥箱中，65℃烘 6h 左右，至香菇干透取出。将烘干的香菇粉碎，过 60 目筛，最后用真空包装机包装即得成品香菇营养粉。

2. 面团调制。把酵母、面包小麦粉、香菇营养粉和水进行搅拌，然后加入溶解的盐、白砂糖等辅料进行搅拌，在面团即将形成时，加入色拉油，快速搅拌成形。

3. 一次发酵。调制好的面团在 30℃、相对湿度 70% 的条件下，发酵 90min。

4. 整形和二次发酵。将发酵成熟的面团进行分块，称量（50g/个），经搓圆后进行整形。将整形后的面包坯送入饧发箱进行饧发，温度控制在 32℃，饧发时间控制在 1h 左右（一般体积膨胀至原来的 2 倍左右）。

5. 烘烤。将饧发好的面包坯送入烤炉或烤箱中进行烘烤，上火 190℃、下火 200℃，烘烤时间 15min。

6. 冷却和包装。面包出炉后，自然冷却，面包中心温度在 35℃ 左右时立刻进行包装。

十六、即食复合香菇杏鲍菇面制品

（一）生产工艺流程

原料→预处理→和面→熟化→压片→切条→蒸制→喷调味料→干燥→产品

（二）操作要点

1. 预处理。分别将香菇和杏鲍菇干制品置于 60℃ 的温度条件下进行烘干，干燥时间为 30min，干燥至水分含量为 4%~5%，然后放入多功能超微粉碎机中粉碎 1.5min，过 80 目筛，装入密封袋中备用。

2. 和面。将食盐充分溶于 30℃ 水中，面粉和菇类准确称量后混合均匀，具体比例（以面粉为基础）：菇类粉添加量 3%、食盐 2%、水 35%。开动和面机，在转速（60~75）r/min 的条件下和面 8min，之后降低和面机的转速，减少对已形成的面筋网络结构的破坏，和面时间一般在 10~15min 为宜。形成干湿均匀、色泽均匀且不含生面和小团块颗粒、呈散絮状面团坯料，手握可成团，轻揉为松散的小颗粒。

3. 熟化。将面团坯料在温度 30℃ 和相对湿度 75%~90% 的条件下熟化 30min。使面筋结构进一步形成，使内外面团结构趋于稳定，形成成熟面团。

4. 压片。熟化后的面团经过轧辊后压成面带，调节辊距，厚度逐渐减小，压片的道数一般为 8~12 道，至最后一道厚度为 0.1cm。面筋组织逐渐分布均匀，强度逐步提高。要求面片厚薄均匀、光滑平整、不破边。注意面团的喂入情况，保持喂料均匀不断。

5. 切条。面团压片后将其切成长度 20cm、宽度 0.3cm 面条。

6. 蒸制。将切好的面条置蒸煮锅内，在温度 95~100℃的条件下，蒸至面条中心没有白点为止，时间约为 2min，目的是使淀粉受热糊化和蛋白质变性。

7. 喷调味料。主要有牛肉味调料、鸡肉味调料和羊肉味调料；其中，牛肉味调料为：牛肉粉、食用盐、香辛料、麦芽糊精、辣椒粉；鸡肉味调料为：鸡肉粉、食用盐、香辛料、麦芽糊精、辣椒粉；羊肉味调料为：羊肉粉、食用盐、白砂糖、香辛料、麦芽糊精、酱油粉、辣椒粉。

8. 干燥。将喷调味料的面制品在温度 60℃条件下进行干燥，干燥至水分含量≤14.5%。

（三）成品质量标准

1. 感官指标。表面光滑；适口性适中；色泽光亮；富有弹性；爽口，无黏牙，无夹生；菇类味浓。

2. 理化指标。水分≤14.5%，灰分≤0.55%，膳食纤维含量≥5%，自然断条率≤5%。

3. 微生物指标。细菌总数≤1000 个/g，大肠菌群≤30 个/100g，无致病菌检出。

十七、烹饪用香菇醪糟汁

醪糟又称米酒、江米酒、酒酿，属于我国民族特产，是经糯米发酵而成的。本产品是以香菇和糯米为主要原料，将香菇加入糯米发酵原料中，采用全发酵工艺生产烹饪用香菇醪糟汁，为调味品市场提供一种新产品。

（一）生产工艺流程

糯米→浸泡→沥干水分→蒸饭→摊凉→加入经蒸制并冷却的香菇→拌酒曲→落缸发酵→压榨→灭菌→装瓶→成品

（二）操作要点

1. 香菇处理。将香菇除杂、清洗，切成黄豆大小的小块，常压下蒸 10min，杀菌的同时可使香菇细胞破裂，以利于在发酵过程中浸出其营养成分。

2. 糯米处理、加香菇。将糯米除杂后，加入 2 倍量的水，浸泡到手指能碾烂为止，放入蒸笼蒸到约 8 成熟，经过摊凉后加入冷却的香菇，加入量为 30g/100g。

3. 加酒曲。香菇和饭冷却后，将酒曲均匀地拌入（按每100g糯米加约0.4g的酒曲），并且要搭窝，加速糖化菌的生长及糖化速度。

4. 落缸发酵。发酵温度控制在24℃，当液体满至酿窝4/5左右，按30g/100g糯米加入水进行冲缸，充分搅拌均匀，并注意保温，大约发酵6d进行压榨。得到的酒液经灭菌后装瓶即为成品。

（三）成品质量标准

1. 感官指标。产品略带黄色，有光泽，清澈透明，瓶底略有聚积物；口感柔和，无怪杂味，具有香菇和醪糟特有的香味。

2. 理化指标。乙醇含量（V/V）（8.6±0.08）%，糖度（以葡萄糖计）（35.4±0.31）g/L，酸度（以乳酸计）（4.3±0.12）g/L。

3. 微生物指标。菌落总数≤80个/dL，大肠菌群≤3个/dL，其他致病菌未检出。

第二章　木耳食品加工技术

第一节　木耳概述

　　木耳指木耳属的食用菌，是子实体胶质，成圆盘形，耳形不规则形，直径3~12cm。新鲜时软，干后成角质。木耳的别名很多，因生长于腐木之上，其形似人的耳朵，故名木耳；因其形又似蛾蝶玉立，又名木蛾；因其味道有如鸡肉鲜美，故亦名树鸡、木机。重瓣的木耳在树上互相镶嵌，宛如片片浮云，又有云耳之称。人们经常食用的木耳，主要有两种：一种是腹面平滑、色黑，而背面多毛呈灰色或灰褐色的，称毛木耳、粗木耳（通称野木耳）；另一种是两面光滑、黑褐色、半透明的，称为黑木耳、细木耳、光木耳。毛木耳面积较大，但质地粗韧，不易嚼碎，味不佳，价格低廉。黑木耳质软味鲜，滑而带爽，营养丰富，是人工大量栽培的一种。从目前来看，用于食品加工的主要是黑木耳，其次是毛木耳，所以这里主要介绍这两种木耳。

一、黑木耳

　　黑木耳在分类上隶属于担子菌门，层菌纲，木耳目，木耳科，木耳属。黑木耳子实体单生为耳状，群生为花瓣状，胶质，半透明，中凹，背面常呈青褐色，有绒状短毛，腹面平滑，有脉状皱纹，红褐色。子实体直径6~12cm，厚0.8~1.2mm，干后强烈收缩为胶质状，泡松率（干木耳:湿耳，m/m，亦称干湿比）8~22倍。其内部结构属于无髓层而具有中间层的类型。

　　黑木耳不仅滑嫩可口，滋味鲜美，而且营养丰富，享有"素中之肉""素食之王"的美称，是久负盛名的滋补品。据有关调查分析，每100g鲜木耳中含有蛋白质10.6g，脂肪0.2g，碳水化合物65.5g，纤维素7g，还含有维生素B_1、维生素B_2、烟酸、胡萝卜素、钙、磷、铁等多种维生素及矿物质，其中尤以铁的含量最为丰富，每100g鲜木耳中含铁185mg，比叶类蔬菜中含铁量最高的芹菜还要高出20多倍，比动物食品中含铁量最高的猪肝高近7倍，故被誉为食品中的"含铁冠军"。此外，黑木耳中含有多种氨基酸，其中包括赖氨酸、亮氨酸等人体必需的氨基酸，有较高的生物效价。

中医认为，黑木耳性味甘平，具有清肺润肠、滋阴补血、活血化瘀、明目养胃等功效，能用于治疗崩漏、痔疮、血痢、贫血及便秘等症状。同时黑木耳所含有的发酵素和植物碱可促进消化道和泌尿道腺体分泌，并协同分泌物催化结石，对胆结石、肾结石等有明显的化解作用。近年来的许多研究表明，黑木耳具有极高的药用功效，主要体现在提高机体免疫功能、抗肿瘤作用、抗氧化及抗衰老作用、抗辐射作用、抗凝血作用、降血脂血糖作用，另外一些研究还表明，黑木耳多糖可明显地延长特异性血栓及纤维蛋白血栓的形成时间，缩短血栓长度，减轻血栓湿重及干重。此外，黑木耳多糖还具有抗溃疡、抗肝炎、抗感染、抗突变、促进核酸和蛋白质生物合成等多种功效。

二、毛木耳

毛木耳隶属于担子菌门，层菌纲，木耳目，木耳科，木耳属，与黑木耳同属，不同种。毛木耳子实体胶质、脆嫩，光面紫褐色，晒干后为黑色，毛面白色或黄褐色。耳片有明显基部，无柄，基部稍皱，耳片成熟后反卷。鲜耳直径 8~43cm，厚度 1.2~2.2mm。

毛木耳素有"树上海蜇皮"之美称，质地脆滑，清新爽口，是一种传统的山珍。因毛木耳与黑木耳属近缘种，其蛋白质、氨基酸含量与黑木耳接近，含有人体必需的 8 种氨基酸，其他营养成分也与黑木耳近似。中医学认为，木耳属菌类具有很高的食用价值和药用价值，它具有滋阴壮阳、清肺益气、补血活血等功效。现代研究发现，毛木耳子实体含有丰富的木耳多糖，具有较高的抗肿瘤活性，毛木耳含有适量的粗纤维，能促进人体胃肠的蠕动、帮助消化、吸收和代谢，另外，毛木耳还有止血、止痛等作用，具有极大的开发潜力，是制作食品的优质原料。

第二节　木耳饮料

一、黑木耳饮料

（一）生产工艺流程

β-环糊精、糖、酸、蜂蜜、稳定剂等
↓

黑木耳选择→预处理→微波浸提→过滤→调配→均质→UHT 杀菌→无菌灌装→封口杀菌→冷却→包装

（二）操作要点

1. 黑木耳选择及预处理。选择无虫害、无霉变、颜色尽量深些的黑木耳，去除杂质，利用清水清洗干净，然后进行破碎。

2. 微波浸提、过滤。采用微波浸提，料液比为1:60，微波火力为中强火、浸提1次、浸提温度控制在85℃，浸提15min。浸提后采用微孔过滤，以保证饮料的稳定性。

3. 调配。为了保留黑木耳的有效成分，又要使口味易于被消费者接受，采用β-环状糊精的包埋作用、蜂蜜的遮味作用、糖和酸的调味作用对产品的口味进行调配，并添加少量增稠剂提高稳定性。

4. 均质。通过均质将黑木耳饮料中的微小颗粒进一步细化，从而提高饮料的均匀性，防止分层、沉淀的产生。控制均质温度为50~60℃，压力为40MPa，均质2次。

5. UHT杀菌、灌装。料液经过137℃，6s的瞬时杀菌，控制杀菌出口温度为88~89℃，进行热灌装。

6. 封口杀菌、冷却、包装。灌装封口后料液温度控制在88℃，对瓶子盖子等进行一次巴氏杀菌，时间控制在20min以上。杀菌结束后经冷却、包装即为成品。

（三）成品质量标准

1. 感官指标。浅黄色，半透明，均匀稳定；黏度、酸甜适中，具有黑木耳特有的香气；混浊度均匀一致，无肉眼可见的外来杂质。

2. 理化指标。可溶性固形物质量浓度≥5g/100mL，总酸（以柠檬酸计）≥0.1g/100g，蛋白质1.5%~1.7%。

3. 微生物指标。菌落总数≤100个/mL，大肠菌群≤30个/100mL，致病菌不得检出。

二、黑木耳发酵豆奶

（一）生产工艺流程

黑木耳→清洗→破碎→浸提→滤液

↓

黄豆→浸泡→榨汁→过滤→煮沸→豆浆→调配→灭菌→冷却→接种→发酵→成品

（二）操作要点

1. 黑木耳清洗、浸泡。选择质量较好的黑木耳，用清水清洗干净，后加足量的水浸泡1h，至黑木耳上浮、变软完全复水。

2. 黑木耳破碎。将浸泡好的黑木耳涝出沥干水分，按干木耳∶水为 1∶40（W/W）的比例加水，然后用粉碎机破碎，再用胶体磨进行细磨。

3. 黑木耳预煮浸提。磨好的黑木耳在 70℃ 的温度下浸提，时间为 1h。

4. 离心。将黑木耳浸提液离心，除去含有的大颗粒得到滤液。

5. 豆浆制备。用 0.5% 的 $NaHCO_3$ 浸泡大豆 12h，然后按照豆水比 1∶14 打浆。经过滤、煮沸后与黑木耳浸提液混合。

6. 调配。将豆浆、黑木耳浸提液按比例 4∶1 混合，过滤。按配方要求将 9% 蔗糖溶解过滤后，边搅拌边加到黑木耳豆浆中混匀，同时添加 0.03% 的海藻酸钠。

7. 杀菌。采用巴氏杀菌（95℃、30min）进行杀菌。

8. 发酵。产品冷却至 38℃ 左右，按 3% 的接种量接种发酵剂（直投式乳酸菌发酵剂），38℃ 下发酵 6h。

（三）成品质量标准

1. 感官指标。色泽为乳白色，无豆腥味，酸甜适口，口感爽滑，状态稳定，均匀细腻，略有黏稠，无肉眼可见外来杂质，无异味。

2. 理化指标。蛋白质≥2.2%，脂肪≥0.9%。

3. 微生物指标。乳酸菌数 6×10^7 个/mL，大肠菌群≤3 个/100mL，致病菌不得检出。

三、黑木耳复合饮料

（一）生产工艺流程
原料预处理→调配→均质→杀菌→无菌灌装→成品

（二）操作要点

1. 原料预处理。称取花生仁 200g，炒熟，去掉红衣，按 1∶50 比例加水浸泡 2h，磨浆，过滤，备用；称取红枣 200g，清洗，去核，切小块，按 1∶50 比例加水，90℃ 浸提 2h，过滤，得大枣汁备用；黑木耳经粉碎，过 20 目筛，按 1∶50 比例加水浸泡 2h，热水浸提 2h 得到黑木耳多糖提取液，备用。各种辅料按配方称取，加适量水浸泡，卡拉胶要浸泡 24h，将浸泡好的辅料用胶体磨磨浆，过滤待调配。

2. 调配。将原辅料按照配方的比例调配。各种原辅料最佳配比（以 500mL 饮料计）：花生∶红枣 =1∶1.5，料液比 1∶14，白砂糖添加量 4%，黑木耳多糖提取液添加量 3%。最佳稳定剂的配比为：单甘脂 0.2%，海藻酸钠 0.2%，CMC 0.3%，卡拉胶 0.2%。

3. 均质。将上述各种原辅料充分混合均匀后，送入均质机在 20MPa 压力下均质处理。

4. 杀菌。均质后的料液在 145℃条件下进行瞬时杀菌 3s。

5. 灌装。杀菌后经无菌灌装机进行灌装，冷却即为成品。

（三）成品质量标准

色泽红棕色，红枣、黑木耳、花生香味协调一致，枣香味突出，清甜可口，滋味柔和，口感细腻，外观、组织均匀，久置或冷藏均无分层。

四、黑木耳枸杞悬浮饮料

（一）生产工艺流程

<pre>
                    复合稳定剂   枸杞→清洗→剪切
                         ↓   ↓
黑木耳→浸泡→分选→切片→预煮→混合→调配→灭菌→灌装→灭菌→冷却
→摇匀→成品
</pre>

（二）操作要点

1. 枸杞预处理。挑选无腐烂变质的优质枸杞，用适量的反渗透水清洗干净后，剪切成 2 等分或 3 等分的小段，备用。

2. 黑木耳预处理。挑选大小均匀、无腐烂变质的优质黑木耳，用适量的反渗透水浸泡约 40min，其吸水比为 1:10，黑木耳充分吸水膨胀后，去除其根部及附着在其表面的木屑等杂质，清洗干净。将黑木耳用切片机切成边长为 0.5cm 左右的小方块或三角形块，然后以 1:3 的比例加反渗透水，70℃加热预煮 20min 后备用。

3. 混合、调配。按 CMC – Na 0.1%、黄原胶 0.05%、魔芋粉 0.05%、卡拉胶 0.05%、木糖醇 6% 分别称取后干混，加入反渗透水加热到 45℃溶解，再称取 0.01% 的磷酸二氢钾、0.05% 的氯化钠用反渗透水溶解后加入混合，然后添加 35% 的经预煮的黑木耳片混匀，利用反渗透水定容。

4. 灭菌、灌装、冷却。将充分混合均匀的饮料在 90~95℃条件下灭菌 5min，然后添加 5% 的枸杞块，进行灌装，再在 90~95℃进行二次灭菌 15min，冷却后摇匀即为绵甜爽口、风味独特的黑木耳枸杞悬浮饮料。

（三）成品质量标准

1. 感官指标。质地细腻，绵甜爽口，风味纯正，半透明，具有黑木耳、枸杞特有的风味。

2. 理化指标。可溶性固形物≥10g/100mL，多糖≥0.06%。

3. 微生物指标。符合国家标准。

五、黑木耳核桃复合饮料

（一）生产工艺流程

黑木耳→选料→浸泡→清洗→烘干→粉碎→过筛→浸提→过滤

核桃仁→筛选→烘烤→脱皮→浸泡→磨浆→过滤→细磨→调配→均质→脱气
→装罐→杀菌→成品

（二）操作要点

1. 黑木耳汁制备。

（1）选料。选择形状美观、大小均匀、无病虫害、颜色尽量深的干黑木耳为原料。

（2）浸泡、清洗。用适量的自来水浸泡约1h，待黑木耳充分吸水膨胀后，去除其根部以及附着在其表面的木屑等杂质，将其清洗干净。

（3）烘干、粉碎、过筛。将清洗干净的黑木耳干品在烘箱中于60℃烘干。将烘干后的黑木耳粉碎，然后过60目筛，得到黑木耳干粉。

（4）浸提、过滤。以固液比1∶60加入蒸馏水，在70℃恒温条件下浸提3h，然后用四层纱布过滤，滤渣再以固液比1∶20加入蒸馏水，在70℃下浸提2h，合并滤液，滤液经离心机以4000r/min转速离心5min，趁热过滤，得到黑木耳汁。

2. 核桃乳制备

（1）选料。将核桃破壳，筛选出肉质饱满、无损伤、无霉变的核桃仁为原料。

（2）烘烤。将核桃仁放入干燥箱中，于110℃烘烤20min，减少其生腥味。

（3）脱皮、漂洗。在核桃仁中加入8倍碱水（2%的NaOH溶液），在90℃恒温条件下搅拌3min，进行脱皮处理，然后捞出核桃仁，用温水漂洗3遍，除去表面的皮渣以及残留的碱液。

（4）浸泡。加入适量的水，在30℃下浸泡2h，使核桃仁组织细胞充分胀润、软化，以提高蛋白质浸出率，使产品色泽洁白而细腻。

（5）磨浆、过滤。捞出核桃仁，加入80℃的热水进行磨浆，料液比为1∶8。先用120目筛网过滤后再经胶体磨磨细，得到核桃乳。

3. 复合乳饮料制作。

（1）调配、均质。原汁（黑木耳汁和核桃乳）占总量的8%，黑木耳汁与核桃乳之比为4∶6，将上述两者充分混合均匀后，再添加白砂糖7%、柠檬酸0.2%及复合乳化稳定剂（CMC－Na 0.1%、黄原胶0.15%、单甘脂0.05%和蔗糖酯0.20%）等进行调配。调配好的复合乳饮料先经胶体磨细磨，送入均质机中在

30MPa下均质4次，使乳浆中的脂肪球充分细化，有效避免产品中的脂肪上浮或蛋白质沉淀。

（2）脱气、装罐、杀菌。将复合乳饮料加热煮沸3min，脱去其中的不良气味，并且趁热在80℃条件下进行热装罐。最后，采用121℃高温杀菌15min，经冷却即得黑木耳核桃复合乳饮料成品。

（三）成品质量标准

色泽为乳白色略带灰色，具有黑木耳和核桃仁的滋味与香气，清香自然，细腻滑润，酸甜可口，组织状态均匀一致，稳定性好。

六、黑木耳红糖姜汁复合饮料

（一）生产工艺流程

黑木耳清洗→浸泡→修剪及二次清洗→煮制→粉碎→二次熬煮提取→离心过滤→澄清汁→混合调配→均质→装罐（加颗粒、灌注汤汁）→封口→杀菌冷却→包装→成品　　　　↑

姜汁煮制

（二）操作要点

1. 黑木耳清洗、浸泡。选用品质良好、无霉变、无虫蛀的黑木耳，用水洗去表面及基部的灰尘、泥沙、木屑等杂质，浸泡于纯净的水中，使水没过木耳让其吸水，保持60~90min。

2. 修剪及二次清洗。黑木耳吸水充分后，部分杂质尤其是基部的培养基也随之吸水涨大，用手或刷子进行清洗，同时剪去基部较硬部分。

3. 煮制。将清洗好的黑木耳置于不锈钢锅中，加入干木耳质量40倍的水，开火煮沸后继续保持中小火45min。

（1）木耳碎制备。从煮制好的黑木耳中取出约20%的量，沥干汤汁，用组织捣碎机绞打约30s，将绞打好的木耳碎在清水中先用孔径3mm×3mm的不锈钢网筛洗1遍，取筛上物，通过筛孔的细碎糜弃用，再将筛取物用孔径5mm×5mm的不锈钢网筛洗1遍，取通过筛孔的部分，筛上大于5mm×5mm的木耳片弃用，得到3~5mm见方的木耳碎，滤干水分备用。

（2）汤体制备。将锅内余下的约80%木耳连汤汁在组织捣碎机中绞打约1min，成为混有细小颗料的汤体。

4. 二次熬煮提取。将上述粉碎好的带颗料汤体继续于锅内煮沸并保持小火煮90min，中途每隔15min搅拌1次，90min后，汁液用汤勺舀起呈较黏稠液状。

5. 离心过滤。将二次煮好的汁液用40目纱网滤去粗渣以后，再经离心过滤机过滤，得到质地均匀的澄清汁。

6. 姜汁煮制。取质地良好的姜用清水洗净，用刀将姜拍碎，加入姜质量20倍的水，煮沸1h后，得约为姜质量10倍的姜汁，用200目绢布滤网过滤得汁备用。

7. 混合调配、均质。各种原辅料配比：黑木耳汁与姜汁质量比为7∶3、红糖7%、柠檬酸0.05%、结冷胶0.03%，混合均匀并加热至85℃后经均质机均质，得到稳定的调配液。

8. 装罐、封口、杀菌、冷却。按配方要求将木耳颗粒加入250mL玻璃瓶中，并趁热加入调配好的汤汁，经真空封口机封口后进行杀菌，杀菌公式：10′–15′–15′/100℃，杀菌结束后及时冷却至室温，再经包装即为成品。

（三）成品质量标准

1. 感官指标。产品呈红棕褐色，姜汁、黑木耳风味协调一致，滋味柔和略带辛辣，口感爽滑细腻，组织浑浊均匀，颗粒悬浮且具较好流动性，久置后允许有少量果粒沉淀。

2. 理化指标。可溶性固形物（20℃，按折光计）≥8.5%，果粒固形物≥10%，pH值4.0~4.5，重金属含量符合GB 2762—2017规定。

3. 微生物指标。细菌总数≤100个/mL，大肠菌群≤3个/100mL，致病菌不得检出。

七、黑木耳红枣复合酸奶

（一）生产工艺流程

灭菌鲜乳、白糖、稳定剂　菌种→活化发酵剂

↓　　　　　　　↓

黑木耳、红枣预处理→调配→均质→杀菌→冷却→接种→发酵→后熟→成品

（二）操作要点

1. 发酵剂制备。将保加利亚乳杆菌、嗜热链球菌复合的菌种在脱脂牛奶中活化，逐级培养，各级培养温度为37℃，时间3~4h，待工作发酵剂的液面不流动凝固时为发酵终点，即工作发酵剂。取出置于4℃冷藏，备用。

2. 黑木耳、红枣预处理。将干黑木耳于30℃左右水中浸泡50~60min，使其完全复水，清洗；红枣用清水洗净，去核。将处理后的黑木耳、红枣分别加入5倍质量的水进行捣碎，备用。

3. 均质。将预处理的黑木耳（6%~7%）、红枣（8%）、白糖（7%）、鲜乳、稳定剂等进行调配，预热到60℃后进行均质，使酸奶的质地细腻、平滑，不出现豆腐渣样；同时使脂肪球直径减小，防止脂肪上浮，且有利于酸奶的消化吸收。

4. 杀菌、冷却。将混合好的料液 85℃ 灭菌处理 20min，再迅速冷却至 43℃ 接种。

5. 接种。在无菌条件下，将培养好的活力旺盛的比例为 1:1 的保加利亚乳杆菌和嗜热链球菌发酵剂接种到杀菌并冷却后的混合料液中，接种比例为 4%。

6. 发酵。将接种好的混合料液 42℃ 恒温培养发酵 6h，发酵至液面不流动凝固好时停止。

7. 后熟。把发酵好的混合料液放入 4℃ 的条件下冷藏后熟 12h 左右，使酸奶制品产生良好纯正的风味，控制酸度的增高。

（三）成品质量标准

口感：柔和细腻，爽口滑润；香气及滋味：乳酸发酵的奶香味强烈，无异味，香气感浓，有协调的红枣与黑木耳的味道；组织状态：凝乳较均匀，无气泡，不分层，无或少量乳清析出。

八、黑木耳红枣复合饮料

（一）生产工艺流程

黑木耳→浸泡→粉碎→打浆→浸提→过滤→黑木耳汁

↓

红枣→精选→洗净去梗（核）→粉碎→浸提→加果胶酶→过滤→红枣汁→调配→均质→灌装→杀菌→冷却→产品

（二）操作要点

1. 黑木耳汁制备。

（1）浸泡。将优质的干黑木耳于 30℃ 左右水中浸泡 50~60min，清洗干净。

（2）粉碎、打浆。将浸泡好的黑木耳沥干水分，加适量水，然后用组织捣碎机粉碎。

（3）浸提、过滤。称取定量的已磨好的黑木耳，在 70~80℃ 左右的恒温水浴锅中浸提 2h，得到汁液。浸提后的汁液用 8 层纱布过滤，再经离心机 3000r/min 离心 5min，制得黑木耳汁。

2. 红枣汁制备。

（1）精选、去梗（核）。选择成熟度高、色泽鲜红、无病虫害、无机械损伤的红枣为原料。利用清水洗去果实表面尘土及杂质、虫蛀部分，将其去核，用水清洗干净。

（2）粉碎、浸提。将处理好的红枣加 4 倍质量的清水放入组织捣碎机进行粉碎。将粉碎后的红枣再加 4 倍质量的水，于 70℃ 的恒温条件下浸提 1h。

（3）加果胶酶。在红枣浸提液中添加果胶酶，加入量为红枣质量的 0.4%，于50℃恒温条件下继续浸提40min。

（4）过滤。利用8层纱布过滤，得到棕红色、有浓郁枣香并微带黏稠的红枣汁。

3. 调配。将黑木耳汁与红枣汁按3∶7的配比混合，然后将白砂糖6.5%、柠檬酸0.2%、稳定剂0.4%和适量水混合后加入。

4. 灌装、杀菌、冷却。料液先预热至80℃，进行灌装，在常压下进行杀菌，温度为85~90℃，时间20min。杀菌结束后经冷却即为成品。

（三）成品质量标准

1. 感官指标。色泽呈棕红色，红枣、黑木耳味协调一致，清甜可口，透明度良好，流动性好，无杂物，久置或冷藏均无分层，允许有极少量果肉沉淀，具有木耳香和枣香的综合香味。

2. 理化指标。可溶性固形物≥7.0%，总酸（以柠檬酸计）0.1%左右，未检测出重金属。

3. 微生物指标。细菌总数≤100个/100mL，大肠菌群≤3个/100mL，致病菌不得检出。

九、黑木耳麦芽汁饮料

（一）生产工艺流程

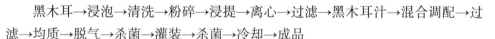

麦芽→粉碎→糖化→过滤→煮沸→过滤→麦芽汁
　　　　　　　　　　　　　　　　　　　　↓
黑木耳→浸泡→清洗→粉碎→浸提→离心→过滤→黑木耳汁→混合调配→过滤→均质→脱气→杀菌→灌装→杀菌→冷却→成品

（二）操作要点

1. 黑木耳汁制备。

（1）选料。选择形状美观、大小均匀、无病虫害、颜色尽量深的干木耳为原料。

（2）浸泡、清洗。用适量的温水浸泡约1h，待黑木耳充分吸水膨胀后，去除其根部以及附着在其表面的木屑等杂质，将其清洗干净。

（3）粉碎。将清洗干净的黑木耳用粉碎机粉碎。

（4）浸提、过滤。以固液比1∶60加入蒸馏水，在70℃恒温条件下浸提3h，然后用四层纱布过滤，滤渣再以固液比1∶20加入蒸馏水，在70℃下浸提2h，合并滤液，滤液经离心机以4000r/min转速离心5min后趁热过滤，制得黑木耳汁。

2. 麦芽汁制备。

（1）选料。挑选籽粒饱满、无虫、无霉变的大麦芽作为原料。

（2）粉碎。一般粗细比例控制在1:2.5左右，此时酶作用较强烈，浸出物含量高。

（3）糖化。粉碎的麦芽加入4倍的水，放入65℃恒温条件下自行糖化4~5h，至糖化完全。

（4）过滤。糖化液过滤后取滤液，测定其糖度。

（5）煮沸。向滤液中加入少量单宁，并在常压下煮沸1.5~2h，煮沸可以将麦芽汁中的酶破坏，使蛋白质发生沉淀，同时也对麦汁进行杀菌。

（6）过滤。煮沸之后，迅速冷却，过滤，取得麦芽汁。

3. 混合调配。按原汁含量100%，将黑木耳汁和麦芽汁按1:5的比例混合，将白砂糖（8%）、柠檬酸（0.10%）、复合稳定剂（0.25%）分别用水溶解后加入，调匀后进行过滤。

4. 均质。混合均匀的料液送入均质机中，温度控制在50~60℃，压力控制在30~40MPa进行均质处理。

5. 脱气。料液均质后利用真空脱气机对混合后的饮料进行脱气，脱去不良气味。

6. 杀菌、灌装、杀菌、冷却。采用超高温瞬时灭菌，温度135℃，时间5s。杀菌结束后趁热进行灌装，灌装完成的产品封盖后再进行高温杀菌，温度121℃、时间20min，再经自然冷却即为成品。

（三）成品质量标准

1. 感官指标。色泽：具有本品应有的色泽；滋味与气味：具有本品特有的滋味和气味，无异味；组织状态：呈均匀澄清液体，长期放置允许有少量沉淀或絮状物；杂质：无肉眼可见的外来杂质。

2. 理化指标。可溶性固形物16.5%，总酸15.0%。

3. 微生物指标。菌落总数≤92个/mL，大肠菌群≤4个/100mL，霉菌≤2个/mL，酵母菌≤3个/mL，致病菌无。

十、黑木耳凝固型酸奶

（一）生产工艺流程

鲜牛乳→预热
↓
黑木耳→冷水浸泡→水浴煮沸→烘干→粉碎→过筛→加糖混合→巴氏杀菌→冷却→接种→发酵→后发酵→成品

（二）操作要点

1. 黑木耳粉制备。将干黑木耳用冷水浸泡4h，同时加入与其质量比为

1:0.04 的生姜以降低木耳土腥味。将经过精选、清洗、去根的黑木耳进行煮制 15min，放入电热鼓风干燥箱中在 100℃进行干燥。干燥后的黑木耳用高速粉碎机进行粉碎，过 200 目筛后保存备用。

2. 发酵剂制备。将保存菌种接种于经 90℃、5min 处理后的牛乳中，搅拌均匀，于 43 培养箱中培养至凝固，取出置于冰箱中冷藏保存备用。

3. 加糖混合。将牛乳预热到 50～60℃，添加与蔗糖（9%）干混均匀的适量 CMC－Na、黑木耳粉（1.5%），均匀搅拌使其充分溶解。

4. 灭菌、冷却。将上述混合料液进行巴氏杀菌，温度为 90℃，保持 5min，然后冷却到 43～45℃。

5. 接种、发酵。将发酵剂以 25%的接种量接种到待发酵牛乳中，于 43℃的培养箱中发酵 6 h，发酵后抽样测定酸乳的酸度，当达到 86°T 时终止培养。

6. 后发酵。将已经凝固的黑木耳酸奶于 2～4℃的环境下进行后熟 24h，使酸乳进一步的形成风味物质，经过后发酵（后熟）即为成品。

（三）成品质量标准

1. 感官指标。色泽：色泽均匀，呈淡灰色，具有光泽；风味：有酸乳的香气，并带有木耳的清香味，两者相互协调；口感：细腻柔和，酸甜适口，无砂粒感，无异味；组织状态：凝乳稳定均匀，表面光滑，无或少量乳清析出，组织细腻，黏稠性好，不分层，无沉淀。

2. 理化指标。蛋白质 2.95%，脂肪 3.21%，酸度 88.2°T，非脂乳固体 ≥17.6%。

3. 微生物指标。乳酸菌数≥6.55×10⁶ 个/mL。

十一、黑木耳人参复合乳酸发酵饮料

（一）生产工艺流程

人参挑选→粉碎→热浸提

↓

黑木耳→浸泡→打浆→混合→胶磨→脱气→杀菌→冷却→脱脂乳粉→接种→发酵→调配→均质→杀菌→热灌装封口→冷却→成品

（二）操作要点

1. 人参汁制备。挑选优质的生晒人参为原料，经高速粉碎机粉碎至 60～80 目，按料水比为 1:20，温度为 90℃，浸提时间为 60min，制得人参浸提液。

2. 黑木耳汁制备。

（1）原料选择、浸泡。挑选无腐烂变质的优质黑木耳，将其置于冷水中涨发，时间 40min。

（2）热烫、打浆。将泡发的黑木耳投入 100℃ 沸水中 10min，然后将热烫好的黑木耳放入打浆榨汁机中打浆，料水比为 1:25，得黑木耳浆。

3. 混合调配、胶磨、脱气。将制备好的人参浸提液与黑木耳浆按 1:1 进行混合。混合均匀后通过胶体磨后，再利用真空脱气机进行脱气。

4. 冷却、添加脱脂乳粉。料液经过冷却后，按饮料总量 1% 添加脱脂乳粉，可直接加入到混合调配液中。

5. 接种、发酵。对调配好的混合液进行杀菌，杀菌温度 121℃，时间 20~30s。按 0.25% 的接种量将乳酸菌接入混合液中，发酵温度为 40℃，发酵时间 10h，

6. 调配。为了使黑木耳人参发酵饮料具有良好的风味，需要加入柠檬酸、白砂糖、稳定剂等进行调整。取一定量发酵液，溶入要求的糖、酸、稳定剂，搅拌均匀。最佳配比为：黑木耳和人参混合发酵液 30%、白砂糖 8%、脱脂乳 1%、总酸量 0.27%，稳定剂黄原胶 0.08%，其余为纯净水。

7. 均质、杀菌、灌装。将调配好的料液送入均质机进行均质，均质压力为 20MPa，共进行 2 次。均质结束后将饮料在 115~121℃ 的条件下杀菌 8~15s。经冷却至 90℃ 进行灌装并封口，再经冷却即为成品。

（三）成品质量标准

1. 感官指标。颜色：浅灰色，有光泽；香味：有人参、黑木耳而有香味，无异味；口感：酸甜适口，口感细腻；组织状态：均匀一致，无分层。

2. 理化指标。总酸（以乳酸计）0.26%~0.3%，总糖 ≥8%，人参总皂苷 ≥10mg/100mL。

3. 微生物指标。细菌总数 <100 个/mL，大肠杆菌不得检出，致病菌不得检出。

十二、芦笋黑木耳保健饮料

（一）生产工艺流程

黑木耳→粉碎→超声萃取→过滤→黑木耳汁

↓

芦笋→清洗→冷冻→解冻→打浆→过滤→芦笋汁→调配→均质→杀菌→灌装→成品

（二）操作要点

1. 芦笋汁制备。取无虫害、新鲜芦笋或加工芦笋罐头剩下的下脚料，洗净晾干，−20℃ 以下冷冻 1d 以上，取出，室温下自然解冻至芦笋表面无白霜（如芦笋表面再无水渍则解冻时间过长，不利于出汁）。按料水比 1:1 加水打浆，打

浆时加入 0.05% 抗坏血酸，过滤得芦笋汁。新鲜芦笋汁为深绿色，不可放置太久。冷冻的芦笋可以储备很长时间，随用随制。

2. 黑木耳汁制备。按黑木耳和水 1:(80～100) 的比例加水浸泡 1h 左右，清洗，剔除虫害变质的部分，65℃烘箱烘干，粉碎成 60 目以下木耳粉，加入木耳粉干重 80 倍的去离子水，混匀，超声 1h，离心取汁。汁液黄亮黏稠，带有木耳清香。

3. 调配。芦笋汁先加入一定量的 β-环糊精包埋苦味物质，再与黑木耳汁按一定比例混合，然后再加入其他原辅料进行调配。具体比例为：芦笋原汁 20%、黑木耳汁 10%、木糖醇 6%、柠檬酸 0.2%、柠檬酸钠 0.5%、β-环糊精 0.4%、CMC-Na 0.15%，用 0.5‰薄荷水（在每千克水中加入 0.5g 干薄荷叶，将水煮开再冷却）进行调配。

4. 均质。将上述调配好的饮料送入均质机在温度为 50～60℃、压力为 10～15MPa 的条件下进行均质处理。

5. 杀菌、灌装。经均质后的饮料在灌装前要进行杀菌。由于高温加热会使芦笋黑木耳汁产生令人不悦的煮熟味，所以采用超高温瞬时灭菌，即 135℃灭菌 5s，饮料杀菌后经灌装、冷却即为成品。

（三）成品质量标准

1. 感官指标。色泽：绿色透明，均匀一致；滋味：酸甜可口，口味纯正，无异味；组织形态：清亮，无肉眼可见的颗粒，久置允许有微量沉淀。

2. 理化指标。可溶性固形物 ≥10%，pH 值 ≤5.0，黄酮类物质（以芦丁计）≥0.1mg/mL，黑木耳多糖 ≥0.2mg/mL，食品添加剂符合 GB 2760—2014 的规定，重金属含量符合 GB 16740—2014 的要求。

3. 微生物指标。符合 GB 16740—2014 的要求。

十三、南瓜黑木耳无糖新型冰激凌

（一）生产工艺流程

南瓜→精选→蒸煮→破碎→南瓜汁

↓

黑木耳→浸泡→清洗→蒸煮→破碎→黑木耳浆→混料→均质→杀菌→冷却→老化→凝冻→灌装→成品

（二）操作要点

1. 原料处理。

（1）南瓜处理。挑选新鲜成熟无腐败的南瓜。将处理好的南瓜清洗干净切成块后放入蒸锅中蒸煮，水开后继续蒸煮 0.5h，取出去皮，然后放入打浆机中打浆，取出备用。

（2）黑木耳处理。挑选无沙、蒂少的干黑木耳。用 50～60℃ 的温水泡发，等到完全泡发复水后，剪去木耳的根部等杂质，经清洗，沥干多余的水分，上锅蒸熟，加入木耳质量 5 倍的开水后，放入打浆机中进行打浆，备用。

2. 原辅料混匀。将全脂奶粉、白砂糖、鸡蛋、棕榈油和复合乳化稳定剂等按配方称好后按冰激凌加料步骤加入到预热的牛奶中，混合后再在混合料中加定量的南瓜黑木耳浆液充分搅匀。

3. 均质。将混匀的原辅料液放入高压均质机进行均质，压力 17MPa，温度 70℃。

4. 杀菌。将均质后的料液进行杀菌，杀菌温度 75℃，时间 30min。

5. 冷却。将杀菌好的料液冷却至 18℃，此温度有利于料液在板式热交换器中的流动，防止在板式热交换器中的粘黏。

6. 老化。料液经冷却后在 4℃ 下老化 10h。

7. 凝冻、灌装。将老化后的料液放入冰激凌机的料槽中进行凝冻，凝冻温度 -4～-2℃，经凝冻后再进行灌装。

十四、调味黑木耳饮品

（一）生产工艺流程

干黑木耳→挑选（除杂）→粉碎→酶水解→过滤→调配→灌装→杀菌→冷却→成品

（二）操作要点

1. 挑选（除杂）。选择无病虫害干黑木耳，去掉木屑及尘土等杂质备用。

2. 粉碎。将选好的干木耳用中草药粉碎机粉碎，过 100 目筛，备用。

3. 酶水解。黑木耳粉中加入适量水，调节 pH 值为 5.0，按 100U/g 的添加量加入纤维素酶，底物浓度为 2.5%，在 50℃ 反应 1.5h，酶解提取活性物质，在此条件下黑木耳酶水解得率为 9.5%。

4. 过滤。将水解好的黑木耳汁液用 260 目的滤布过滤得到黑木耳澄清汁，冷却备用。

5. 调配。在制备的黑木耳汁中，添适量柠檬酸、香精、蔗糖和 CMC－Na 调配。具体比例为：黑木耳汁（固形物含量为 0.34%）70%、0.1mol/L 柠檬酸 4%、蔗糖 6%、冰糖雪梨香精 0.02%、CMC－Na 0.4%，其余为纯净水。

6. 热灌装。将黑木耳饮料加热至 60℃ 以上，罐装至灭菌玻璃瓶中并进行封口。

7. 杀菌。对封口的饮料进行巴氏杀菌，杀菌结束后经冷却至室温，即得成品。

（三）成品质量标准

1. 感官指标。色泽：呈淡灰色，均匀一致；香味：具有黑木耳淡淡的清香味道，酸甜适度，风味适口，无异味；组织形态：清汁型，无沉淀、无凝块、无分层。杂质：无杂质存在。

2. 理化指标。砷（以 As 计）≤0.2mg/kg，铅（以 Pb 计）≤0.3mg/kg，铜（以 Cu 计）≤5mg/kg，添加剂使用符合固体饮料卫生标准 GB 7101—2015。

3. 微生物指标。菌落数量均符合饮料微生物指标检测要求，致病菌未检出。

十五、黑木耳红枣复合果醋

（一）生产工艺流程

黑木耳与红枣混合汁→调整糖度→酒精发酵→醋酸发酵→粗滤→调配→精滤→杀菌、灌装→冷却→检验→果醋成品

（二）操作要点

1. 黑木耳汁制备。将优质的干黑木耳于 30℃ 左右水中浸泡 50 ~ 60min，清洗干净；将浸泡好的黑木耳加适量水，用组织捣碎机粉碎。称取一定量已磨好的黑木耳，在 75℃ 左右的恒温水浴中浸提 2h，得到汁液。浸提后的汁液经过滤，再经离心机在 3000r/min 转速下离心 5min，制得黑木耳汁。

2. 红枣汁制备。选择优质的和田玉枣，将其去核，水洗干净，然后加 3 倍质量的清水放入组织捣碎机进行粉碎。将粉碎后的红枣泥再加 3 倍质量的水，于 70℃ 的恒温水浴中浸提 1.5h。向红枣浸提液中添加 0.5% 的果胶酶，于 50℃ 恒温水浴继续浸提 30min。经过滤得到略微黏稠的红枣汁。

3. 混合。将制备好的黑木耳浆液、红枣浆液和水按 5:3:2 混合，−2℃ 保藏。

4. 调整糖度。采用低糖原果汁直接发酵法发酵，混合浆含糖量控制在 15%。

5. 酒精发酵。将活化后的酿酒酵母接入黑木耳红枣混合浆汁中发酵，接种量 4%，发酵温度 30℃，初始糖度 12.5%，发酵 7d，当酒精度（vol）达到 10% 左右且不再升高时酒精发酵结束。

6. 醋酸发酵。调整醋酸菌发酵液最适 pH 值至 4.5，将扩大培养后的醋酸菌直接接入酒精度达到 7% 左右的发酵液中，接种量 10% 左右，发酵温度 30 ~ 35℃，发酵时间 5 ~ 7d，当醋酸转化率达到 80% 左右且不再升高时醋酸发酵结束。

7. 粗滤、调配、精滤。经发酵结束后的液体先经粗滤，然后按照成品的要求进行调配，再进行精滤（200 目），将发酵后的剩余残渣滤除，使不溶性固形物含量下降到 20% 以下。

8. 杀菌、灌装。将经上述处理的果醋迅速加热到 85℃ 以上维持几秒，快速装入消毒过的玻璃瓶内，趁热（不低于 70℃）立即封口，密封后迅速冷却至 35℃ 以下，得到复合果醋成品。

十六、毛木耳花生乳

（一）生产工艺流程

花生→筛选→烘烤→脱皮→浸泡→温水漂洗→磨浆→煮沸→过滤→均质

↓

干毛木耳→选料→浸泡→清洗→烘干→粉碎→过筛→浸提→过滤→毛木耳浸提液→均质→脱气→装罐→杀菌→成品

（二）操作要点

1. 毛木耳浸提液制备。

（1）选料、浸泡、清洗。选择形状美观、大小均匀、无病虫害的干毛木耳为原料。用一定量的水加以浸泡，待干毛木耳复水吸胀后，将其清洗干净。

（2）烘干、粉碎。将洗净后的毛木耳放在 80℃ 的烘箱中烘至恒重，然后将其粉碎，过 40 目筛，得到毛木耳粉。

（3）浸提、过滤。取一定量毛木耳粉，以固液比 1:30 加入蒸馏水，在 80℃ 的条件下浸提 4h，经过滤得到毛木耳浸提液。

2. 花生乳制备。

（1）筛选、烘烤、脱皮。选择颗粒饱满，无损伤，无霉变的花生为原料。将花生放在烘箱中，于 120℃ 条件下烘烤 30min，揉搓脱去花生衣。

（2）浸泡、漂洗、磨浆。取一定量的花生仁，加入 8 倍蒸馏水，同时加入 0.5% 的 $NaHCO_3$ 进行浸泡，于 70℃ 下浸泡 3h。浸泡后的花生仁用清水冲洗 3 遍后沥干，然后加入 10 倍 80℃ 的热水进行磨浆。

（3）煮沸、过滤、均质。磨浆后用四层纱布过滤。将滤液加热煮沸，当温度达 80℃ 以后，液面起泡，假沸，产生不少泡沫，此时应撇去泡沫；当温度达到 94~96℃ 时，液面翻腾，维持 1~2min。最后，利用均质机将液料进行均质，温度为 60~65℃，压力为 30MPa，共进行 5 次。

3. 混合、均质。将毛木耳浸提液与花生乳相混合，添加蔗糖、奶粉及复合稳定剂、蒸馏水等进行调配。具体配比为：毛木耳浸提液 20%、花生乳 60%、蔗糖6%、奶粉2%、单甘脂0.20%、黄原胶0.06%、CMC-Na 0.05%、蔗糖酯0.20%，其余为纯净水。将调配好的毛木耳花生乳在30MPa下进行二次均质，共进行5次。

4. 脱气、装罐、杀菌。将均质后的饮料采用加热脱气，脱去其中的不良气味，并且趁热在80℃条件下进行热装罐。采用121℃高温杀菌15min，杀菌结束后再经冷却即得毛木耳花生乳成品。

（三）成品质量标准

1. 感官指标。色泽：乳白色，色泽均匀，有光泽；气味：花生香味浓郁，毛木耳味清淡，略带奶香；口味：乳味纯正，爽口，甜味适中；组织状态：均匀稳定无分层。

2. 理化指标。蛋白质≥2%，可容性固形物≥9%，脂肪≥2%。

3. 微生物指标。细菌总数≤100个/mL，大肠菌群≤6个/100mL，致病菌不得检出。

十七、玉木耳乳饮料

（一）生产工艺流程

乳粉

原料预处理→高压蒸煮→匀浆→过滤→调配→杀菌→冷却→均质→灌装封口→二次杀菌→冷却→成品

（二）操作要点

1. 原料预处理。选择无病虫害及霉变的优质玉木耳干制品，洁净水浸泡30min使其充分吸水膨胀，然后用流动水冲洗干净，去除其根部以及附着在其表面的木屑、杂草等杂质。

2. 高压蒸煮。将上述处理后的玉木耳按比例1:50（m/m，以玉木耳干质量计）加水后置于120℃条件下高压蒸煮处理10min。

3. 匀浆过滤。将高压蒸煮后的玉木耳高速匀浆处理1~5min，然后过滤得到可全部通过0.125mm孔径筛的滤液，备用。

4. 调配。将复合稳定剂和绵白糖混合均匀，加水溶解，最后加入柠檬酸继续搅拌，使其全部溶解，然后加热煮沸维持5min进行杀菌处理，冷却过滤得到混合糖浆，备用。用70~80℃温开水冲调乳粉，制备复原乳，加入混合糖浆及玉木耳浆料，混合搅拌均匀。具体比例：玉木耳浆料40.0%、柠檬酸0.1%、乳粉4.0%、绵白糖4.0%、复合稳定剂（明胶和羧甲基纤维素）0.1%，其余为纯净水。

5. 杀菌、冷却。在98～100℃条件下对上述物料杀菌处理5～10min，然后迅速冷却至55℃，备用。

6. 均质。在55℃、25MPa条件下对上述杀菌冷却后的物料进行均质处理，提高产品组织稳定性，对优化产品口感及风味。

7. 灌装封口。将高压均质处理后的玉木耳乳饮料立即灌装于预先杀菌处理的洁净玻璃瓶中，封口。

8. 二次杀菌处理、冷却。为提高产品贮藏的稳定性，对灌装封口后的玉木耳乳饮料进行二次杀菌处理。二次杀菌条件为98～100℃、15～20min。杀菌结束采用逐级冷却的方法冷却，先后用80℃、50℃、15℃水进行喷淋，使其逐渐接近室温，防止急剧冷却发生爆瓶，且最大限度保护热敏性营养成分。

（三）成品质量标准

1. 感官指标。色泽：呈均匀乳白色；组织状态：均匀细腻的乳状液体，无分层，无沉淀；气味：乳脂香味适中，有玉木耳的清爽，诸味协调，无异味、无刺激性气味；滋味：酸甜适中，口感爽滑，柔和细腻。

2. 理化指标。可溶性固形物12.40%，总糖7.82%，蛋白质1.37%。

第三节　木耳休闲食品

一、黑木耳蜜饯

（一）生产工艺流程

干黑木耳→复水→清洗、修整→煮制→硬化→漂洗、沥干→微波渗糖→上胶衣→干燥→成品

（二）操作要点

1. 复水、清洗、修整。选用长白山产黑木耳。将无虫害、无霉变的黑木耳放入的水中浸泡4～5h，清洗、修整成规则的小朵。

2. 煮制、硬化。将修整好的黑木耳放入沸水中煮制10～15min后再放入1%的氯化钙溶液中浸泡30min进行硬化处理。

3. 漂洗、沥干、微波渗糖。将硬化后的木耳用水冲洗干净，经沥干后放进糖液中，同时加入柠檬酸、甘油，具体用量为：糖40%、柠檬酸0.6%、甘油0.7%，然后在微波炉中用中火进行渗糖，时间为40min。

4. 上胶衣、干燥。取出黑木耳沥干糖液后，在黄原胶溶液（用量为0.3%）中浸泡1min，将上胶衣后的黑木耳在65℃条件下干燥1.5h，产品干燥后经冷却即得成品。

（三）成品质量标准

色泽：黑色，有光泽；口感：软硬适中，嚼性好，不黏牙；风味：酸甜适中；外观：饱满，不黏手。

二、袋装即食调味黑木耳

（一）生产工艺流程

黑木耳→整理去杂→泡发→洗净→切丝→预煮→沥水→浸渍→包装→杀菌→成品

（二）操作要点

1. 整理去杂。将黑木耳中的残留泥土等杂质去除，留下完整度较好的干黑木耳。

2. 泡发。将选好的黑木耳用清水进行泡发，泡发温度为40℃，时间为60min，泡发后将黑木耳捞出。

3. 洗净、切丝。将捞出的黑木耳进行清洗，去除根基处和表面的杂质。将成片的黑木耳切成均匀的长条丝状。

4. 预煮。将经过处理的黑木耳用100℃沸水预煮25s。预煮时间过短，黑木耳的口感较硬；预煮时间过长，黑木耳变软，导致口感不佳。

5. 沥水、浸渍。将预煮后黑木耳表面残留的水分去掉，然后在调味料中浸渍45min。浸渍用调味料组成：14%辣椒油、16%醋、23%蒜泥、35%蔗糖、0.27%姜粉、0.27%味素、0.16%花椒粉，其余为水。

6. 包装。将加工完的黑木耳进行真空包装，包装真空度为−0.1MPa。

7. 杀菌。包装后的产品采用巴氏杀菌，即75℃、30min。产品杀菌后经冷却即为成品。

（三）成品质量标准

颜色：木耳呈黑色，表面光滑，发亮；口感：口感好，咀嚼后弹性十足；味道：蒜香味、甜味、辣味适中。

三、黑木耳红枣菌糕

（一）生产工艺流程

原料→清洗→处理（去蒂、去核）→粉碎、打浆→添加辅料→煮制调味→倒盘→冷却→烘制→切块→包装→成品

（二）操作要点

1. 黑木耳粉制备。将选好的干黑木耳用40℃水浸泡10min，待充分泡发，去蒂、洗净，沥干水分，放入50℃烘箱中烘干，用粉碎机粉碎备用。

2. 红枣选择、处理。选用肉质肥厚、纤维少的红枣。利用清水洗净并去核后用80℃热水浸泡30min。将泡发红枣连同浸泡所用热水一起进行粉碎打浆，共进行3次，每次时间为1min，间隔1min，收集浆液备用。

3. 煮制调味。将粉碎后的黑木耳粉加适量水后静置30min溶涨，卡拉胶、琼脂和瓜尔胶加水打浆混匀得混合胶凝剂。向打浆后的红枣浆料中加入溶涨的黑木耳粉、木糖醇和混合胶凝剂煮制，期间不断搅拌，以防糊锅，并随时除去浮在液面上的泡沫，煮沸10min，待温度降到70℃时加入柠檬酸，加热搅拌混匀。具体各种原辅料的配比为：黑木耳与红枣的配比为1:4，加入15%木糖醇和2%复合胶凝剂（卡拉胶:琼脂:瓜尔胶=10:5:1）。

4. 倒盘、冷却、烘制。将煮制调味后的黑木耳红枣浆趁热倒入盘中，倒盘厚度为7~8mm，自然降温凝冻之后，转入网筛中，置热风干燥箱中在60℃进行烘制，每1h翻动一次，至水分含量在18%~20%时结束烘制。

5. 切块、包装。烘制好的菌糕按包装规格切成合适大小后包装。

（三）成品质量标准

色泽与外观：红褐色，糕体均匀，透明性好；组织形态：糕体饱满，软硬适度有弹性；风味：红枣风味浓郁，并有黑木耳的清香；口感：口感细腻，劲道感好，不黏牙，酸甜适中。

四、果味黑木耳果冻

（一）生产工艺流程

黄原胶、魔芋胶、蔗糖混合溶解

↓

木耳→粉碎→酶解→过滤→黑木耳汁→熬煮→调配→过滤→离心→灌装→杀菌→冷却→成品

（二）操作要点

1. 原料预处理。剔除发霉、变质等不合格木耳及杂质，将干木耳用多功能粉碎机粉碎备用。

2. 黑木耳酶解。以干黑木耳夏耳为原料，多功能粉碎机粉碎，过筛20目，采用纤维素酶与果胶酶复配酶解法液化黑木耳，酶解条件为：果胶酶用量为1.5%，纤维素酶用量为2.5%，料液比为1:120，pH值为5，水浴温度为45℃，黑木耳酶解时间为2.5h。在上述条件下将黑木耳液化制得黑木耳汁。

3. 黑木耳果冻配方。基本配方：木耳酶解液60%、复合胶（黄原胶与魔芋胶）1.6%、蔗糖15%、柠檬酸0.15%，其余为纯净水。如果要生产其他风味的果冻要添加适量的香精，如橙味果冻加0.2%的橙味香精、草莓味果冻加0.4%

的草莓香精、菠萝味果冻加 0.3% 的菠萝香精。

4. 黄原胶、魔芋胶、蔗糖预处理。将 3 份黄原胶与 1 份魔芋胶混合，加入 5 份以上的蔗糖，调配均匀，慢慢倾倒在搅拌的水里，继续搅拌至完全溶解。

5. 熬煮、调配。按配方比例将黑木耳汁和水的混合液加热，将溶解好的黄原胶、魔芋胶、蔗糖缓缓加入，继续熬制 10min。在黑木耳汁糖胶液冷却至 70℃ 左右时，将预先用少量的水溶解的柠檬酸加入糖胶，搅拌均匀，以免造成局部酸度偏高。

6. 过滤。用 120 目的过滤网过滤，用以除去其中部分气泡及微量杂质，即制得混合胶溶液。

7. 离心。将上述制备好的混合胶溶液，用离心机以 1000r/min 速度低速离心 5min，气泡会全部集中到离心管顶层，弃去这部分带有气泡的混合胶溶液，得到透明澄清、丝滑的混合胶溶液。

8. 灌装、灭菌、冷却。将调配好的上述混合液灌装入果冻杯中并封口，放入 85℃ 热水中灭菌 20min，冷却到室温以后即得到成品果冻。

（三）成品质量标准

1. 感官指标。淡棕黄色、半透明状，形态上成冻完整，产品脱离包装后能基本保持原有形状，表面光滑，硬度适中，有果香味，富有弹性、韧性，无明显絮状物。

2. 理化指标。可溶性固形物：原味果冻 14.71%、橙味果冻 14.75%、草莓味 14.66%、菠萝味 14.72%。

3. 微生物指标。四种果冻的菌落总数均 ≤100 个/g，大肠菌群 ≤6 个/100g，致病菌不得检出。

五、毛木耳保健果冻

（一）原料配方

毛木耳多糖液 30%，蜂蜜 30%，明胶剂 5%，柠檬酸 0.03%，其余为纯净水。

（二）生产工艺流程

明胶→温水浸泡→煮沸→胶液冷却
↓
毛木耳→洗净→烘干→粉碎→浸提→过滤→毛木耳粗多糖溶液→混合→过滤→灌装→灭菌→冷却→包装→成品

（三）操作要点

1. 毛木耳多糖溶液制备。用温水将毛木耳洗净，在 60℃ 烘箱内烘干后，用植物粉碎机粉碎，过 40 目筛。称取毛木耳粉末，在料液比为 1:20、温度为 80℃ 条件下，恒温水浴 1h，然后进行过滤。如此反复浸提 3 次，合并滤液即得毛木耳粗多糖溶液。

2. 凝胶剂预处理。明胶加适量温水浸泡，待充分吸水膨胀后，加热溶解，煮胶温度为 70℃，为防止焦壁，应随时搅拌，之后趁热进行过滤，以除去杂质及一些可能存在的胶粒。

3. 蜂蜜调配。因高温会破坏蜂蜜的营养成分，所以在已溶解的复合胶体溶液降温至 65℃左右，加入蜂蜜。

4. 柠檬酸加入。在毛木耳多糖汁、蜂蜜和胶液冷却至 70℃左右时再加入，搅拌均匀，以免造成局部酸度偏高。

5. 混合、过滤。将混合均匀的胶液与毛木耳多糖汁、柠檬酸混合后，搅拌均匀并进行过滤。

6. 灌装、灭菌、冷却。将调配好经过滤的糖胶液灌装入果冻杯中并封口，要防止沾污杯口，放入 85℃热水中灭菌 5~10min，之后，自然冷却或喷淋冷却，使之凝冻即得成品。

（四）成品质量标准

1. 感官指标。色泽：黑红色，半透明；组织状态：成冻完整，不粘壁，弹性、韧性好，表面光滑，质地均匀；口感及风味：细腻，酸甜可口，同时还有蜂蜜的风味，无异味。

2. 理化指标。可溶性固形物 >30%，pH 值 4.0，重金属含量符合国家标准。

3. 微生物指标。细菌总数≤100 个/g，大肠菌群≤6 个/100g，致病菌未检出。

六、黑木耳蓝莓果冻

（一）生产工艺流程

蓝莓果→榨汁→离心过滤→蓝莓原汁
↓

黑木耳→挑选→清洗→干燥→粉碎→浸提→黑木耳汁→加果冻胶凝剂混合调配→灌装→杀菌→成品

（二）操作要点

1. 原料处理。原料经挑选，剔除黑木耳杂质，洗净干燥后，超微粉碎得黑木耳粉。将黑木耳粉:水按 1:50 的比例在 90℃恒温条件下浸提 3.5h，用 4 层纱布过滤得黑木耳汁。

2. 蓝莓果汁制备。取适量蓝莓果，经挑选、漂洗后榨汁，再经过滤、浓缩、灭菌制成蓝莓果原汁。

3．果冻胶凝剂制备。

（1）溶胶。将混合好的复配胶（魔芋胶：黄原胶：卡拉胶：琼脂＝4：2：2：1）加入40~50℃的热水中，搅拌15min，使其混合均匀充分溶胀。

（2）煮胶。将上述胶液加热煮沸5min，使胶充分溶解，并达到杀菌的目的，煮沸的时间不能够过长。

（3）消泡。在加热溶胶过程中，胶液产生出许多的小泡，必须静置一段时间，静置中小泡不断上浮消失，静置时间以胶液温度下降至40℃为好。

4．混合调配。先将白糖加入果汁中，加热杀菌，冷却至50℃左右，再加入柠檬酸、防腐剂等，最后将混合液加入正在搅拌的溶胶液中，并调pH值至3.5左右。具体各种原料的配比：黑木耳汁25%、蓝莓汁10%、蔗糖28%、复合凝胶0.6%、柠檬酸0.1%，其余为纯净水。

5．灌装。将上述配好的混合液趁热分装至果冻杯中，加盖封口。

6．灭菌。将封口的果冻在85℃灭菌10min，然后迅速冷却，经冷却后即为成品。

（三）成品质量标准

1．感官指标。组织形态：成冻完整，不粘壁，弹性韧性好，表面光滑，质地均匀，颗粒均匀；色泽：紫色，半透明；口感及风味：细腻，酸甜可口，具有黑木耳和蓝莓特有的风味，无异味。

2．理化指标。可溶性固形物＞20%，重金属符合国家标准。

3．微生物指标。细菌总数≤100个/g，大肠菌群≤6个/100g，致病菌不得检出。

七、纸型毛木耳

（一）生产工艺流程

原料的选择→清洗→烘干→粉碎→熬煮→毛木耳浆→调配→铺板→第一次烘烤→揭膜→调味→第二次烘烤→冷却→成品

（二）操作要点

1．毛木耳浆制备。选择形状美观、大小均匀、无病虫害的干毛木耳为原料，将其清洗干净后放在烘箱中烘至恒重，然后粉碎并过40目筛。取一定量毛木耳粉，按1:40的料液比加水，在85℃的条件下熬煮4h，用单层纱布过滤，得到毛木耳浆。

2．调配。将占毛木耳浆5%的甘油和4%的可溶性淀粉与毛木耳浆料放入食品多功能搅拌机中搅拌均匀。

3．铺板、烘烤。将混合好的物料在底面平整的平皿中流延成形，膜的厚度约为0.4cm。将涂布好的平板即送进烤箱烘烤，以防污染。采用75℃烘烤约3h，即可揭纸。

4. 调味。将占毛木耳浆 16% 的白砂糖、2.4% 的食盐、0.5% 的味精、0.7% 的五香粉调匀，均匀涂抹于第一次揭膜的纸型毛木耳的表面，然后进行压合，再烘烤。

5. 第二次烘烤。将调味后的纸型毛木耳重新放入平皿中，在 75℃ 下烘烤约 2h。

6. 冷却。刚取出毛木耳片温度较高，冷却后，进行切片整形，并用食用薄膜袋抽真空包装即为成品。

八、黑木耳低糖果脯

（一）生产工艺流程

干黑木耳选择→复水→清洗、修整→煮制→硬化→漂洗、沥干→微波渗糖→上胶衣→干燥→包装→成品

（二）操作要点

1. 干黑木耳筛选。选择无虫害、无霉变、色泽黑褐、味道良好的黑木耳。

2. 复水。将干黑木耳于 30℃ 的水中浸泡 16min。

3. 清洗、修整。将浸泡后的木耳用清水洗净，然后用不锈钢剪刀去除根基，同时从耳基修剪成（2~3）cm^2 的小朵。

4. 煮制。浸发修整好的黑木耳在 0.1MPa 的压力下煮制 6min。

5. 硬化、漂洗、沥干。将煮制好的黑木耳放入 1.00% 氯化钙溶液中浸泡 0.5h 后用流水冲净，然后沥干水分。

6. 微波渗糖。将漂洗沥干后的黑木耳浸入到 40% 糖液（其中麦芽糖浆取代量为 50%，同时添加 0.05% 柠檬酸、0.5% 氯化钠、0.75% 甘油作为复合亲水性物质），在 50% 微波火力下渗糖 40min。

7. 上胶衣、干燥。取出黑木耳片沥干糖液后，浸入 0.3% 黄原胶和 0.1% 卡拉胶复合亲水胶液 1min。取出后在 60℃ 恒温鼓风干燥箱中干燥至水分含量 20% 以下即为成品。

九、黑木耳咀嚼片

（一）原料配方

黑木耳粉 30%、蔗糖 12%、维生素 C 1.2%、脱脂奶粉 25.8%、麦芽糊精 7%、羟丙基纤维素 5%、木糖醇 12%、硬脂酸镁 2%，其他 5%。

（二）生产工艺流程

黑木耳→粉碎→过筛→汽蒸→混合→制软材→造粒→干燥→整粒→压片→分析检测→灭菌→包装→成品

（三）操作要点

1. 粉碎、过筛。将经过整理的优质干品黑木耳经高速粉碎机粉碎后，过100目筛，备用。

2. 汽蒸。根据黑木耳咀嚼片成分质量百分比称取过100目筛后的黑木耳粉，放入高压灭菌锅0.1MPa汽蒸10min后，密封冷却备用。

3. 混合。根据黑木耳咀嚼片配方质量百分比分别称取脱脂奶粉、麦芽糊精、木糖醇、羟丙基纤维素、维生素C等进行混合。

4. 制软材。用总量10%的高纯水与蔗糖制成糖浆，备用。

5. 造粒、干燥、整粒。将上述备用粉料混合倒入湿法制粒机，调整径向、轴向转速，慢慢加入备用糖浆，制备出过10目筛的颗粒。将得到的颗粒在50℃条件下干燥4~6h，然后过20目筛进行整粒。

6. 压片。按黑木耳咀嚼片成分质量百分比，向经整粒后的颗粒中加入硬脂酸镁混合，进行压片。

7. 灭菌、包装。将压好的片剂置于50℃烘箱中进行干燥至水分含量在3%及以下，用紫外线杀菌20min后经包装即为成品。

（四）成品质量标准

色泽：土黄色，均匀；口感：爽口，细腻，酸甜协调，无沙粒感，咀嚼性好；外观：圆整，光洁；质地：断面结构紧密均匀，硬度适中。

第四节　其他木耳食品

一、长白山黑木耳咸菜

（一）生产工艺流程

原料→挑选→发制→清洗→沥水→调配→拌料→装袋→封袋→灭菌→冷却→二次灭菌→冷却→风干→包装→成品

（二）操作要点

1. 原料挑选。以优质长白山野生黑木耳干品为原料，去除污物备用。

2. 发制。将选好的干木耳投入40℃温水中浸泡4h，使木耳充分吸水，以发好的木耳手感柔软并富有弹性为佳。泡发比为1:16。

3. 清洗、沥水。去除根部，并清洗杂物。将泡发好的木耳捞出放于筛网上沥干。

4. 调配。以250g沥干的木耳计，加入盐5g、醋3mL、糖6g、麻油2.5mL，以及捣碎的蒜末4g和姜末5g加以搅拌，再用味精5g、I+G 0.5g、乙基麦芽酚

0.025g、山梨酸钾 0.25g 放入 15mL 酱油中，使之溶解后一并加入，最后对其充分搅拌使之混匀。

5. 封袋灭菌。按计量真空封袋，并在 90～100℃，30min 条件下对产品进行第 1 次灭菌。灭菌后将产品冷却至常温，进行第 2 次灭菌，条件同第 1 次灭菌。

6. 冷却、风干、包装。将产品冷却，风干包装袋上的水分，然后包装即为成品。

（三）成品质量标准

1. 感官指标。色泽及组织状态：色泽均匀、亮黑色，大小均匀、有弹性；口感及风味：黑木耳特有香气、协调，麻辣适中、酸甜可口。

2. 理化指标。固形物 >90%，pH 值 >3.5，重金属符合国家标准。

3. 微生物指标。细菌总数 ≤100 个/g，大肠菌群 ≤6 个/100g，致病菌不得检出。

二、黑木耳饼干

（一）原料配方

低筋面粉 900g，玉米淀粉 100g，食盐 5g，小苏打 10g，奶粉 50g，香兰素 20g，黄油 225g，白糖 300kg，黑木耳 50g。

（二）生产工艺流程

黑木耳等原辅料预处理→辅料预混→面团调制→辊压→成形→烘烤→冷却→成品

（三）操作要点

1. 原辅料预处理。将干黑木耳用温水浸泡 3～4h，清洗，晾干表皮水分，脱水干燥。干燥后进行粉碎，粒度 100 目左右。将处理好的黑木耳密封，以防香味散失，污染细菌。

2. 辅料预混、面团调制。先将融化的人造黄油、白糖、食盐、小苏打、香兰素等溶解在适量水中，并搅拌均匀，再添加调均匀的粉料（面粉、淀粉、奶粉、黑木耳等）到其中，进行面团调制。

3. 辊压、成形。利用轧辊对面团进行往复辊压，使其成为薄片，折叠再辊压，压成 2mm 厚均匀的面片，经成形后放入烤盘。

4. 烘焙。温度设定在 210℃左右，当烤炉上下面温度稳定一致后放入烤盘，烘烤 10min 左右，烘烤时要不断观察上色情况，防止烤糊。

5. 冷却、包装。烘烤完毕的饼干，其表面与中心部的温度差很大，外温高，内温低，温度散发迟缓。为了防止饼干的破裂与外形收缩，冷却后再包装。

（四）成品质量标准

外形：外形饱满，花纹清晰；结构：内质结构细密均匀，片形整齐，有明显层次，无杂质；口感：酥松，细腻，不黏牙；色泽：色泽均匀，没有过焦、过白现象；香味：香味浓，无异味。

三、猕猴桃黑木耳果酱

（一）生产工艺流程

黑木耳→挑选→粉碎→浸泡

↓

猕猴桃→挑选→清洗、浸泡→软化→搓酱→混合调配→均质乳化→真空浓缩→装罐→杀菌→冷却→成品

（二）操作要点

1. 黑木耳选择及处理。原料经挑选，剔除黑木耳杂质，洗净干燥后，超微粉碎。按照 1:15 的比例加水，在室温条件下浸泡 8～10h。

2. 猕猴桃选择及处理。

（1）原料选择、清洗、浸泡。选取东北原生种猕猴桃，表面略带光泽，无虫蛀、无腐烂、无发霉的果实。用流动水反复搓洗，除去猕猴桃表面的泥沙等杂质，用清水浸泡 10h 左右。

（2）软化。将洗净的果实放入不锈钢锅内，进行 2 次预煮处理，第 1 次（料水比 1:5）预煮 5min 去苦，然后将其从水中捞出，再以料水比 1:2 进行第 2 次预煮，煮料时间约 30min。第 2 次预煮主要是使组织充分软化。

（3）搓酱。手工在尼龙筛上搓压，将果核和果皮去除。

3. 混合调配。黑木耳干粉与猕猴桃按 2:7 的比例混合。按酱料总质量的 60% 称取白砂糖，加水煮沸溶解后，配成 75%（折光度）浓糖液，经过滤后和上述酱料混合均匀。调配时可将 0.2% 增稠剂（海藻酸钠和 CMC – Na 各 0.1%）加入。

4. 乳化均质。将混合后的果酱通过乳化均质机磨成细腻均匀的浆液。

5. 真空浓缩。将乳化均质后的浆液加入糖浆进行浓缩。采用低温真空浓缩，浓缩条件为：温度 50～60℃，真空度 85～95kPa。为了便于水分蒸发和减少蔗糖转化为还原糖，当浆液浓缩至可溶性固形物含量接近 40% 时，加入 0.4% 的柠檬酸（用水溶解成体积分数为 50% 的溶液），继续浓缩至可溶性固形物含量达 42% 时，迅速出锅。

6. 装罐。将玻璃瓶彻底清洗后，以温度 95～100℃ 的蒸汽消毒 5～10min，瓶盖用沸水消毒 3～5min，果酱出锅后迅速装罐，最好在 30min 内装完，装罐过程应采用排气密封法，酱温保持在 85℃ 以上，尽量减少顶隙，严防果酱沾染瓶口和外壁。

7. 杀菌冷却。采用蒸汽杀菌，在85℃温度下杀菌20min。杀菌后分段冷却至38℃左右，擦干罐外壁水分，在温度35～37℃的保温库中保温7d。经检验合格即为成品。

（三）成品质量标准

1. 感观指标。色泽：酱体呈黑色或黑褐色，均匀一致；滋味及气味：具有黑木耳和猕猴桃特有香味，酸甜可口，无异味；组织形态：酱体细腻均匀，呈胶黏状，不流散，不析出汁液，无结晶，无杂质。

2. 理化指标。可溶性固形物65%～70%。

3. 微生物指标。大肠菌群≤30个/100g，致病菌不得检出。

4. 保质期。12个月。

四、黑木耳草莓果酱

（一）生产工艺流程

草莓→洗净→打浆
↓

黑木耳→整理去杂→泡发→洗净→打浆→混合调配→熬制→灌装→脱气→杀菌→冷却→成品

（二）操作要点

1. 黑木耳清洗、泡发。将黑木耳去杂后，利用清水进行清洗，然后放入清水中泡发24h，取出后洗净耳片。

2. 黑木耳和草莓打浆。黑木耳和草莓分别送入打浆机中打成浆液。

3. 熬糖。将白砂糖倒入沸水中熬至白砂糖完全溶解。

4. 熬制果酱。将黑木耳浆和草莓浆加入熬好的糖浆中，调中火慢熬，在熬制过程中加入果胶等添加剂，最后小火蒸干多余水分，时间约为15min，至果酱状态黏稠且有一定流动性为好。各种原辅料的配比：黑木耳浆30g、草莓果浆50g、果胶2.5g、柠檬酸0.3g、白砂糖26g、柠檬酸钠0.16g，加水补充至200mL。

5. 灌装、脱气。熬制好的果酱趁热进行灌装，然后用真空泵将果酱中的气体排出。

6. 杀菌、冷却。灌装好的果酱采用高压蒸汽进行杀菌，温度为105℃，湿热灭菌10min。杀菌后经过冷却即为成品。

（三）成品质量标准

1. 感官指标。颜色和气味：色泽呈亮红色，自然的果酱颜色，有果酱的香甜味；滋味和口感：酸甜味适中，无杂味，口感细腻；组织状态：组织细腻，质地均匀，黏稠度适中。

2. 理化指标。可溶性固形物35%~39%，总糖（36~38）g/100g，pH值3.8~4.1。

3. 微生物指标。符合商业无菌的要求（GB 4789.26—2013）。

五、蓝莓黑木耳果酱

（一）生产工艺流程

黑木耳→挑选→粉碎→浸泡
↓

蓝莓→挑选→清洗、浸泡→软化→搓酱→混合调配→均质乳化→真空浓缩→装罐→杀菌→冷却→成品

（二）操作要点

1. 黑木耳选择及处理。原料经挑选，剔除黑木耳杂质，洗净干燥后，超微粉碎。按照1:15的比例加水，在室温条件下浸泡8~10h。

2. 蓝莓果选择及处理。

（1）原料选择、清洗、浸泡。选取表面略带光泽、无虫蛀、无腐烂、无发霉的蓝莓果实。用流动水反复搓洗，除去蓝莓果表面的泥沙等杂质，用清水浸泡10h左右。

（2）软化。将洗净的果实放入不锈钢容器中进行两次预煮处理，第1次（料水比1:5）预煮5min去苦，然后将其从水中捞出，第2次（料水比1:2）预煮30min。

（3）搓酱。手工在尼龙筛上搓压，将蓝莓果核和果皮去除。

3. 混合调配。黑木耳干粉与猕猴桃按一定比例混合，然后称取白砂糖，加水煮沸溶解后，配成75%（折光度）浓糖液，经过滤后和上述酱料混合均匀。具体各种原辅料配比：黑木耳5g、蓝莓50g、白砂糖110g、柠檬酸0.3g。

4. 乳化均质。将混合后的果酱通过乳化均质机磨成细腻均匀的浆液。

5. 真空浓缩。将乳化均质后的浆液加入糖浆进行浓缩。采用低温真空浓缩，浓缩条件为：温度50~60℃，真空度85~95kPa。为了便于水分蒸发和减少蔗糖转化为还原糖，当浆液浓缩至可溶性固形物含量接近40%时，加入0.3%的柠檬酸（用水溶解成体积分数为50%的溶液），继续浓缩至可溶性固形物含量达42%时，迅速出锅。

6. 装罐。将玻璃瓶彻底清洗后，以温度95~100℃的蒸汽消毒5~10min，瓶盖用沸水消毒3~5min，果酱出锅后迅速装罐，最好在30min内装完，装罐过程应采用排气密封法，酱温保持在85℃以上，尽量减少顶隙，严防果酱沾染瓶口和外壁。

7. 杀菌冷却。采用蒸汽杀菌，在 85℃温度下杀菌 20min。杀菌后分段冷却至 38℃左右，擦干罐外壁水分，在温度 35 ~ 37℃的保温库中保温 7d。经检验合格即为成品。

（三）成品质量标准

1. 感观指标。色泽：酱体呈黑色或黑褐色，均匀一致；滋味及气味：具有黑木耳和蓝莓果特有香味，酸甜可口，无异味；组织形态：酱体细腻均匀，呈胶黏状，不流散，不析出汁液，无结晶，无杂质。

2. 理化指标。可溶性固形物 65%~70%。

3. 微生物指标。大肠菌群≤30 个/100g，致病菌不得检出。

六、黑木耳低脂灌肠

（一）生产工艺流程

原辅料预处理→调配→灌制→蒸煮→烘烤→冷却→包装→成品

（二）操作要点

1. 原辅料预处理。将黑木耳用高速粉碎机进行粉碎，过 100 目筛。将选好的新鲜鸡蛋去壳放入器皿中，称量到所需重量，并进行适当的搅打。

2. 调配。将魔芋粉、黑木耳粉、鲜香粉、复合磷酸盐、食盐等，添加到打好蛋的器皿中，最后加入水，不断搅拌至原辅材料充分混合均匀，温度控制在 10℃以下。各种原辅料的配比：黑木耳粉 13%、魔芋粉 11%、淀粉 6%、水 25%、鸡蛋 40%、油脂 2.7%，其他调味料 2.3%。

3. 灌制。将混合好的物料放入自动灌肠机中，套上天然肠衣进行灌制。

4. 蒸煮、烘烤。将灌制好的肠先在的水中 82 ~ 84℃的温度下蒸煮 30~40min，然后在 65~80℃的温度下进行烘烤，时间为 45~60min。

5. 冷却、包装。将烘烤的产品在 40~60min 内冷却至 15~20℃，然后进行包装。产品经包装后即为成品。

（三）成品质量标准

1. 感官指标。色泽：呈深灰色，稍有光泽；风味：味感协调，咸度适中；口味：口感细腻，不发渣；组织状态：切面坚实光滑，无气孔，弹性硬度适中。

2. 理化指标。脂肪 11%，蛋白质 30%。

3. 微生物指标。符合国家标准（GB 2726—2016）。

七、黑木耳即食菜

（一）原料配方

黑木耳（干品）1000g，辣椒块 110g，精盐 40g，鸡精 10g，白砂糖 15g，植物油 80g，花椒粉 140g，姜粉 30g，柠檬酸 30g，山梨酸钾 8g，水 9000g。

（二）生产工艺流程

原料选择→晒干除杂→清洗→拌料预煮→赋味→称量→真空包装→杀菌→冷却→保温→质检→装箱→入库→成品

（三）操作要点

1. 原料选择及处理。选择适合即食菜加工的优质单片黑木耳，采摘后即刻清洗，之后摊在晒网上晒干或烘干，挑出杂质、拳耳或流耳等不合格木耳，装袋放置在干燥处备用（或直接由市场选择购买）。

2. 清洗。称量一定数量的原料进行清洗，采用喷淋式清洗方法，主要是清洗掉原料表面的灰尘，要求清洗时间在 10min 之内，之后将清洗后的原料进行称量。经过清洗后的黑木耳原料吸收了一定量的水分，清洗后的重量减去清洗前的重量，即为吸入的水分。

3. 拌料预煮。将清洗后的原料放入拌料加热锅中，将干燥杀菌后的各种调味料及水按配方比例投入拌料锅中，之后间歇式搅拌加热 30min，使原料完全吸足调料并预杀菌。

4. 称量。包装材料为 13.5cm×20.5cm，底部热合 7cm、两侧热合 0.8cm 的尼龙/聚乙烯复合真空水煮包装袋。称量包装，每袋 45g 黑木耳。

5. 真空包装、杀菌。黑木耳称量装袋后，擦干袋口置于真空包装机上，进行真空热合封口，之后置于杀菌锅内 95~100℃ 杀菌 20~25min，之后捞出凉水迅速冷却至 37℃ 以下。

6. 质检、装箱、入库。将杀菌冷却后的袋装黑木耳即食菜，放入恒温库中保温 5~7d 后，检查是否有涨袋、破损等不合格产品，将合格产品装箱入库即为成品。

（四）成品质量标准

木耳即食菜色泽为木耳黑色或黑褐色，辣椒片为红色，表面有光，耳片微有皱缩，口感滑嫩，味道鲜香麻辣。

八、黑木耳蓝莓果羹

（一）生产工艺流程

黑木耳→挑选→浸泡清洗→干燥→粉碎
红小豆→煮豆→分离豆沙
琼脂→浸泡→溶解 ⎫→熬煮→注模→成形→脱模→切割
蓝莓果→榨汁→离心过滤→蓝莓果原汁
→包装

（二）操作要点

1. 黑木耳粉制备。原料经挑选，剔除黑木耳杂质，洗净干燥后，超微粉碎得黑木耳粉，按1:10的比例加水，在室温条件下浸泡8h。

2. 豆沙制备。红小豆洗净，水煮片刻后加碱，倾去碱液（除去黏液）后用清水洗净，加水用汽浴锅煮2h至开花无硬心。于20目不锈钢筛网中用力擦揉，将豆沙抹压于筛下，装进纱布袋压去水分，至豆沙可用手握成团，离手即散的程度。

3. 蓝莓果汁制备。取适量蓝莓果，经挑选、漂洗后榨汁，再经过滤、浓缩、灭菌制成蓝莓果原汁。

4. 琼脂溶化。琼脂放入20倍水中浸泡10h，然后90~95℃加热至溶解。

5. 熬制。按白砂糖:水=10:7的比例将糖水加热溶解，然后加入化开的琼脂，当琼脂和糖溶液的温度达到120℃时，加入豆沙，熬至可溶性固形物含量为60%时加入已制备的好蓝莓果原汁，搅拌均匀，待可溶性固形物含量为55%时，便可离火注模。各种原辅料的用量为：黑木耳粉2.0kg、蓝莓果原汁10L、琼脂1.8kg、糖28kg。

6. 注模、成形、切割、包装。将熬煮好的浆液注入衬有锡箔纸的模具中，待冷却后自然成形。充分冷却凝固后即可脱模、切割进行包装，模具可用镀锡薄钢板按一定规格制作。

（三）成品质量标准

1. 感官指标。色泽：深紫色，表面均匀晶莹光亮；滋味和气味：具有该产品应有的香气味，无焦糊味，无异味；组织形态：形态完整，表面光滑，组织紧密，有弹性，无蔗糖结晶块（封口表面除外）。

2. 理化指标。可溶性固形物≥55.0%，还原糖（以葡萄糖计）≤10.0%，总砷≤0.5mg/kg。

3. 微生物指标。细菌总数≤1000个/g，大肠菌群≤30个/100g，致病菌不得检出。

九、黑木耳桃酥

（一）原料配方

蛋糕粉4350g、白糖2350g、固体奶油2500g、鸡蛋485g、黑木耳粉245g、碳酸氢铵25g、碳酸氢钠45g。

（二）生产工艺流程

黑木耳粉碎→面团调制→成形→烘烤→冷却→包装→成品

（三）操作要点

1. 原料选择。选择肉质肥厚、有光泽，具有清香味，无杂质、无霉烂的大朵黑木耳。鸡蛋选用新鲜鸡蛋，用清水清洗备用。

2. 粉碎。利用粉碎机将黑木耳粉碎，经粉碎的黑木耳粉放入塑料袋，密封备用。

3. 面团调制。按照配方的比例，除面粉外所有原料放入搅拌缸，装上排形搅拌器开慢档，搅拌至原料均匀，再加入面粉搅拌均匀即可。

4. 成形及摆盘。采用曲奇机成形，成形后置于烤炉托盘上，要求摆放均匀，并留出适当的空间以便桃酥摊裂不粘连。

5. 烘烤。烘烤前，要先将电热旋转炉提前预热至规定温度（185~195）℃，达到该温度后，打开炉门，待旋转停止，将烤车推入炉内进行烘烤，烘烤时间为18~22min。

6. 冷却、包装。烘烤结束后，出炉，将烤车推到冷却间自然冷却。产品冷却后，应及时包装，产品经包装后即为成品。

（四）成品质量标准

1. 感官指标。外形完整，底部平整，无霉变、无变形，黑木耳颗粒应大小均匀，无肉眼可见的外来杂质，表面色泽均匀；内部无不规则大空间，无糖粒、无粉块；具有该品种应有的风味，无异味，口感酥松或松脆。

2. 理化指标。水分≤4g/100g，脂肪≤34g/100g，总糖≤40g/100g，砷（以As计）≤0.5mg/kg，铅（以Pb计）≤0.5mg/kg，黄曲霉毒素B_1≤5μg/kg，六六六≤0.2mg/kg，滴滴涕≤0.1mg/kg。

3. 微生物指标。菌落总数≤1500个/g，大肠菌群≤3个/g，霉菌≤100个/g，致病菌（沙门氏菌、志贺氏菌、金黄色葡萄球菌）不得检出。

4. 保质期。18个月。

十、黑木耳营养粉

（一）生产工艺流程

干黑木耳→选择→预处理→混料→挤压→黑木耳膨化物→粉碎→调配→黑木耳营养粉

（二）操作要点

1. 原料选择。选择正反两面色泽不同的干黑木耳。正面为灰黑色或灰褐色，反面为黑色或黑褐色；有光泽、肉厚、朵大、无杂质、无霉烂、松散、表面平滑、脆而易断。

2. 黑芝麻处理。黑芝麻在使用前需进行烘烤，烘烤温度180~200℃，时间6~10min，烤至黑芝麻产生香味即可，以保证黑芝麻能够满足冲调条件。

3. 黑木耳预处理及混料。为使黑木耳粉均匀地分散在谷物原料中。预处理时，首先将干木耳在干燥条件下，利用粉碎机将其粉碎，使其粒度达到40目。

再将磨好的黑木耳粉和糯米按1:1的比例混合，再添加1.0%的单甘脂。用搅拌机搅匀，使各种原料在体系中分散均匀。

4. 挤压。在挤压加工前，挤压机模头预热 20～30min，模头温度在 180～200℃，螺杆转速 150～300r/min。挤压过程中需注意喂料速度，不可过慢或过快，否则会影响挤压膨化的正常进行。

5. 粉碎。将得到的黑木耳膨化物用摇摆式粉碎机进行粉碎，过筛，获得符合工艺条件的黑木耳营养粉原料。

6. 调配。按照黑木耳膨化物粉末50%、白砂糖40%、烤熟的黑芝麻10%的比例混合，另外添加0.75%的乙基麦芽酚，再用粉碎机对物料进行打碎和搅拌，将各种原料混合均匀，同时将砂糖研磨成细密的糖粉，均匀分散在物料中，易于溶解。将上述各种物料充分混合均匀后再经包装即为成品。

（三）成品质量标准

1. 感官指标。颜色：颜色均一，且协调；滋味：有香味或有良好的特殊风味；外形：粗细均匀，呈规则圆柱状，蜂窝均匀，无裂痕；口感：坚实干硬，膨松酥脆。

2. 理化指标。膨化率250%～300%，水分4.34g/100g，淀粉α化度80.76%，总氮6.47g/100g。

十一、黑木耳营养米粉

（一）生产工艺流程

原料→挑选→清洗→烘烤→粉碎→过筛→调配→成品

（二）操作要点

1. 黑木耳料选择及处理。选择有光泽、肉厚、朵大、无杂质、无霉烂、松散、表面平滑的干黑木耳，将其浸泡于温水中2h，然后除去根部杂质，于180℃下烘烤6h至完全干燥。将得到的黑木耳进行粉碎，过筛，获得符合工艺条件的黑木耳营养粉原料。

2. 大豆、大米的处理。将大豆和大米分别于180～200℃烘烤6～10h，烤出香味，然后进行粉碎，粉碎粒度为40目。

3. 调配。将上述经过处理的各种原料进行调配，具体调配的比例为：大米粉110g、黑木耳粉25g、大豆粉15g、白砂糖60g，将各种原料经混合、打碎、搅拌即得成品。

十二、毛木耳罐头

（一）生产工艺流程

毛木耳（干）→选料→预处理→复水→切条→调配→装罐→杀菌→冷却→

检测→成品

（二）操作要点

1. 选料。选择形状美观、大小均匀、无病虫害、耳片、直径 4~6cm 干毛木耳。

2. 预处理。用流动饮用水清洗干毛木耳，去除其表面灰尘、泥沙等杂质。

3. 复水。复水时间的长短直接影响毛木耳的状态，将清洗后的干毛木耳复水 30min 效果较好，软硬适中，以使切条后木耳丝外形饱满，不软烂变形。

4. 切条。将复水后的毛木耳按照要求切条，长度控制在 5~7cm，宽度 0.5cm 左右。

5. 红油的制备。红油是由色拉油、辣椒粉按照其质量比为 6:4 熬制而成。食用油入锅炼至 140℃并保持 5min，等到油温降至 110℃时，倒入辣椒粉并不停搅动，让油慢慢浸烫出辣椒粉里面的味与色，待到油的色泽红透、椒香扑鼻时冷却备用。

6. 调配。选用红油、盐、味精、白砂糖、白醋等作为调味料，具体各种原辅料的比例为：红油 40%、味精 3%、白醋 5%、白砂糖 2.5%、食盐 2%。按照上述比例将各种原辅料充分混合均匀，用于调味。

7. 装罐。将调味后的毛木耳丝整齐地装入罐中。毛木耳装填后距罐口约 13mm，其中固型物含量为 58%~64%。

8. 杀菌、冷却。毛木耳罐头系酸性食品，考虑到食品中的酸度会降低微生物的耐热性，选择低酸性食品杀菌方法，杀菌条件为：温度 115℃、时间 20min。罐头杀菌后经冷却、检测合格即为成品罐头。

（三）成品质量标准

1. 感官指标。毛木耳罐头制品有酸、甜、辣、咸等味道，口味纯正，且香气浓郁；同一罐中毛木耳丝的宽度大体一致，毛木耳肉脆嫩，富有一定弹性；汁液色泽鲜亮，呈褐红色，具有酸辣毛木耳的滋味与气味，无异味，不允许有杂质。

2. 理化指标。罐中固形物≥57%，氯化钠浓度为 1.5%~2.0%，锡（以 Sn 计）≤100mg/kg，铜（以 Cu 计）≤5mg/kg，铅（以 Pb 计）≤1mg/kg，pH 值为 4.5。

3. 微生物指标。无致病菌及因微生物作用而引起的腐败象征。

十三、清水木耳罐头

（一）生产工艺流程

选料→漂洗→预煮杀青→装瓶→加汤→封盖→杀菌→冷却→检验→包装入库

（二）操作要点

1. 选料。挑选无病虫害、耳片直径为 4~6cm 的鲜木耳为原料。

2. 漂洗。将选好的耳片用经过处理的软化水进行漂洗，漂洗前用0.3‰焦亚硫酸钠溶液浸泡10～12min，以起到抗变护色的作用。这样制出的耳片肉质细腻，色泽清亮。

3. 预煮杀青。在杀青水中添加5%左右的精盐和1%的柠檬酸，煮10～15min,使耳料进一步软化。

4. 装瓶、加汤。用525g罐头瓶盛装杀青后的耳片，固形物要求在260～280g。汤汁用2%的盐与0.5%的柠檬酸配制，然后按食品卫生标准适量添加其他添加剂，充分调匀后装入瓶内。

5. 封盖灭菌。采用加热排气或真空排气法，排气后用封罐机立即进行密封。采用常压灭菌或加压灭菌法对封盖后的罐头进行灭菌。常压灭菌将罐头放入常压热水或沸水中，当水温在100℃左右时，灭菌15～20min。加压灭菌将罐头放在高压杀菌设备中，当温度在115～121℃时，灭菌15min即可。

6. 包装入库。灭菌后的罐头经冷却后，检验合格的罐头成品用木箱成件包装，然后入库贮存或外销。

十四、木耳鸡肝调味酱

（一）生产工艺流程

鸡肝→清洗→去胆管→打碎
↓

木耳→清洗、去杂质→泡发、烫漂→粉碎→调配→煮熟、浓缩→冷却→包装
→杀菌→冷却→产品

（二）操作要点

1. 木耳预处理。首先将干品木耳中的泥沙、碎干草等杂质去除，然后将木耳浸泡在温水中2h，使木耳充分泡发，取出后将其置于90～95℃的水中烫漂3min，冷却后置于打碎机中打碎备用。

2. 鸡肝预处理。新鲜鸡肝洗净去杂后，摘除鸡肝上胆管，置于打碎机中打成泥状备用。

3. 调配。称取木耳60g、鸡肝40g，加入0.3g食盐、0.4g糖、0.3g花椒粉、0.1g大料粉和0.2g姜粉，加入适量清水，充分搅拌，混合均匀。

4. 煮熟和浓缩。将上述充分混合均匀的物料倒入锅中，进行煮熟和浓缩，熬制10～15min。

5. 冷却、包装与杀菌。调味酱煮熟和浓缩后，放冷至室温后真空包装。密封后的调味酱放入沸水中进行杀菌处理10min，冷却后得到成品。

（三）成品质量标准

1. 感官指标。色泽：产品呈黑肉色，有光泽；风味：具有鸡肝的特殊风味，

花椒、姜粉等配料入味协调；滋味和口感：滋味鲜美，木耳小粒润滑适口，咸味和甜味适中；组织状态：组织均匀一致，黏度适中。

2. 卫生指标。GB 2718—2014 的规定。铅（以 Pb 计）≤1.0mg/kg，砷（以 As 计）≤0.5mg/kg，大肠菌群≤30 个/100g，致病菌未检出。

十五、银耳黑木耳复合保健羹

（一）生产工艺流程

柠檬酸、柠檬酸钠、冰糖、稳定剂、香料
↓

银耳、黑木耳→浸泡→熬煮→打浆→混合→均质→脱气→灌装→封盖→灭菌→冷却→成品

（二）操作要点

1. 银耳、黑木耳浸泡、熬煮。银耳、黑木耳干品分别加水浸泡 1~2h，去除杂质，洗净，然后加水小火熬煮 0.5h，捞出送入打浆机进行打浆，备用。

2. 混合。在调配缸中依次加入水、冰糖、柠檬酸、柠檬酸钠、稳定剂、蜂蜜，加热溶解，定容，待糖液冷却至 60℃ 以下，加入乙基麦芽酚、香兰素，搅拌均匀，再将银耳浆、黑木耳浆以及上述糖液混合均匀。各种原辅料的配比为：银耳 12%、黑木耳 5%、冰糖 8%、柠檬酸 0.05%、柠檬酸钠 0.05%、海藻酸钠 0.15%、黄原胶 0.15%，其余为饮用水。

3. 均质、脱气。将上述混合均匀的羹料利用均质机高速均质 3min，然后进行脱气。

4. 灌装、封盖、灭菌。将经过脱气的羹料利用灌装机将其分装于玻璃瓶中，封盖，置高压蒸汽灭菌锅中 121℃ 灭菌 20min，然后静置冷却即为成品。

（三）成品质量标准

1. 感官指标。色泽：均匀一致，呈淡淡的乳白色；口感：细腻，顺滑，甜而不腻；气味：协调柔和，有清爽的银耳和木耳的香味；组织结构：颗粒分散均匀，不分层。

2. 理化指标。砷（以 As 计）≤0.5mg/kg，铅（以 Pb 计）≤1.0mg/kg，铜（以 Cu 计）≤10mg/kg，酸味剂、稳定剂、香料符合 GB 2760—2014 规定，无防腐剂。

3. 微生物指标。细菌总数≤100 个/mL，大肠杆菌≤3 个/100mL，致病菌未检出。

十六、木耳海带保健风味酱

（一）原料配方

木耳和海带（用量比为 2:1）63.8%，辣椒 1%，酱油 10%，花椒 0.1%，

八角0.1%，红油20%，味精1%，芝麻5%。

（二）生产工艺流程

干海带→清洗→浸泡→蒸煮→漂洗→切成小丁

↓

干木耳→浸泡→清洗→切成小丁→调味→装瓶→排气→杀菌→成品

（三）操作要点

1. 海带丁制备。选用符合国家标准的淡干一、二级海带，水分含量在20%以下，无霉烂变质。用流动的水将干海带清洗干净。将清洗好的海带浸泡于5%的醋酸溶液中。为了使制品具有良好的咀嚼感，严格控制浸泡的时间和浸泡程度，控制浸泡后吸水约为70%，浸泡时间约为20min。浸泡后的海带放入高压锅中（0.15MPa），蒸煮40min，使海带充分软化，将软化后的海带切成0.5mm见方的小丁，备用。

2. 木耳丁制备。选用野生优质的秋木耳为原料，秋木耳肉质较厚，能提高产品的品质。将木耳浸泡于清水中，为了使制品有良好的咀嚼口感，注意木耳泡发的程度，控制吸水量为80%，不可过度浸泡。将泡发好的木耳用清水洗净，去蒂，去杂物，切成0.5mm见方的小丁，备用。

3. 调味。按照配方将优质色拉油倒入锅中，加热，待油温升至八成热时，加入八角、花椒、干辣椒，炸出香味，注意炸制时间不可过长，以免产生焦糊味道，迅速过滤，制得红油待用。取适量红油，加热后加入干辣椒爆出香味，加入酱油，继而倒入海带丁、木耳丁，翻炒入味，起锅前加入熟芝麻、味精。

4. 装瓶、排气、杀菌。将上述调味好的制品趁热加入已经消毒好的玻璃瓶中，装入九分满，用红油封口，预封，放入蒸汽中排气，当中心温度达到85℃时，立即密封，在115℃下杀菌10min，分段冷却后即为成品。

十七、黑木耳发酵泡菜

（一）生产工艺流程

乳酸菌发酵液、盐、糖

↓

原料选择→整理→清洗→沥干→切分→装坛→水封→发酵→成品

（二）操作要点

1. 原料选择。鲜嫩清脆、肉质肥厚的黑木耳可以作为泡菜的原料。

2. 预处理。挑选黑木耳，将干木耳放在冷水中泡3~4h，用自来水将其冲洗干净，剔除病虫害等不可食用部分，然后将洗净后的黑木耳放入水中加热煮熟，煮沸后将黑木耳捞出，放于冷水中冲凉，沥干水分，按食用习惯切分。

3. 装坛。将沥干后的黑木耳平铺在泡菜坛中，加入冷却后按照一定比例配好的盐卤、乳酸菌发酵液和各种辅料以增进泡菜的品质，然后加盖密封。应注意的是盐和糖要先用开水煮沸，经冷却后使用。具体各种原辅料配比为：黑木耳200g、食盐10g、蔗糖10g、乳酸菌发酵液0.06%，按照1:4的比例加入800g水，同时加入适量的大料、花椒、桂皮、辣椒等。

4. 发酵。将黑木耳泡菜坛放于30℃的条件下发酵6d。发酵结束后即为成品泡菜。

（三）成品质量标准

1. 感官指标。色泽及形态：色泽正常、无杂质异物，汤汁清亮，无霉花浮膜；香气：具有发酵泡菜的固有浓郁香气，无不良气味；质地及口味：质地脆嫩、无过咸、过酸、过甜味，无苦涩味酸败味。

2. 理化指标。pH值为3.9，亚硝酸盐为2.9mg/kg。

第三章　杏鲍菇食品加工技术

第一节　杏鲍菇概述

杏鲍菇，又名刺芹侧耳，因其具有杏仁的香味和菌肉肥厚如鲍鱼的口感而得名。是近年来开发栽培成功的集食用、药用、食疗于一体的食用菌新品种。杏鲍菇属于担子菌目，层菌纲，伞菌目，侧耳科，侧耳属。

一、形态特征

杏鲍菇的子实体单生或群生，菌盖宽 2～12cm，初呈拱圆形，后逐渐平展，成熟时中央浅凹至漏斗形，表面有丝状光泽，平滑、干燥、细纤维状，幼时盖缘内卷，为淡灰黑色，成熟后呈波浪状或深裂，棕色或黄白色；菌肉白色，具有杏仁味，无乳汁分泌；菌褶延生，密集，略宽，乳白色，边缘及两侧平，有小菌褶；菌柄中生或偏心生，呈棒状至保龄球状，柄长 2～8cm 至 0.5～3cm，近白色至黄白色，光滑，中实，肉质。

二、营养价值

杏鲍菇营养丰富，据中国预防医学科学院营养与食品卫生研究所检测分析，杏鲍菇含水分89.6%、灰分0.7%、蛋白质1.3%、脂肪0.1%、不溶性膳食纤维2.1%、碳水化合物2.1%、粗多糖2.1%，维生素 E 0.6mg/100g、维生素 B_1 0.03mg/100g、维生素 B_2 0.14mg/100g、维生素 B_6 0.031mg/100g、维生素 C42.8μg/100g、烟酸 3.68mg/100g、泛酸 1.44mg/100g，钙 13mg/100g、铁 0.5mg/100g、钠 3.5mg/100g、锌 0.39mg/100g、钾 242mg/100g、镁 9mg/100g、铜 0.06mg/100g、磷 66mg/100g、锰 1.8mg/100g。杏鲍菇含有 18 种氨基酸，其中包括人体必需的 8 种氨基酸。

三、保健作用

杏鲍菇具有一定的药用价值，中医认为，杏鲍菇有益气、杀虫和美容作用。

由于杏鲍菇具有高蛋白、低脂肪的特点，营养价值可与肉类、禽蛋相媲美，可促进人体对脂类物质的消化吸收和胆固醇的溶解，对肿瘤也有一定的预防和抑制作用。杏鲍菇含有丰富的真菌寡糖，有清理肠胃、美容及降血压、降血脂的效果，是老年人、心血管疾病和肥胖症患者理想的营养保健食品。杏鲍菇含有利尿、健脾胃、助消化的酶类，具有强身、滋补、增强免疫力、改善肠胃功能、美容等功效。经常食用杏鲍菇对胃溃疡、肝炎、糖尿病也有一定的预防和治疗作用。因此，杏鲍菇是一种营养保健价值极高的食用菌，被称为 21 世纪理想的健康食品。

第二节　杏鲍菇饮料和罐头

一、杏鲍菇橙汁复合饮料

（一）生产工艺流程

$$橙子 \rightarrow 挑选 \rightarrow 清洗 \rightarrow 榨汁$$
$$\downarrow$$

杏鲍菇→剔选→清洗→预煮→打浆→过滤→调配→均质→灌装→杀菌→冷却→检验→成品

（二）操作要点

1. 杏鲍菇原汁制备。选择品质优良、新鲜、无异味、无杂质、无腐败和褐变的杏鲍菇，用流动水冲洗，去除表面的污物及农药残留物，在适量沸水中预煮20min，软化菇体组织，钝化酶的活性，杀死表面微生物，驱除组织中的气体，以防止褐变。杏鲍菇和水按1:6的比例加入水（扣除预煮后剩余的水），用食品加工机将杏鲍菇打浆，先用4层纱布过滤除去残渣，再用8层纱布过滤，得到杏鲍菇原汁。

2. 鲜橙汁制备。将买回的橙子去除病害果、烂果及青果，清洗干净，用刀对半切开，用勺挖囊，用食品加工机将橙子打浆，用8层纱布过滤，按体积比1:4加水，得到橙汁。

3. 调配。将各种原辅料充分混合均匀，然后进行均质。各种原辅料的比例为：杏鲍菇汁40%、鲜橙汁40%、白砂糖12%、0.15%柠檬酸、黄原胶0.30%，其余为纯净水。

4. 高压均质。将调配好的饮料送入高压均质机进行均质处理，均质条件为压力 $7 \times 10^4 kPa$，时间为10min，共进行2次均质处理，其目的是使物料大小均一，以提高产品的口感，获得不易分层、不沉淀的饮料。

5. 杀菌灌装。均质后将饮料进行巴氏杀菌（80℃，30min），然后迅速冷却至室温，检验合格即为成品。

二、杏鲍菇橘汁冲饮

（一）生产工艺流程

杏鲍菇→原料选择、清洗→打浆→过滤→调配→干燥→超微粉碎→成品

（二）操作要点

1. 原料处理。选择新鲜、硬挺的杏鲍菇，表面去杂、称量、清洗后，切成 0.2~0.5cm 厚的片，放入 100℃ 水中煮 20min，将杏鲍菇片捞出，冷却至室温，进行打浆。

2. 打浆。以 2∶1 比例将杏鲍菇和水混合后，用打浆机打浆，打浆时间约为 2min。

3. 过滤。因为杏鲍菇汁较浓，不易过滤，先进行粗滤，再进行精滤至不再出汁。

4. 调配。将麦芽糊精、柠檬酸钠、甜菊糖、CMC－Na 和市售橙汁分别加入杏鲍菇汁中，充分混合均匀。具体各种原辅料的配比为：鲍菇 72g、麦芽糊精 15g、CMC－Na 0.1g、甜菊糖 0.12g、柠檬酸钠 1g、橘汁 20mL，配成 100mL 原液。

5. 干燥。在鼓风干燥箱中进行干燥，干燥温度为 75℃，干燥时间为 26h。

6. 超微粉碎。将干燥后的固体用超微粉碎机进行超微粉碎，至平均颗粒度在 300 目以上即为成品。

（三）成品质量标准

色泽：尽量呈现诱人的浅金黄色；香味：具有特殊的浓香味；冲调性：用开水冲调后能迅速溶解，看不到固体小颗粒；滋味：冲调后口感细腻，黏稠均匀，酸甜适宜，无异味。

三、杏鲍菇乳复合饮料

（一）生产工艺流程

鲜杏鲍菇→挑选→清洗→切片→预煮→打浆→胶磨→过滤→杏鲍菇原汁→调配→均质→脱气→灌装→杀菌→检验→成品

（二）操作要点

1. 原料挑选、清洗、切片。选择品质优良、新鲜、无异味、无杂质、无腐败和褐变的杏鲍菇，利用清水洗净，用不锈钢刀切成 3~4mm 厚的薄片。

2. 预煮、打浆。将切成片的杏鲍菇放入 100℃ 沸水中预煮 15min，菇液比为 1∶6，冷却至室温后将预煮液和菇片放入打浆机内进行打浆。

3. 胶磨、过滤。将上述得到的匀浆液利用胶体磨处理 3 次，然后用 200 目滤布进行过滤，得杏鲍菇原汁。

4. 调配。将乳粉用 7 倍的 60～70℃热水溶解，与 2 倍体积的菇汁混合，然后加入蔗糖 3%、柠檬酸 0.02%、苹果酸 0.02%、CMC－Na 0.1%、卡拉胶 0.03%、蔗糖酯 0.03% 和单甘脂 0.01% 等辅料进行调配。

5. 均质、脱气、灌装、杀菌。将调配好的混合汁于 25MPa 压力下均质 4min，预热至 75℃后脱去不良气味并趁热装罐密封，然后进行巴氏杀菌，冷却后得成品。

（三）成品质量标准

1. 感官指标。色泽乳白，组织细腻，酸甜可口，具有杏鲍菇和乳特有的香味。

2. 理化指标。总糖 5.4%，蛋白质 1.2%，可溶性固形物 7.0%，pH 值 5.5。

3. 微生物指标。符合国家标准 GB/T 21732—2008。

四、杏鲍菇大果粒酸奶

（一）生产工艺流程

1. 杏鲍菇菌粒制备。鲜杏鲍菇→选料→清洗、去杂→切丁→预煮→冷却

2. 杏鲍菇大果粒酸奶制作。

鲜牛奶→标准化→预热→混料→均质→杀菌→冷却→接种发酵剂→搅拌→保温发酵→冷却→添加辅料（果料）→灌装→冷藏→成品

（二）操作要点

1. 杏鲍菇菌粒制备。

（1）杏鲍菇预处理。选择色泽正常，无病虫害、斑点，无腐烂和无严重机械伤的质地紧实的杏鲍菇为原料。用不锈钢小刀将菇柄基部的木屑、棉籽壳等杂质剔除干净，放入水槽中清洗干净。

（2）切丁。将洗净的杏鲍菇用刀切成约 1cm 见方的粒。

（3）预煮、冷却。按菇水 1:1 比例放在夹层锅或铝锅中煮沸 2～3min（以菇体中心熟透为度）。预煮后将菇捞起，快速冷却至 20℃以下备用。

2. 杏鲍菇大果粒酸奶制作。

（1）配料。先将牛奶升温至 40℃左右，加入 1% 乳清蛋白粉，高速搅拌，随后将 0.1% 果胶、0.25% PGA（海藻酸丙二醇酯）、1% 羟丙基二淀粉磷酸酯与 8% 蔗糖干混后加入升温至 65℃以上的牛奶中，在 75℃温度下搅拌至少 10min，降温存放。

（2）均质。均质温度 60～65℃，均质压力 18～22MPa，以使脂肪颗粒变得细

小均匀，避免脂肪在发酵期间（保存期）分离上浮。

（3）杀菌、冷却、接种、发酵。将均质后的物料在95℃下保温杀菌5min，然后冷却至42~43℃，接入直投冷冻干燥粉末菌种200DCU/L（DCU是一种菌种活力单位，丹尼斯克单元），在42℃发酵3.5~4h，发酵结束后将其进行冷却。

（4）添加菌粒、灌装。菌粒使用前先预热至20~30℃，然后按10%的比例与酸奶混合后，再灌装，轻微搅拌，保证果料分散均匀。

（5）产品冷藏。灌装结束后，立即将产品转入2~6℃环境中，冷藏12~24h，经检验合格即为成品。

（三）成品质量标准

1. 感官指标。产品外观色泽均匀，口感酸甜适口，具有乳酸菌发酵后果料酸奶特有的滋味和气味，并带有添加杏鲍菇果粒的天然菌香，果粒分布均匀，组织状态细腻，质地稠厚，黏度较高。

2. 理化指标。脂肪2.9%，蛋白质3.1%，总固形物18%，酸度75°T。

3. 微生物指标。乳酸菌数≥10^7个/g，大肠菌群、霉菌、酵母未检出。

五、高纤维杏鲍菇冰激凌（一）

（一）生产工艺流程

原辅料处理→混合→杀菌→均质→冷却→老化→凝冻搅拌→灌注成形→硬化冷藏→成品

（二）操作要点

1. 高品质玉米膳食纤维制备。玉米膳食纤维主要是通过超临界CO_2萃取技术以及双螺杆挤压技术对玉米皮纤维进行加工制得。

2. 原辅料预处理。挑选完整无腐烂的新鲜杏鲍菇自来水冲洗后，加3倍质量的纯净水进行打浆处理，然后将浆液通过100目筛，冷藏备用。

3. 混合。按配方定量称取绵白糖、单甘脂、CMC – Na、杏鲍菇菌浆等原料，加定量纯净水进行加热，加热到约80℃时，加入全脂甜乳粉、明胶等配料，充分搅拌，混合均匀。具体各种原辅料的配比为：高品质玉米膳食纤维1.5%、杏鲍菇7%、绵白糖9.0%、单甘脂0.3%、明胶0.15%、乳粉7.0%和CMC – Na0.15%，其余为纯净水。

4. 杀菌、均质、冷却及老化。将混合料采用95℃杀菌处理15min，冷却至50℃时，25MPa条件下均质处理，然后将均质液冷却至2~4℃，密闭放置10~12h，进行老化处理。

5. 凝冻、硬化。将老化后的物料加入凝冻机冷冻，出料温度控制在–7~–8℃时进行，迅速包装，立即速冻硬化，置于–18~–20℃冷藏柜中冻藏。

六、杏鲍菇枸杞姜撞奶

姜撞奶，又称姜汁撞奶或姜埋奶，是流行于珠三角地区的一种奶制品，形似豆腐脑，因其制作方法简单、原料易得、食用方便，深受当地百姓喜爱，它以牛奶和生姜为主要原料，冲浆时利用生姜中的蛋白酶进行凝乳，产品口感细腻爽滑、味道香醇、甜中微辣、风味独特。

（一）生产工艺流程

$$生姜→清洗→去皮→榨汁→冲浆$$
$$↓$$

杏鲍菇汁、枸杞汁→调配→均质→灭菌→冷却→搅拌→静置→冷藏→成品

（二）操作要点

1. 杏鲍菇汁制备。选取新鲜杏鲍菇，将根部修剪干净、清洗后切块。按 $1:3$（m/V）加入 100℃ 沸水打浆，打浆结束后经挤压过滤，所得滤液即为杏鲍菇汁。

2. 枸杞汁制备。选取色泽红润、无霉烂变质的枸杞干果，用水冲洗干净。按 $1:5$（m/V）加水预煮 30min，预煮结束后，将预煮液与枸杞一起打浆，浆液经挤压过滤，所得滤液即为枸杞汁。

3. 均质、灭菌、冷却。将称量好的牛奶和白砂糖混匀，再加入一定量的杏鲍菇汁和枸杞汁，一起加热至 70℃ 时均质（压力为 20MPa），均质后升温至 90～95℃ 杀菌 10min，冷却。各种原辅料的比例为：牛奶 76%、杏鲍菇汁 5.0%、枸杞汁 5.0%、白砂糖 6.0%、姜汁 8%（在后面冲浆时加入）。

4. 生姜汁制备。选择新鲜肥厚、无病虫害的老姜，清洗干净后去皮切块。按 $1:1$（m/V）比例加水打浆，浆液经挤压过滤，所得滤液即为生姜汁。

5. 冲浆、搅拌、冷藏。将杀菌后冷却至 75℃ 左右的牛奶冲倒进装有姜汁（用量为 8.0%）的容器中，快速搅拌均匀，然后静置 10min，待凝乳或有絮状物生成，即可放入冰箱冷藏。

（三）成品质量标准

1. 感官指标。产品颜色为乳白色，质地均匀、凝乳完整、组织细腻、浓稠适当、奶香浓郁、甜中微辣，略带菇香味和枸杞味。

2. 理化指标。蛋白质 2.8%，脂肪 2.2%，可溶性固形物 ≥12%。

3. 微生物指标。大肠菌群 ≤90 个/100mL，致病菌未检出。

七、高纤维杏鲍菇冰激凌（二）

本产品是以杏鲍菇和玉米膳食纤维结合生产的一种新型冰激凌。

（一）原料配方

奶粉 7.0%、绵白糖 9.0%、玉米膳食纤维 1.5%，杏鲍菇浆 7.0%、CMC-Na 0.15%、明胶 0.15%、单甘脂 0.2%，其余为纯净水。

（二）生产工艺流程

原辅料处理→混合→杀菌→均质→冷却→老化→凝冻搅拌→灌注成形→硬化冷藏→成品

（三）操作要点

1. 高品质玉米膳食纤维制备。高品质玉米膳食纤维主要是通过超临界 CO_2 萃取技术以及双螺杆挤出技术对玉米皮纤维进行加工制得。萃取条件和挤出条件分别为：萃取压力 30MPa，萃取温度 35℃，萃取时间 100min，CO_2 流量 23L/h；挤出温度 145℃，物料含水量 60%，进料速度 20kg/h，螺杆转速 220r/min。

在上述条件下获得的玉米膳食纤维相关指标为：可溶性膳食纤维含量 14.6%，膨胀力 18.1mL/g，持水力 9.2g/g，结合水力 6.1g/g，各项指标均比普通膳食纤维高 2 倍以上。

2. 杏鲍菇处理。挑选完整无腐烂的新鲜杏鲍菇，用自来水冲洗后，加 3 倍质量的纯净水进行匀浆处理，然后将浆液过 100 目筛，冷藏备用。

3. 混合。按配方定量称取白糖、单甘脂、CMC-Na、杏鲍菇浆等原料，加定量纯净水，加热至 80℃ 左右时，加入全脂甜奶粉、明胶等配料，充分搅拌，混合均匀。

4. 杀菌、均质、冷却及老化。将混合料采用 95℃ 杀菌处理 15min，冷却至 50℃ 时，送入均质机在 25MPa 条件下均质处理，均质后将其冷却至 2~4℃，密闭放置 10~12h，进行老化处理。

5. 凝冻、硬化。将老化后的物料加入凝冻机中冷冻，出料温度控制在 -8~-7℃，迅速包装，立即速冻硬化，置于 -20~-18℃ 冷藏柜中进行冻藏。

（四）成品质量标准

色泽：均匀的乳白色；滋味：甜味纯正，无苦涩味；组织状态：均匀、细腻、滑润、无塌陷、无空洞、无冰晶；风味：杏鲍菇风味浓郁，有淡淡的奶香，风味协调。

八、麻辣杏鲍菇酱罐头

（一）原料配方

甜面酱 15%，黄豆酱 10%，花生油 7.6%，猪油 2%，辣椒粉 10%，食盐 1.5%，生抽 1.4%，白砂糖 1%，胡椒粉 0.5%，花椒 0.8%，干姜粉 0.5%，味精 0.09%，I+G 0.01%，其余为水。

（二）生产工艺流程

腌制液的配制　香化油、配料

↓　　　　　↓

原料验收→清洗→切分→脱水→腌制————→炒制→装罐→排气、密封→杀菌→冷却→产品

（三）操作要点

1. 原料选择及处理。选择新鲜、无病虫害的杏鲍菇，用流动的水清洗去菇体表面的杂质。将杏鲍菇切分成约 0.5cm 见方的小丁。在 80℃条件下，对菇丁进行脱水处理，使水分降低到 50%左右。

2. 腌制液配制。腌制液按配料占杏鲍菇的百分比称取辣椒粉 10%，食盐1.5%，白砂糖 1%，胡椒粉 0.5%，干姜粉 0.5%，味精 0.09%，I+G 0.01%，将花椒、辣椒粉、食盐、白砂糖、干姜粉、胡椒粉等调味料混合，置于水中浸泡半小时后煮沸 10min，冷却后加味精备用。将切好的菇丁放入腌制液中腌制 1.5h。

3. 香化油制备。将葱、蒜、姜、麻椒、大料、桂皮、草果、枝子、砂仁等香辛料投入花生油（加水 12.5%）中，料油比为 2:3，小火煮沸，直到水完全挥发后，再持续 5min，制得香化油、香化猪油，装瓶备用。

4. 炒制。在夹层锅中放入香化油和香化猪油，待油温达到 80℃后，将黄豆酱、甜面酱、生抽放入炒至出现香味时，将菇丁放入，随后放入调味料，炒制 1min，最后加入味精、I+G。

5. 装罐、排气、密封。将炒好的杏鲍菇酱装入玻璃瓶中。在 95~98℃时排气 10min，当罐内中心温度达到 80℃以上时，立即密封。

6. 杀菌、冷却。杀菌公式为 15′-15′-20′/121℃，之后在 78~115kPa 反压冷却至 40℃，产品冷却后经过检验即为成品。

九、杏鲍菇软罐头

（一）生产工艺流程

原料（分级修整漂洗）→余烫→加汤汁→分检定量包装→抽真空密封→杀菌→检验→成品

（二）操作要点

1. 原料选择与处理。

（1）杏鲍菇选择及处理。杏鲍菇必须新鲜，要求色泽正常，无发黄、异味、霉变、烂菇，无重大机械损伤和病虫害污染，生长良好、无畸形、肉质结实、菌柄无泥和菌块。将洗涤干净的杏鲍菇切分成直径约 2mm 的圆片。

（2）配料选择及处理。莴苣要求色泽翠绿、无发黑组织的个体，切去根部较老的部位和上部过嫩的部分，切成长 4cm、宽 2mm、厚 2mm 的长条。生姜切成直径 1mm 左右圆片，香葱洗涤分段，香菜挑选新鲜碧绿的嫩叶，洗涤干净备用，枸杞稍用清水冲洗 5s 左右，时间不宜过长。

（3）鸡汤制备。将清洗好的 500g 鸡架放入锅中，加入 2.5L 水、生姜 5g、葱 5g、3mL 料酒熬制 3h。

2. 烫菇。称取 600g 清水，加入食用盐，同时加入预处理好的生姜 4g、葱 5g。将水烧开后放入 250g 处理好的杏鲍菇，称量时尽量将大小、菇形较一致的菇入同一批次，以确保产品美观，烫菇时间为 5min。将杏鲍菇捞出，沥干多余水分，菇汤备用。

3. 余烫配料。称取莴苣丝 40g，加入 3g 食用盐腌制 5min。将腌制好的莴苣丝放入菇汤中煮 1min 后，放入备好的香菜 8g、枸杞 4g，30s 后将配料全部捞出，沥干多余汤汁，备用。

4. 汤料制作。称取菇汤、鸡汤（按菇汤:鸡汤为 1:2 的比例），加入淀粉使其浓度达 2.67%，熬制 3min。

5. 装袋与真空密封。称取 240g 制好的杏鲍菇，称量时注意确保每袋固形物含量要严格按照国家标准执行（误差不超过 ±5%）。将所有配料加入杏鲍菇中，拌匀，浇上汤料 90g。将定量好的全部产品装入真空袋中，放入真空包装机内抽真空并热封。

6. 杀菌、检验。密封好的杏鲍菇软罐头经检查无破、漏情况后，分别进行微波杀菌和辐照杀菌。将蒸煮袋放入微波杀菌机内进行杀菌。采用微波杀菌时，温度采用 85℃，时间为 90s。采用辐照杀菌时，剂量 9kGy。杀菌结束后，经冷却、检验合格即为成品。

十、金针菇杏鲍菇复合菇罐头

（一）生产工艺流程
原料验收→清洗→切片→预煮、冷却→分级、混合→装罐、称重→加汤、封口→杀菌、冷却→擦水入库

（二）操作要点
1. 原料验收。金针菇必须新鲜，未开伞，无病虫害，无畸形，无霉味，柄长不大于 15cm，切去 1~2cm 老菌根和颜色太深的菌柄；杏鲍菇必须为采自原料基地的新鲜，色泽正常，无异味、霉变，无病虫害污染和重大机械伤，肉质结实，菌盖小于或等于菌柄的杏鲍菇，采摘后需先切除菇脚。

2. 清洗、切片。金针菇到厂后，及时去掉菇柄基部相连部分并用清水清洗

去泥沙；杏鲍菇到厂后，及时倒入漂菇池中，采用水喷淋及曝气翻流滚相结合的方法洗去菇表附着的泥沙，纵切成厚度1cm的薄片。

3. 预煮、冷却。金针菇清洗后捞到预煮锅中进行预煮，预煮温度100℃，时间为3~5min，预煮后的菇用流动水冷却；清洗后的杏鲍菇经流槽流入螺旋式或斗式预煮机中进行预煮，预煮温度100℃，时间为9min，预煮后的菇放入有流动水的流槽中，以及时冷却。

4. 分级、混合。分级时按菇的大小、长短及形态较一致的归为同一类以备装罐或切片；注意分级后或切片后的菇未及时装罐时应浸没在水中；金针菇与杏鲍菇混合比例按1:1配比。

5. 装罐、称重。将处理好的原料根据要求进行装罐称重，装入550mL玻璃瓶，净重为530g，固重为320g，最大装罐量不超过关键限值。

6. 加汤、封口。加入汤汁到装罐称重后的罐头中，及时封口。灌入的汤汁温度不低于80℃。罐头汤汁的最佳比例：食盐2.0%、柠檬酸0.05%、维生素C 0.03%，其余为水。

7. 杀菌、冷却。封口后的罐头应及时入锅杀菌，温度为127℃，时间为13min，杀菌后迅速冷却至40℃左右。

（三）成品质量标准

1. 感官指标。色泽：金针菇金黄、杏鲍菇淡黄；口感：良好，咸鲜适宜；香气：具有金针菇、杏鲍菇应有的香气；汤汁：汤汁清晰，无异物；质地：脆，嫩。

2. 理化指标。食盐0.9%，pH值5.4，重金属符合国家标准，六六六、滴滴涕未检出。

3. 微生物指标。符合罐头食品商业无菌的要求。

第三节 杏鲍菇肠类

一、杏鲍菇灌肠（一）

（一）生产工艺流程

杏鲍菇→预处理
↓

原料肉的选择和修整→低温腌制→绞肉→配料制馅→灌制→蒸煮→烘烤→成品

（二）操作要点

1. 原料肉的选择与修整。选择检验合格的猪肉作原料，肥肉只能用猪的背膘，瘦肉要去骨、筋腱、肌膜、淋巴、血管、病变及损伤部位，瘦肉切成0.5kg

左右的条状便于腌制，装盘冷冻备用。

2. 杏鲍菇处理。杏鲍菇去掉柄基部杂质，使菇柄基部平整光滑，将菇体纵向剖开成片，厚度每片0.5cm，放入开水中煮沸，杀青之后冷却漂洗，捞出沥干水切丁备用。

3. 低温腌制。将2%食盐、0.03%亚硝酸钠、0.03%抗坏血酸混合后，加入到整理好的原料肉中，均匀涂抹在肉的表面后放置在冰库内（0~5℃），腌制24h。

4. 绞肉。腌制好的肥肉切成0.5~1cm见方的肉丁，瘦肉用0.5~0.6cm筛板的绞肉机绞碎。

5. 配料制馅。将搅拌好的肥、瘦肉及各种辅料相互混合，瘦肉和肥膘按3:7的比例，其他原料用量：杏鲍菇5%、淀粉15%、大豆分离蛋白5%。将上述各种原料放入制馅机进行充分斩拌至肉馅有光泽，无油块、结块现象，肉花散开、分布均匀、充分乳化。

6. 灌制。加工香肠所用的天然肠衣是用食盐腌制处理过的盐渍肠衣，使用前要用清水浸泡，并多换水，泡到肠衣透明发白即可。将肠衣套在灌嘴上，并将肠头结扎。将肉馅移入灌肠机内，注意尽量减少肉馅之间的空隙。启动灌肠机，让肉馅均匀饱满地装入肠衣，并要松紧适度，不要过紧以免煮制时爆裂。用细绳将肠体系好，使每根成品长度15cm，直径3cm。再用排气针刺扎肠体，排出混入内部的空气。

7. 蒸煮。先将水加热到90~95℃。把肠下锅，保持水温78~80℃，并不时将肠体活动一下，以免互相粘结而影响煮制质量。煮制30min左右，使肠的中心温度达到70~72℃即可。

8. 烘烤。烘烤温度65~68℃维持1h左右，使肠的中心温度达55~65℃。至肠体外表干燥光滑，呈肠的固有颜色即可。烘好的灌肠表面干燥光滑，无流油，肠衣半透明，肉色红润。烘好的灌肠经冷却即为成品。

二、杏鲍菇灌肠（二）

（一）生产工艺流程

杏鲍菇挑选→清洗→切丁→热烫

↓

原料肉分割→腌制→绞肉→斩拌→拌陷→灌制→熟制→冷却→成品

（二）操作要点

1. 原料肉选择与处理。选择检验检疫合格的新鲜肉或冷鲜肉，以猪后腿、前膀或背部肉为好，去除碎骨、筋、腱、淋巴等结缔组织，洗净淤血备用。

2. 腌制。猪肉5kg，肥瘦分开，肥瘦比3:7，将肉切成3cm见方的肉块。将精盐、亚硝酸钠、复合磷酸盐混匀后均匀涂抹于瘦肉块表面，在0~4℃条件下腌制48h。

3. 杏鲍菇处理。选8成熟的杏鲍菇，剔除病虫害菇，将菇根的培养料切除掉，清洗干净后切成3~5mm见方的菇丁，开水中热烫30s，捞出沥干水分备用。

4. 绞肉、斩拌、拌馅。将腌好的肉、肥膘、姜蒜和适量冰屑放在绞肉机中，在4~5mm孔径下绞成肉馅。绞成的肉馅放入斩拌机中，加入适量冰屑高速斩拌2~3min，然后加入其他辅料斩拌1~2min，控制温度在10℃以下，斩拌好的肉馅连同杏鲍菇丁放入拌馅机拌匀即可。其他原辅料的用量为：杏鲍菇10%、淀粉10%、大豆分离蛋白3%。

5. 灌制。将斩拌混合好的肉馅放入灌肠机，灌入猪肠衣中。灌肠的长度控制在10cm左右。灌好的肠用清水冲去表面的油污，并用细针扎肠体排气，排气后及时蒸煮。

6. 熟制、冷却。将灌好的肠放入电动蒸熏炉中在85℃条件下蒸55min，待肠体中心温度达72℃时即可。产品熟制后经冷却即为成品。

三、杏鲍菇风味香肠

（一）生产工艺流程

原料肉处理→腌制→斩拌

↓

杏鲍菇分选→预煮→打浆→拌馅→灌制→烘烤→蒸煮→干燥→真空装袋→低温保藏→成品

（二）操作要点

1. 原料肉处理及腌制。选择检验检疫合格的冷鲜肉，以猪前腿肉或背部肉为好，去除碎骨、筋、腱、淋巴等结缔组织，洗净淤血备用。先将肥瘦肉分开，按照适宜的肥瘦比选取原料，分别切成约3cm见方的肉块，再将精盐（用量为5%）、适量料酒混匀后均匀涂抹于瘦肉块表面，用力将调料与肉拌匀，使调料均匀裹在肉上，在0~4℃条件下腌制大约3h。

2. 杏鲍菇菇液制备。选取成熟度一致的杏鲍菇，剔除病虫害菇，将菇根的培养料残渣切除，清洗干净后切成2~3cm长的薄片备用。将杏鲍菇薄片加入水中预煮，杏鲍菇薄片与水的比例为1:1，煮制时间为15min，以彻底杀死菇体细胞和破坏菇体内氧化酶活性。将煮好的杏鲍菇捞出，立即放入冰水中冷却，要求降到室温为止，放入打浆机中，加入预煮液，打成浆状即可。

3. 绞肉、斩拌和拌馅。将腌好的瘦肉和肥膘按3:7的用量，将其分别斩拌成泥，加入8%的杏鲍菇菇液及9%的淀粉，并添加适量十香粉、酱油调味。混匀至肉馅有光泽、无油块、无结块现象，肉花散开、分布均匀、充分乳化。

4. 灌制。将斩拌混合好的肉馅灌入猪肠衣中。灌肠的长度控制在8cm左右，灌好的香肠用清水冲去表面的油污，并用细针扎肠体排气。

5. 烘烤、蒸煮、干燥。为缩短风干所需的时间，使肠衣表面干燥，光亮呈半透明状，将香肠放入恒温鼓风干燥机，在55℃条件下烘制25～30min。然后将灌好的香肠放入锅中，在温度80℃左右的水中蒸煮30min即可。取出熟制的杏鲍菇香肠，再放入恒温鼓风干燥机，在55℃条件下烘制25～35min。

6. 真空装袋、低温保藏。将香肠放入清洁的真空袋，利用真空包装机包装，自动抽出包装袋内的空气，达到预定真空度后完成封口工序。封口后的香肠放置于冷藏室保存，以避免冷冻干耗，有利于保证成品香肠产品的质量。

（三）成品质量标准

1. 感官指标。香肠整体质量符合GB/T 23493—2009感官要求。香肠肉馅成暗红色，有浓郁杏鲍菇的风味，香味浓郁，味美可口；肠衣干燥紧贴肉馅，不黏液，有弹性，切面光滑，质地紧实。

2. 理化指标。亚硝酸盐（以$NaNO_2$计）≤25mg/kg。

3. 微生物指标。菌落总数≤8000个/g，大肠菌群≤20个/100g，致病菌不得检出。

四、杏鲍菇海带复合保健香肠

（一）生产工艺流程

杏鲍菇→去杂质→切片→预煮→切丁
原料肉→切块→腌制→绞碎→斩拌 ｝→制馅 →灌装→捆扎→扎眼→煮制
海带→挑选→切碎→烫漂→打浆→菜泥
→烘烤→冷却→检验→成品

（二）操作要点

1. 原料肉的选择。选用检验检疫合格，新鲜、无伤痕及色斑，符合GB 2707—2016卫生标准，品质优良的新鲜猪肉为原料。

2. 原料肉的处理。将猪肉去皮，瘦肉去掉筋腱、肌膜，切成长宽各约为2cm的肉块，肥肉只能用猪的背膘，并切成6cm宽的肉条，肉在处理过程中环境温度不应超过10℃。

3. 腌制。将瘦肉和肥肉分别腌制，肥瘦比3∶7，瘦肉加精盐、硝酸盐和复合磷酸盐混合均匀后装入容器进行腌制，肥肉加精盐腌制，置于2～4℃的腌制间内，腌制48h。

4. 杏鲍菇处理。选择新鲜、色泽正常、无发黄、异味、霉变、无病虫害的杏鲍菇，将其去掉柄基部杂质，清洗干净后，将其切成每片厚 0.5cm 薄片，预煮 1～3min 后，捞出沥干水切成 3mm 见方的菇丁备用。

5. 海带处理。选用无泥沙、杂质，整洁干净无霉变，且手感不黏的海带，清洗干净切碎后，在开水中热烫 2min 后，捞出沥干水分，打浆备用。

6. 肠衣处理。加工香肠所用的天然肠衣是用食盐腌制处理过的盐渍肠衣，使用前要用清水浸泡，并多换水，泡到肠衣透明发白即可。

7. 绞肉、斩拌和拌馅。将腌好的瘦肉、肥膘、姜蒜和适量冰屑放在绞肉机中，在 2～3mm 筛板孔径下绞成肉馅，绞成的肉馅放入斩拌机中，加入适量冰屑高速斩拌 4～5min，然后加入其他辅料斩拌 1～2min，控制温度在 10℃ 以下，进行充分斩拌至肉馅有光泽，无油块、无结块现象，肉花散开、分布均匀、充分乳化。斩拌好的肉馅连同杏鲍菇丁和海带、菜泥用拌馅机拌匀即可。各种原辅料的用量：杏鲍菇 11%、海带 4%、淀粉 9%、大豆蛋白 2%。

8. 灌装、捆扎、扎眼。将肠衣套在灌嘴上，并将肠头结扎。把制好的肉馅放入灌肠机内，并均匀饱满地灌入猪肠衣中，要求松紧适中，不要过紧以免煮制时爆裂，然后结扎，每节长 10～15cm。灌好的肠用清水冲去表面的油污，并用细针扎肠体排气，排出混入内部的空气。

9. 煮制。先将水加热到 90～95℃。把肠下锅，保持水温 78～80℃，煮制 30min 左右，使肠的中心温度达到 70～72℃ 即可。

10. 烘烤、冷却。把煮制好的灌肠放入烘烤炉内，调温度至 65～68℃，烘烤 40～60min 左右。至肠体外表干燥光滑，呈现香肠的固有颜色即可。产品烘烤后经冷却、检验合格即为成品。

（三）成品质量标准

色泽：瘦肉呈红色、枣红色，肥肉呈乳白色，色泽分明，并有均匀杏鲍菇粒；组织状态：组织紧密，有弹性，切面光滑，肉馅与杏鲍菇粒结合紧密，无气孔；口感：细腻，有良好的咀嚼性能；风味：滋味鲜美，香味纯正浓郁，具有香肠固有的风味，无不良味道。

第四节　杏鲍菇休闲食品

一、即食香辣杏鲍菇

（一）生产工艺流程

原料选择→清洗→切片→硬化→烫漂→脱水→调配→真空包装→杀菌→冷却→成品

（二）操作要点

1. 原料选择、清洗。选择菇体新鲜、完整且呈白色的杏鲍菇作为加工原料，将其根部修剪干净。利用清水将杏鲍菇冲洗干净。

2. 切片、硬化。将杏鲍菇用刀切成约 5mm 的片状，然后将杏鲍菇片放入 0.5% 无水氯化钙溶液中浸泡 30min 进行菇体硬化。

3. 烫漂、脱水。将硬化后的菇体加入沸水中烫漂约 8～10min，取出后利用离心机进行脱水。

4. 调配。将各种调味料按一定比例进行调配，并与菇体搅拌均匀。以脱水后杏鲍菇片的质量为基准，其他辅料用量为：食盐 2.5%、白砂糖 2.0%、味精 1.0%、辣椒油 6%、食醋 2%、花椒 1%、香油 6%。

5. 真空包装。将调配好的物料，装入复合薄膜袋内，然后用真空包装机抽气并封口。

6. 杀菌、冷却。采用高压锅进行灭菌，压力 0.05MPa，温度 105℃，时间 15min，自然冷却后出锅。

（三）成品质量标准

色泽：红亮；形态：外形完整、饱满；口感：组织较脆嫩，爽滑；滋味：滋味鲜美，咸甜麻辣适宜；风味：杏鲍菇和辣椒油的香味浓郁。

二、香辣型杏鲍菇风味即食品

（一）生产工艺流程

原料→整理、清洗→成片（条）→硬化→护色→烫漂→脱水→风味调配→装袋→真空封口→杀菌→冷却→保温检查→成品

（二）操作要点

1. 原料的整理、清洗、切片。选择菇体新鲜、完整且呈白色的杏鲍菇作为加工原料，将其根部修剪干净，并在水中清洗，然后捞出切成大约 5mm 厚度的片状或其他形状。

2. 硬化。将整理并切成一定形状后的杏鲍菇放入 0.1% 无水氯化钙 + 0.1% 氯化钠的混合溶液中，加热 20～30min 进行菇体硬化，溶液用量以完全浸没菇体为准。

3. 护色。将硬化处理后的菇体及时捞出、沥干，并置于含 0.01% 抗坏血酸、0.03% 柠檬酸和 0.6% 氯化钠的护色液中进行适当的护色处理，然后用清水漂洗菇体表面残留的护色液。

4. 烫漂。按菇：水 = 2:3 的比例，将护色后的菇体加入到事先煮沸的水中烫漂约 8min，期间及时捞去漂烫液的泡沫，待菇体熟而不烂时捞出沥干。

5. 脱水。将菇体放入电热恒温鼓风干燥箱，在 55~60℃ 温度下烘干 15min，然后将温度调至 30~40℃，再烘干 20min，每 15min 翻动 1 次，使其受热均匀。脱水后的菇体含水量控制在 20% 左右。

6. 风味调配。根据产品口味的设计需要，将各种调味料按一定比例进行调配，并与菇体搅拌均匀。具体各种调味料的比例（占菇体质量）为：2.0% 白砂糖、3.5% 辣椒油、2.0% 芝麻油、2.0% 料酒、2.0% 盐、1.0% 醋、0.5% 味精，另每袋加 2 个干辣椒。

7. 装袋、真空封口。将调配、拌匀的物料，及时装入复合薄膜袋内（每袋 100g），装时不可污染袋口内壁，否则影响封口效果，然后用真空包装机抽气并封口。

8. 杀菌、冷却。采用高压灭菌（表压为 0.05MPa，温度为 105℃），时间为 15min，等自然冷却出锅；或采用常压沸水杀菌，在 80~100℃ 下杀菌 15~20min，然后降温至 38~40℃，取出，用洁净干布擦干袋身即可。

9. 保温检查。将冷却擦干后的产品置于 37℃ 的培养箱中恒温保存 7d，然后进行检查。若出现产品有胀袋现象，则为废品；若没有胀袋，则为正品，贴标签后即为成品。

三、杏鲍菇脯

（一）生产工艺流程
原料选择→漂洗→切片→漂烫→冷却→腌制→热风干燥→冷却检验→成品

（二）操作要点
1. 原料选择与漂洗。选取菇形完整、色泽正常、菇肉厚实、不开伞的新鲜杏鲍菇，然后用流动水进行冲洗，将其表面附着的污物和细小杂质全部洗去。

2. 切片、漂烫。将洗净的杏鲍菇准确称重后切成小片，投入沸水中进行漂烫 5min，以脱除原料中的不良气味，并钝化内源酶的活性。漂烫后立即捞出，迅速放入冷水中冷却，冷却后沥干水分。

3. 腌制。将沥干水分的杏鲍菇片放入腌制液中进行腌制，其腌制液配方为食盐 2.0%、白砂糖 2.0%、酱油 0.5%，以及适量的八角、鸡精和五香粉，将腌制液加热至沸，腌制时间为 20min。

4. 热风干燥。腌制结束后，将其取出进行烘干处理，采用热风干燥，干燥温度 65℃，干燥时间 1.5h。

5. 冷却、检验。热风干燥后的产品经冷却、检验合格即为成品。

（三）成品质量标准
1. 感官指标。色泽：呈黄色或黄褐色，色泽基本均匀，表面有光泽；组织形态：形态大小基本均匀，外形规则、完整，无干瘪现象；口感风味：具有杏鲍菇应有的特殊风味，无异味，口感细腻，耐咀嚼。

2. 理化指标。含水量 30% ~ 35%，总糖 ≤10%，蛋白质 ≥15%，食品添加剂符合 GB 2760—2014，农药残留量符合 GB 2763—2016。

3. 微生物指标。细菌总数 ≤500 个/g，大肠杆菌 ≤30 个/100g，致病菌不得检出。

四、杏鲍菇软糖

（一）生产工艺流程

经处理的明胶、琼脂和白砂糖
↓

杏鲍菇→洗净→烘干→磨粉→过筛→加水调配→混合→熬制→倒盘→烘干→包装→成品

（二）操作要点

1. 杏鲍菇预处理。选择菇体新鲜、完整且呈白色的杏鲍菇，将其根部修剪干净，并在水中清洗，然后捞出切成大约 5mm 厚度的片状。将杏鲍菇片经烘干、磨粉后过 100 目筛制得杏鲍菇粉。称取一定量的杏鲍菇粉，加入其质量 7.5 倍的水，用乳化机均质 2min，制成杏鲍菇乳液。

2. 其他原料预处理。将明胶加入 5 倍水，琼脂加入 20 倍水，经一段时间的浸泡后，连同浸泡水一起加热，使其溶化，并于 60 ~ 70℃ 水浴中保温待用；白砂糖加 5 倍质量的水，适当加热使其充分溶解。

3. 混合、熬煮。将杏鲍菇乳液缓慢加热，待充分糊化后加入白砂糖溶液，煮沸 3 ~ 5min，再加胶凝剂，共同熬煮浓缩，临近结束时加入柠檬酸。加热过程中需要不停搅拌，熬煮 10min 后准备倒盘。各种原料的配比为：选择琼脂 1% + 明胶 1% 作为胶凝剂，杏鲍菇 12g、白砂糖 40g、柠檬酸 3g、占总量 2% 的复合胶凝剂。

4. 倒盘、切块。熬煮完成的匀浆趁热倒盘，倒盘要快而且均匀，防止拖尾现象，控制厚度 5 ~ 6mm。冷却过程中防止盘面倾斜或者震动，以免表面起皱。待完全冷却凝固成形后，切成规格 30mm×30mm 大小均匀的块状糕块。

5. 烘干、冷却。将切好的糕块从金属盘中平移到不锈钢丝筛网上，放入干燥箱，干燥温度为 50 ~ 55℃，时间为 7 ~ 8h。干燥期间，每隔 2h 左右翻动糕块 1 次，使干燥均匀，控制产品最终水分含量约为 20%。冷却后的杏鲍菇软糖块包上糯米纸，再包装即为成品。

（三）成品质量标准

1. 感官指标。产品呈乳白色，质地均匀；杏鲍菇风味浓郁且口感细腻不黏牙；表面光滑，有适度的咀嚼性和弹韧性。

2. 理化指标。水分 15%～18%，固形物 75%～90%，还原糖 30%～35%，铅（以 Pb 计）≤0.5mg/kg，砷（以 As 计）≤0.5mg/kg。

3. 微生物指标。菌落总数 ≤100 个/g，大肠杆菌与致病菌未检出。

五、杏鲍菇山楂即食片

（一）生产工艺流程

山楂浆、糖、卡拉胶、淀粉等
↓

鲜杏鲍菇→选择→清洗→切片→预煮→打浆→混合→熬煮→摊片→干燥→揭片→切片→包装→成品

（二）操作要点

1. 杏鲍菇选择、清洗。选取菇形完整、色泽正常、菇肉厚实、不开伞的新鲜杏鲍菇为生产原料，然后用流动水进行冲洗，将其表面附着的污物和细小杂质全部洗去。

2. 切片、预煮、打浆。将经清洗后的杏鲍菇用刀切成 5mm 厚的薄片，然后置于 100℃ 沸水中预煮 5min，菇片取出冷却至室温后。添加 0.5 倍菇重的水放入打浆机中进行打浆。

3. 山楂处理。干山楂用清水洗净后，加入沸水中预煮 10min 后，去核，添加 4 倍干山楂重的水利用打浆机打成浆液。

4. 混合。将杏鲍菇浆与山楂浆按一定比例混合，添加适量的糖、淀粉、卡拉胶等辅料，在容器中熬煮至膏状。各种原辅料的配比为：杏鲍菇浆 100g、山楂浆 40g、蔗糖 15g、淀粉 5g、卡拉胶 0.2g、蛋白糖 0.1g。

5. 摊片、干燥。将熬制好的膏浆摊倒在预先刷过食用油的玻璃板上，使其流延成厚度 4mm 的薄层，然后放入烘箱中于 65℃ 干燥 8h。

6. 揭片、切片、包装。经烘干后的产品取出，揭片，用刀切成 2cm × 8cm 的片状，表面撒少量糖粉，用铝箔复合纸包装后即得成品。

（三）成品质量标准

色泽：具有产品固有的色泽；口感：口感紧致，有嚼劲，无残留物；风味：酸甜可口，具有杏鲍菇和山楂风味；质地：组织紧密，表面光滑均匀，无裂纹。

第五节　其他杏鲍菇食品

一、风味杏鲍菇酱

（一）生产工艺流程

原料→清洗→切丁→保脆→炒制→风味调配→灌装→真空封口→灭菌→贴标
→喷码→检测→成品

（二）操作要点

1. 原辅料的预处理。选择菇体新鲜、完整且呈白色的杏鲍菇，将其根部和
顶部修剪干净，并在水中清洗，然后捞出沥干，切成大约 10mm×5mm×5mm 的
块状，用添加 0.6% 氯化钙的纯净水浸泡 30min，再捞出沥干。干辣椒选择水分
含量≤11%、无霉烂、色泽鲜艳、大小一致的朝天椒，经过挑选、风干、粉碎、
过筛，金属检测应合格。选择皮薄、无霉烂的大蒜，去皮、清洗后，在 95℃ 的
热水中热烫 3min，除去大蒜臭味，斩拌成碎末。选择无霉烂的洋葱，去除外皮，
洗净后斩拌成碎末。选择肥厚、鲜嫩的生姜，去除腐烂变质部分，清洗掉泥沙，
然后脱皮，斩拌成碎末。

2. 炒制。将植物油倒入燃气炒锅，升温至 180~200℃，先加入生姜、大蒜、
洋葱，爆香后再加入杏鲍菇丁炒制。最好选用带自动搅拌器、可自动计量及自动
控温的现代化燃气炒锅，操作简便，可控度高。

3. 风味调配。待杏鲍菇丁炒熟后，添加干辣椒粉、黄豆酱、白砂糖、香辛
料、谷氨酸钠、5′-呈味核苷酸二钠、酵母抽提物等辅料进行调配。黄豆酱
10%、干辣椒 6%、白砂糖 2%、谷氨酸钠 1.5%、5′-呈味核苷酸二钠 0.2%、
酵母抽提物 1.2%、复合香辛料 0.8%、柠檬酸 0.1%、异抗坏血酸钠 0.05%。

4. 灌装。将玻璃瓶、瓶盖灭菌后，采用全自动灌装机灌装，并随机抽检产
品重量，将产品重量控制在标准范围以内，顶隙高度控制为 2~2.5cm。

5. 抽真空封口。采用全自动抽真空封口机，真空度控制在 0.04~0.05MPa。

6. 灭菌。采用高压灭菌，灭菌温度为 115℃，灭菌时间为 15min；或者采用
巴氏灭菌法，灭菌温度为 85~90℃，灭菌时间为 20~25min。

7. 清洗、风干。先采用自动清洗机清洗，将玻璃瓶外壁清洗干净，再采用
自动风干机，去除瓶壁表层水分，否则会影响标签粘贴。

8. 贴标、喷码、装箱。采用自动贴标机，标签末端高度误差控制在 1mm 以
内；经喷码、装箱即为成品。

（三）成品质量指标

1. 感官指标。色泽：色泽为红褐色，鲜艳有光泽，均匀一致；香味和滋味：

具有杏鲍菇特有的香气和滋味，无酸、苦、焦煳及其他异味；组织状态：黏稠状半固态酱体。

2. 理化指标。水分≤40g /100g，酸价（以脂肪计）≤5.0mg/g，过氧化值（以脂肪计）≤0.25mg /100g，食盐（以 NaCl 计）≤6.0g /100g，总砷（以 As 计）≤0.5mg/kg，铅（以 Pb 计）≤1.0mg/kg，黄曲霉毒素 B_1≤5.0μg/kg。

3. 微生物指标。菌落总数≤5000 个/g，大肠杆菌≤30 个/100g，致病菌（沙门氏菌、志贺氏菌、金黄色葡萄球菌）不得检出。

二、杏鲍菇香辣三黄鸡块

（一）原料配方（以总液腌制 100kg 计，约供 100 只白条鸡腌制用）

食盐 9kg、白糖 1.5kg、黄酒 2kg、味精 200g、生姜 1kg、蒜 150g、大料 250g、桂皮 250g、花椒 250g、丁香 150g、砂仁 50g、陈皮 200g、小茴香 100g、肉蔻 60g、白芷 100g、亚硝酸钠按 1kg 白条鸡添加 0.15g。

（二）生产工艺流程

<pre>
                        杏鲍菇预处理   香辣油熬制
                            ↓   ↓
原料鸡选择→宰杀→配料腌制→烧烤→风干发酵——切块——预蒸→装罐→
封罐→杀菌→冷却→检验→成品
</pre>

（三）操作要点

1. 杏鲍菇处理。挑选菌体饱满、菌盖完整、无缺烂的新鲜杏鲍菇，洗净，晾干，切成一定大小的薄片。

2. 香辣油熬制。先将色拉油倒入锅中，加入一定量的麻油，用中火加热至120℃左右，然后倒入油量10%左右的辣椒末，用小火熬制，并用锅铲不停翻动，至油色红亮，然后用纱布过滤，去除辣椒末，即得到纯净的香辣油。

3. 原料鸡选择。挑选无伤病、健康、体重在 1~1.5kg 左右的成年萧山鸡为原料。

4. 宰杀。采用颌下三管（血管、食管、气管）齐断法宰杀，刀口大小适中，以 2~3cm 为宜。待鸡宰杀后而体热尚未散失时，及时放入热水中浸烫，烫毛水温60~70℃，浸烫时间2~4min，以较轻易脱去翅膀大毛为宜。脱去大毛后，将鸡浮于水面，去掉残留的绒毛。最后开膛掏出内脏，用清水冲膛，洗净胸腹腔内的污水，沥干水分。

5. 配料腌制。用纱布包扎好香辛料，姜、蒜另用纱布包扎，置入锅内，加入1/3 水，用大火烧开，再用小火熬制 40min，最后加入食盐、糖、黄酒、味精及定量水（至腌制总汁的重量），烧沸，冷却，加入亚硝酸钠，搅拌均匀即为腌制料。

将沥干的白条鸡背向下，腹面向上叠放在腌制缸内，倒入腌制液，以完全浸没鸡为宜。在缸口加盖，以防鸡体上浮。于 1~4℃ 腌制 48h，或 4~10℃ 腌制 24h，期间翻缸 1 次。

6. 烧烤。将腌好的白条鸡取出，沥干水分，然后在胸脯、大腿等肌肉较厚的部位刺上几个小孔，以加快水分蒸发。再穿上细铁丝，待烘房升温至 50℃ 时，挂入烘房烘制，烘烤温度控制在 55~60℃，时间约 16h，至颈椎骨突出，肌肉呈玫瑰红且肉质紧密为止。

7. 风干发酵。此道工序在低温季节应用，高温季节不宜采用。将烘好的鸡坯置于阴凉通风处进行风干发酵 7d，以增加腌腊风味。

8. 切块。把烘干的鸡坯按一定大小切成块状。

9. 预蒸。将鸡块、杏鲍菇放入蒸笼中，用蒸汽加热 10min。

10. 装罐。先把杏鲍菇装于罐的底部，然后一层鸡块一层菇逐层放入，至罐口附近，最后加入热的香辣油，淹没罐口，保留 5~6mm 的顶隙，内容物以 300g 为宜。

11. 封罐、杀菌。趁热立即装罐，不必另外排气，可直接加盖封罐。封罐后，将罐放到热水锅中继续煮沸 40~60min，进行杀菌。

12. 冷却、检验。杀菌结束后，经冷却、擦干罐身，再经检验合格者即为成品。

（四）成品质量标准

1. 感官指标。鸡块大小均匀，肌肉殷红，辣油红亮，咸甜适中，软硬可口，麻辣鲜香。

2. 理化指标。净重：每罐 300g，固形物 85% 以上，食盐 ≤4%。

3. 微生物指标。无致病菌及微生物作用引起的腐败现象。

三、杏鲍菇挂面

（一）生产工艺流程

面粉、杏鲍菇菌粉→和面→熟化→压延→切条→干燥→切断→包装→成品

（二）操作要点

1. 杏鲍菇菌粉制备。选择无病虫害、无虫蛀、无机械损伤的新鲜杏鲍菇为原料。将杏鲍菇菌柄基部泥沙洗净，并剪去菌盖，放入水槽中清洗干净。60℃ 烘干、粉碎、过 120 目筛，制得杏鲍菇菌粉。

2. 和面。以面粉质量为基础，添加 8.0% 杏鲍菇菌粉和面粉混合均匀，再将 1.0% 食盐和 0.4% CMC-Na 溶于适量的水中（25℃ 左右）。用 25~30℃ 的水和面，和面机转速（80~110）r/min，和面时间为 10~15min。在和面机中搅拌 10min，使面粉中蛋白质充分吸水膨胀。和面结束时，形成干湿适当、色泽均匀、松散的面坯，手握成团，轻揉散开呈颗粒状。

3. 熟化。将和好的面团静置熟化 15min，熟化温度 20～25℃。熟化可消除面团内应力，充分舒展面筋，改善面筋质量。

4. 压延、切条。将熟化后的面团反复辊压，使面团形成组织细密、相互粘连、薄厚均匀、光滑平整的面片，再将薄面片按规定宽度纵向切成厚度为 1.5mm、宽 2.0mm 的面条。

5. 干燥。采用自然干燥方法，将切好的面条，悬挂晾干。干燥后切断，计量包装，即为成品。

（三）成品质量标准

1. 感官指标。略带淡灰色，表面结构细密、光滑，富有弹性，耐煮爽口，有咬劲，口感光滑，具有杏鲍菇的香味。

2. 理化指标。熟断条率为零，烹煮损失率 6.3%。

四、富硒杏鲍菇醋

（一）生产工艺流程

原料选择→酶解→成分调整→乙醇发酵→醋酸发酵→过滤→杀菌→产品

（二）操作要点

1. 原料选择及酶解。选购新鲜的杏鲍菇用清水洗净，称取 100g 杏鲍菇，加入 6 倍水进行破碎打浆，然后加入 1% 的纤维素酶，在 45℃下酶解 2h。

2. 成分调整。添加白砂糖 40g 使杏鲍菇液的糖度达到 12% 左右。

3. 发酵。将杏鲍菇液转入发酵罐内，接入 2% 的活化酵母（安琪酵母），搅拌均匀，30℃下敞口发酵 1d，待产生大量 CO_2 后进行密闭发酵，直至酒精度不再变化后接入 1% 的醋酸菌（10g），30℃下通风发酵，酸度不再上升后，结束整个发酵过程。

4. 过滤、杀菌。采用孔径为 0.1μm 的无机陶瓷膜在 25℃，0.1～0.15MPa 下对发酵成品进行过滤杀菌。

（三）成品质量标准

1. 感官指标。色泽：淡黄色；香气：菇味浓郁，醋香纯正；滋味：酸味柔和，无异味；体态：澄清。

2. 理化指标。总酸 3.15g/100mL，不挥发酸 0.6 g/100mL，可溶性固形物 5.5g/100mL，游离酸未检出。

五、杏鲍菇酥饼

（一）生产工艺流程

杏鲍菇→预处理→杏鲍菇粉→面团调制→成形→烘烤→冷却→产品

（二）操作要点

1. 杏鲍菇菇头粉制备。杏鲍菇菇头经60℃热风干燥（含水率为7.8%），再经粗粉碎、超细粉碎过200目筛得杏鲍菇菇头粉。

2. 油皮制作。将高筋面粉70%、杏鲍菇菇头粉5%、泡打粉0.9%、白砂糖24.1%等油皮原料放入搅拌机中，加水充分搅拌成均匀的面团，饧发15min备用。

3. 油酥制作。按低筋面粉45%、杏鲍菇菇头粉10%、棕榈油30%、白砂糖15%的比例称取原料，将其充分搅拌成均匀的面团。

4. 酥饼饼坯制作。将制作好的油皮、油酥按3:5比例手动混合、机器辊压，重复折叠、辊压操作50~60次，压制完成后放入模具中成形。

5. 焙烤。将酥饼饼坯放入烤盘中，面火168℃、底火155℃下焙烤22min；焙烤后的杏鲍菇菇头酥饼经自然冷却即为成品。

（三）成品质量标准

金黄色，且色泽均匀，气味协调，肉质酥松爽口，口感酥脆，杏鲍菇特有的香味突出，无异味，外观均一、规则、完整。

六、杏鲍菇饼干

（一）原料配方

以低筋面粉为100%，杏鲍菇粉15%，糖粉35%，黄油70%，全蛋液15%，奶粉5%。

（二）生产工艺流程

精选杏鲍菇干→烘干→粉碎→过筛→称重→黄油打发→面团调制→成形→烘烤→冷却→整理→包装→成品

（三）操作要点

1. 原料精选、烘干。挑选市场优质杏鲍菇干，将杏鲍菇平铺在烤盘中，在80℃条件下烘2.5h。

2. 粉碎、过筛。将烘干好的杏鲍菇干用粉碎机粉碎，将粉碎物过80目筛，备用。

3. 黄油打发。将称好的黄油软化放入搅拌机，搅打均匀至顺滑且颜色发白，然后再加入糖粉继续混合搅打直至发白，最后按要求分多次加入已打散的鸡蛋继续打发至呈蓬松状态。

4. 面团调制。将杏鲍菇粉、面粉、奶粉按比例混合后过80目筛，分次均匀投入到上述已打发好的油脂中慢速搅拌均匀，直至无明显面粉颗粒方可。搅拌时间应尽量减短，以此来避免破坏面团的结构，影响饼干口感。

5. 成形。采用挤注法成形，将调制好的面团放入带有裱花嘴的布口袋，均匀挤压成形。

6. 烘烤。将成形的饼干坯放入烤箱中烘烤，烘烤温度为上火 190℃、下火 200℃，烘烤时间 18min，在烘烤过程中要观察饼干的色泽，至金黄色为止。

7. 冷却、整理、包装。将杏鲍菇饼干从烤箱取出后放置室温冷却，剔除不符合要求的饼干，对其进行封口包装，以免饼干吸潮。

（四）成品质量标准

形态：外形完整，花纹清晰，厚薄一致，大小均匀；色泽：均匀，呈金黄色；组织结构：断面结构呈细密的多孔状，无大孔，无杂质；滋味与口感：有明显的杏鲍菇味及杏仁香味，口感酥松，无粗糙感，细腻不黏牙。

七、杏鲍菇酱油

（一）生产工艺流程

种曲

杏鲍菇→润水→蒸煮→冷却加面粉→接种→制曲→发酵→浸出→加热及配制→酱油

（二）操作要点

1. 原料处理。杏鲍菇洗净后，加水，然后搅拌均匀，采用高压进行蒸料，压力 0.15MPa，时间为 20min。

2. 制曲。熟料冷却到 40℃，先将投料量 3‰的米曲精菌种（沪酿 3.042）拌入面粉，将面粉按照 3:5 的比例与熟料混合均匀。将曲料装入曲盘中，置于 30℃恒温条件下进行制曲。品温上升至 35℃左右时，翻曲 1 次，维持品温 28～32℃，培养过程中视品温的上升情况再进行 2～3 次翻曲。曲料疏松，孢子丛生，呈黄绿色并散发曲香，停止培养，即制好成曲。

3. 发酵。在成曲中加入 18°Bé 热盐水（60℃），使酱醪含水量达 65%，拌匀后装入发酵容器中，密封，四周用盐封边加盖。保温发酵，控制品温 45℃左右，每天定时定点翻拌，20d 左右即可成熟。

4. 浸出、加热及配制。按照常规酱油生产操作进行。

（三）成品质量标准

1. 感官指标。颜色红亮，具有较浓郁的酱香，无不良气味，口味鲜美纯正、醇厚，有杏鲍菇特有风味，鲜咸适口，澄清。

2. 理化指标。氨基酸态氮≥0.60g/100mL，全氮≥1.40g/100mL，无盐固形物≥18.20g/100mL，还原糖≥3.70g/100mL。

3. 卫生指标。执行 GB 2717—2003《酱油卫生标准》之规定。

八、腌制杏鲍菇

（一）生产工艺流程

鲜杏鲍菇分级整理→杀青→冷却→漂洗→腌渍→装桶→检验→包装→成品

（二）操作要点

1. 鲜杏鲍菇分级整理。将采收的鲜菇去掉菇柄基部杂质，并使基部平整光滑，按大小和质量分级，分别进行盐渍。若需要生产盐渍菇片的，要将菇体纵向剖开成片，菌盖和菌柄要相连接。

2. 杀青。首先在锅内放入 2/3 的水，加热烧开，然后按菇水重量比 1:2 的比例投入鲜菇后，以旺火加热重新烧开煮沸。刚加入的鲜菇不要搅动，否则会造成菇体破损，待菇体变软后才翻动。煮沸 10min 即可捞出菇体。杀青时间视菇体大小而异，杀青标准是菇体已熟透但不烂并有弹性。判断杀青程度的标准：一是用手捏菇体内部无硬心并有弹性为度；二是将菇体放入冷水中会沉入水底，即为杀青良好的菇体，若菇体上浮则表明杀青不足。

3. 冷却、漂洗。杀青处理的菇体需经冷水冷却后才能进行盐渍，否则盐渍后易变质。将杀青的菇体捞出放入冷却池的冷水中用流动水冷却，使菇体温度迅速下降至与室温一致，并漂洗去掉杀青水。若菇体外冷内热时就进行盐渍，盐渍菇易变质，盐水会浑浊，菇体发红。冷却漂洗结束捞出沥水后即可进行盐渍。

4. 腌渍。用盐量约为菇体重量的 35%。腌渍时一层盐一层菇装池，即先在池中撒一层盐放入菇后再在其上撒一层盐，装满池后加入饱和盐水淹没菇体，再在菇体表面上撒一层盐封面，防止菇体裸露导致发红变质，最后在池上面盖上塑料薄膜，防止异物进入腌渍池中。

5. 装桶、检验、包装。盐渍 25d 以后，盐水充分进入菇体内，经过检验合格即可装桶出售。盛装桶要求为专用塑料桶或者用软质塑料桶。先在桶内放入 1个塑料袋，再将盐渍菇捞出沥水至水不成线状流出时，开始称重装入桶中。每桶定量分装，装量为 25kg 或 50kg，然后加入调酸的饱和盐，即在饱和盐水中加入 0.5% 的柠檬酸，所用饱和盐水要经过滤去除杂质，加入时使盐水刚好淹没菇体，再用盐封面，用绳扎好塑料袋盖上桶盖。

（三）成品质量标准

杏鲍菇腌渍产品的卫生指标应符合 GB 7098—2015 的要求。

第四章　银耳食品加工技术

第一节　银耳概述

银耳亦称白木耳、雪耳、银耳子等，属真菌门，担子菌纲，银耳目，银耳科，银耳属，有"菌中之冠"的美称，被列为"参、茸、燕、耳"四大珍品之一。

一、形态特征

新鲜的银耳子实体呈纯白色至乳白色，半透明，富有弹性，由多片呈波浪曲折的耳片丛生在一起，呈菊花状或鸡冠状，大小不一，最大直径可达30cm以上。子实体晒干后呈白色或米黄色。

二、营养价值

据现代营养学分析：银耳具有丰富的营养成分和功效成分，银耳提取物中共含有18种氨基酸，含量最大的是脯氨酸，其中7种为人体必需氨基酸。每100g银耳干制品中含碳水化合物类78.3g、蛋白质5.0～6.6g、脂肪0.6g、粗纤维2.6g和灰分3.1g。此外，每100g银耳干制品中钙和铁的含量分别为357mg和185mg，还含有大量的维生素A、维生素B_1、维生素B_2、维生素E、烟酸和钾、锌、磷、硒等微量元素以及银耳多糖。

三、保健功能

银耳是久负盛名的滋补品，具有较高的药用价值。历代医药家都认为银耳有"滋阴补肾、润肺止咳、和胃润肠、益气和血、补脑提神、壮体强筋、嫩肤美容、延年益寿"之功能。汉代的《神农本草经》中就有对银耳保健功效的记载。《本草从新》提到银耳"润肺滋阴"。《本草问答》中也有记载，银耳"治口干肺痿，痰郁咳逆"。清代张仁安《本草诗解药性注》记载："此物有麦冬之润而无其寒，有玉竹之甘而无其腻，诚润肺滋阴要品"。中医认为银耳性平，味甘淡，无毒，入肺、胃、肾、脾、大肠五经，能清肺中热、养肺阴、济肾燥，治肺热咳嗽、咳痰带血、肺热胃炎，以及大便秘结、大便下血等。

　　现代药理研究证明，银耳的药理活性均与银耳多糖显著相关，银耳多糖的主链为由 α -（1→3）-糖苷键组成的甘露聚糖，且主链的 2、4、6 位上连接有葡萄糖、木糖、岩藻糖和普通糖醛酸等残基。国内外大量研究证明，银耳多糖具有抗肿瘤生理作用，它不仅可以增强宿主免疫功能而发挥抗肿瘤的作用，还能通过直接作用于肿瘤细胞或诱导肿瘤细胞凋亡等途径直接杀伤肿瘤细胞。银耳多糖同时具有降血脂、降血糖、降胆固醇、抗病毒、抗溃疡和提高人体免疫机能等生理作用，对老年慢性支气管炎、肺源性心脏病有显著疗效，还能提高肝的解毒功能，起护肝作用。银耳中也含有黄酮类和多酚类物质等具有生物活性的成分，多酚类和黄酮类物质也是抗氧化作用的重要因子，对银耳抗氧化能力具有重要贡献。由于银耳多糖具有极强的增稠稳定性，作为天然添加剂被广泛应用在食品、医药和日化领域。另外，银耳所含的脂类较少，多数为磷脂，对高血压、高脂血症及动脉硬化患者颇为有益；银耳中的粗纤维含量为 2.6%，对老年便秘患者非常有利。

第二节　银耳饮料

一、山楂银耳复合保健饮料

（一）生产工艺流程

山楂→清洗→去核→浸提→打浆→过滤

↓

银耳→除杂→清洗→浸泡→去根→浸提→打浆→调配→冷却→均质→脱气→灌装→封口→杀菌→冷却→产品

（二）操作要点

1. 山楂汁制取。选用成熟度较低的鲜山楂，要求无霉烂变质。先将山楂中的杂质去除，利用清水清洗干净，然后采用一次软化浸渍法，软化温度 85~95℃，软化时间 30min，自然冷却，浸渍 12~24h，浸渍用水量为鲜山楂果重量的 3 倍。浸泡过程以山楂果实泡发为结束。浸提后经去核、打浆得山楂汁。

2. 银耳汁制备。

（1）银耳挑选、清洗、浸泡。选用色泽白、完整、杂质少的银耳，去除杂质后用清水进行清洗，再用 3 倍重量的清水进行浸泡至完全发透。

（2）去根、浸提。捞出水发的银耳，人工将其根去除并投入到 4 倍重量的净化水中进行 40min 的煮制，然后用组织捣碎机进行破碎，粉碎粒度应小于 1mm，所得浆液冷却后备用。

3. 调配。将上述制备的山楂汁、银耳浆以及其他原辅料进行混合调配。具体比例为：山楂汁 60%、银耳浆 10%、白砂糖 12%、琼脂 0.2%、黄原胶 0.15%、柠檬酸 0.02%、山梨酸钾 0.016%、β - 环糊精 0.013%，其余为纯净水。

4. 均质、脱气。先将料液用高压均质机进行均质，在均质压力为 18～20MPa，温度为 50～60℃下均质 3～4min，然后将料液用真空脱气机在真空度为 90.7～93.3KPa，温度为 50～70℃下脱气，以减少维生素 C、色素及香气物质的氧化损失。

5. 灌装、封口、杀菌。将银耳和山楂复合饮料分装到 250mL 玻璃瓶中，封好瓶口。工业生产中采用列管式杀菌器，温度为 110℃，时间 50s，杀菌后冷却至常温即为成品。

（三）成品质量标准

接近新鲜水果或果汁的色泽，具有新鲜水果的香气，香气协调、柔和，具有山楂原味，味感协调、后味强，混浊度均匀一致，无析出现象，不分层。

二、生姜红枣枸杞银耳复合饮料

（一）生产工艺流程

姜→预处理→打浆→糊化→离心→抽滤→加酶去淀粉→灭酶活性→抽滤→脱气

红枣、枸杞→预处理→热处理→打浆→离心→抽滤

银耳→预处理→熬煮→稀释→离心→抽滤

→调配→均质→二次脱气→灌装→加热→加盖→灭菌→冷却→成品

（二）操作要点

1. 红枣枸杞汁制备。

（1）选料及预处理。选用无虫蛀、无霉变变质的干枣，用流水冲洗，并用牙刷刷洗干净，用小刀去核后于 80℃中烘 20min，将表面水汽烘干。选用干燥无虫蛀的枸杞，用清水清洗干净，置于 80℃的烘箱中烘干表面的水分。

（2）热处理。待烘干的红枣与枸杞冷却到室温后，称量红枣的重量，然后按红枣质量:枸杞质量比 9:1 称取相应量的枸杞，放入容器中加入 9 倍红枣质量的蒸馏水，在 90℃恒温水浴中保持加热 30min。

（3）打浆、离心。待容器内红枣液冷却至室温后一起置于打浆机中，搅碎 2min，得红枣液。将红枣液在 3800r/min 条件下离心 5min，取上层清液。

（4）抽滤。先进行粗滤，之后再用 500 目的滤布进行过滤，过滤后得红枣

清液。

2. 姜汁制备。

(1) 选料及预处理。选择新鲜肥厚、无病虫害、无发芽的生姜,去皮后冲洗干净,然后将其切成 2~3mm 厚的薄片。

(2) 打浆、离心、抽滤。加入 10 倍生姜质量的蒸馏水与生姜一起放入打浆机中,加 1% 柠檬酸护色,打浆 5min 后再经离心和抽滤得澄清姜液。

(3) 糊化。将所得生姜汁 90℃ 水浴加热 30min 以改变淀粉的性质。

(4) 酶解、灭酶。按量为 0.1mL/100mL 加入 α-淀粉酶对生姜汁进行酶解。酶解后将生姜汁置于高压灭菌锅内,121℃ 条件下加热 15min。

(5) 抽滤。待生姜汁冷却后,将其抽滤两次后得到生姜澄清液。

(6) 脱气。将生姜汁在 90.7~93.3kPa 真空度下脱气,防止氧气使姜辣素、姜黄素等氧化变色。

3. 银耳汁制备。

(1) 选料及预处理。选择无虫蛀、无霉变的新鲜银耳,先用水冲洗掉表面附着的灰尘及杂质,去掉耳蒂,再用 60 倍水浸泡,并加入少量的碳酸氢钠至 pH 值 7.5 左右,使银耳充分涨发。

(2) 打浆、熬煮。用打浆机将银耳液打浆。将银耳汁煮沸并保持沸腾 30min,注意加热过程中加水以保持质量不变。

(3) 稀释。将所得银耳汁按 1:3 的质量比例加入纯净水,加热至沸腾,保持 5min,注意加热过程中加水以保持质量不变。

(4) 离心、抽滤。待银耳汁冷却后,将其置于离心机中,在 3800r/min 条件下离心 5min。取离心后所得的澄清液进行抽滤,使银耳汁进一步澄清。

4. 浓糖液的制备。按 1:1 (m/m) 比例将冰糖溶解于水中。

5. 调配。将处理好的姜汁、红枣枸杞汁和银耳汁按 3:1:1 的比例混合,加入 0.02% 的抗坏血酸、0.02% 的乳酸链球菌素、0.1% 的柠檬酸与柠檬酸钠(两者比例为 1:1.6)、12% 的冰糖液、0.07% 的食盐、0.2% 的 β-环状糊精。

6. 均质。调配好的溶液在 270kPa 下进行均质,以使纤维素和色素进一步均匀分布于体系中。

7. 二次脱气。由于均质后的饮料混入大量空气,在 90.7~93.3kPa 真空度下进行二次脱气,以防止空气使姜黄素氧化变色,聚合沉淀。

8. 灌装、加热、加盖。将生姜红枣复合饮料装入洗净的玻璃瓶内,加热至沸腾后立即加盖,加盖前要求罐内饮料中心温度必须在 75℃ 以上。

9. 杀菌。将加盖后的饮料放入高压灭菌锅内,121℃ 灭菌 10min,灭菌后立即冷却至室温。

（三）成品质量标准

1. 感官指标。色泽均一，呈橙色；酸甜可口，且有红枣及生姜的特征风味，协调无异味；组织状态均匀一致。因此该饮料具有较好的品质及感官性状。

2. 理化指标。可溶性固形物 10.2%，总糖 1.69g/100g，总酸 0.95g/kg。

3. 微生物指标。菌落总数≤30 个/mL，大肠菌群数≤3.0 个/100mL，致病菌未检出。

三、桃胶银耳保健饮品

（一）生产工艺流程

原料选择→称量→浸泡→漂洗沥水→混合加工→灌装→封口→杀菌→冷却→检测→成品

（二）操作要点

1. 原料选择及预处理。选择干净无杂质桃胶成品，用 50 倍以上冷水浸泡 24h 以上，让桃胶充分胀发直到没有硬芯后，清洗去除杂质备用。将干银耳用 35℃以上的温水浸泡 2h 以上至银耳充分涨发，洗去表面和根部泥沙，剪去银耳黄蒂并将银耳剪成小于等于 2cm 见方小朵，沥水备用。

2. 混合加工。在高压锅中加入泡好的桃胶、银耳、冰糖和枸杞，加水一起加工至成熟后关火，总时间为 40min。待高压阀解压后取出晾凉。各种原辅料的配比为：纯净水 2000g、桃胶 15g、银耳 9g、枸杞 10g、冰糖 90g。

3. 灌装、封口。选用符合食品安全及质量标准的 180mL 塑料空杯放入热封机，液体灌装热封，热封温度为 210~230℃。检查是否有漏封的饮品后将合格品装入杀菌筐中。

4. 杀菌、冷却、检验。将杀菌筐送入预先备好的杀菌池中，杀菌水温 81~83℃，杀菌时间 25min。杀菌后送入一级冷却池，水温为 55~60℃，时间 1~2min，最后送入二级冷却池中，水温常温，冷却至 38~40℃。产品经检验合格即为成品。

（三）成品质量标准

1. 感官指标。组织形态：汁液清亮，组织结构均匀，净置无分层；色泽：除固体物外颜色呈浅金黄透明状，有通透感；滋味：香甜适口，无不良异味；口感：口感柔和，桃胶和银耳软糯。

2. 理化指标。可溶性固形物≥10%，其他理化指标符合 GB/T 12143—2008 标准，食品添加剂符合 GB 2760—2014 标准。

3. 微生物指标。菌落总数≤100 个/mL，大肠菌群≤40 个/100mL，致病菌未检出。

四、银耳复合饮料

（一）生产工艺流程

原料→检选→预处理→称量→水提取→过滤→浓缩→稀释→调配→脱气→均质→超高温灭菌→无菌灌装→成品

（二）操作要点

1. 检选。银耳选用干燥、呈淡黄色、质地硬脆、无异味及其他杂质的干品；竹荪选用色泽浅黄、大小适中、无霉变、无虫蛀的干品；莲子、百合选用无杂质、无霉变、无虫眼的干品，莲子须去芯；蛹虫草选用呈金黄色、有清淡膻香味、无霉变无杂质、质地较硬脆的干品；佛手选用外皮橙黄色、果肉浅黄白色、质地硬脆、切片干品。

2. 原料预处理。原料用清水反复漂洗、去蒂除核，沥干；银耳切分成 3cm×3cm 的小块，竹荪、蛹虫草切分成 3cm 小段，佛手切分成宽 3cm 的长条。

3. 称量。将预处理完的原料按银耳∶百合∶莲子∶佛手∶蛹虫草∶竹荪 = 17∶5∶3∶3∶2∶1 的质量比例进行称量混合。

4. 水提取。将混合原料在常温条件下用水浸泡 2h，使原料充分溶涨，加入 40 倍纯净水，加热至沸腾，保持沸腾 1.5h，过滤；滤渣用 15 倍纯净水于沸腾状态提取 0.5h，过滤；合并 2 次滤液。

5. 浓缩。采用真空浓缩方法，将水提液浓缩至可溶性固形物含量为 47%、28°Bé 的浓缩液。

6. 调配。将浓缩液按比例进行稀释，再按配方要求加入充分溶解的甜味剂、乳化稳定剂和柠檬酸，混匀。纯净水 61.942%、浓缩液 25.182%、复合甜味剂 11.895%、乳化稳定剂 0.681%、柠檬酸 0.3%，复合甜味剂的配比为蔗糖∶蜂蜜∶阿巴斯甜∶赤藓糖醇 = 60∶30∶2∶5，乳化稳定剂的配比为黄原胶∶结冷胶∶CMC - Na = 5∶10∶8。

7. 均质。将调配好的混合液在压力为 20MPa，温度为 55℃的条件下，用均质机均质 2~3min。

8. 超高温灭菌、无菌灌装。对均质后的料液采用超高温瞬时灭菌，灭菌温度 121℃左右，出料温度为 60℃，然后进行无菌灌装，产品灌装后经冷却即为成品。

（三）成品质量标准

色泽：微黄，色泽鲜亮；质地：质地均一，无沉淀及悬浮物；口感：口感细腻、清爽，风味柔和，甜度适宜，回味浓；香气：银耳、蛹虫草等香味浓，风味多样，无异味。

五、银耳百合饮料

（一）生产工艺流程

原料→预处理→加热→打浆→调配→过滤→灌装→杀菌→冷却→成品

（二）操作要点

1. 原料预处理。将银耳和百合干品清洗除杂后放入适量水中浸泡30min，待二者充分吸水膨胀后滤干水分。银耳和百合适宜的质量比为8:1。

2. 加热。将浸泡好的原料银耳和百合加入到其总质量（干重）40倍的纯净水中，于90~95℃温度下加热处理40min。

3. 打浆。将加热后的银耳百合放入打浆机中打浆至料浆颗粒细腻均匀，得到银耳百合浆。

4. 调配。将银耳百合浆与事先充分溶解的甜味剂、稳定剂和酸味剂的溶液充分混合均匀。各种原料的具体比例为：银耳百合浆30%、复合甜味剂（蔗糖和蜂蜜质量比1:2）15%、复合稳定剂（卡拉胶和魔芋精粉质量比1:2）0.3%、柠檬酸0.1%，其余为纯净水。

5. 过滤、灌装、杀菌。将上述经过调配好的饮料经过滤、灌装后，在95℃杀菌30min，再经冷却即为成品。

（三）成品质量标准

色泽：微黄，有光泽；香气：银耳、百合香味浓，风味多样，无异味；口感：口感细腻、爽滑，甜度一般，有回味；质地：质地均匀，稍有沉淀，无悬浮物。

六、银耳黄瓜饮料

（一）生产工艺流程

银耳→清洗→浸泡→打浆→浸提→过滤

↓

黄瓜→清洗→切片→预煮→打浆→过滤→调配→均质、澄清→灌装→杀菌→冷却→成品

（二）操作要点

1. 银耳汁制备。

（1）清洗、浸泡。称取适量无虫、无霉变，颜色洁白的银耳，将其清洗干净，然后加入足量的水浸泡，使银耳充分膨胀复鲜。

（2）打浆。将浸泡好的银耳捞出，沥干水分，按银耳和水质量比1:20的比例加水，然后用打浆机破碎打浆。

（3）浸提。将打浆好的银耳在恒温条件下浸提，温度控制在 60～70℃，时间为 60min，然后利用 6 层纱布进行过滤，向滤渣中再加入银耳质量 10 倍的水，进行第 2 次浸提，温度为 70℃，时间为 30min，将 2 次得到的浸提液合并。

（4）过滤。由于滤液中仍含有较大颗粒，将上述得到的滤液再用 6 层纱布过滤，得银耳汁。

2. 黄瓜汁制备。

（1）清洗、切片。取适量黄瓜，清洗干净，切片，要求薄厚均匀。

（2）预煮。将切好的黄瓜片放进 80℃ 热水中，预煮 2min，以达到钝化酶、护色、软化组织、提高出汁率的目的，然后将黄瓜片捞出沥干水分。

（3）打浆、过滤。按黄瓜和水质量比 1:5 的比例加水，然后放入打浆机，打浆好的黄瓜浆用 6 层纱布过滤，除去残渣，得黄瓜汁。

3. 调配。将银耳汁和黄瓜汁按 2:1 的比例混合调配，然后再加入白砂糖 3%、柠檬酸 0.03%，搅拌均匀，即得到银耳黄瓜复合汁。

4. 均质、澄清。将复合汁置于高压均质机中均质，然后在饮料中加入 0.04% 的硅藻土，在 4℃ 下静置 2h，虹吸得澄清的复合汁。

5. 灌装、杀菌、冷却。将澄清的复合汁注入袋中，在 400～600MPa 下杀菌 10min，即得银耳黄瓜复合饮料。饮料杀菌后经冷却即为成品。

（三）成品质量标准

1. 感官指标。色泽：具有黄瓜和银耳应有的色泽，为鲜亮的浅绿色；滋味和气味：具有黄瓜和银耳应有的滋味和气味，两种原料配比合适，清香味；组织状态：澄清，无杂质。

2. 理化指标。总酸（以柠檬酸计）0.342%，可溶性固形物 5.5%，抗坏血酸 0.3mg/100mL。

3. 微生物指标。符合 GB /T 31121—2014《果蔬汁类及其饮料》的要求。

七、银耳山药复合饮料

（一）生产工艺流程

银耳→浸泡→清洗→去蒂→切碎→热浸提→银耳原汁

↓

山药→清洗→去皮→护色→预煮→破碎打浆→山药原浆→混合调配→均质→热灌装→杀菌→冷却→成品

（二）操作要点

1. 银耳原汁制备。挑选色泽洁白、肉质肥厚的银耳原料去除杂质，用 25～30℃ 的水将挑选好的银耳浸泡至银耳完全发透。将清洗后的银耳切碎，放入锅中加 20 倍水熬煮 20min，进行热浸提。

2. 山药原浆制备。挑选肉质丰满、无芽、无机械损伤的山药，洗净削皮后切成 0.5cm 厚的片块，立即投入 0.2% 柠檬酸护色液中淹没护色。将水加热至 90～95℃，轻轻搅拌，保持在预煮温度下 5min。将预煮过的山药冷却后与护色液按质量比为护色液：山药 =3∶1 的比例混合后进行破碎磨浆，得山药原浆备用。

3. 调配。将银耳汁、山药汁、白砂糖、柠檬酸及稳定剂进行调配。具体调配的比例为：银耳原汁 2.0%、山药原浆 3.0%、白砂糖 8.0%、柠檬酸 0.12%，复合稳定剂为黄原胶 0.12%、CMC－Na 0.04%、海藻酸钠 0.06%，其余为纯净水。

4. 均质、脱气。将混合液经均质机在 15～18MPa 的压力下均质 2 次，温度为 60～70℃，制得均匀稳定的混合液。为防止氧化褐变，将调配均质后的料液泵入真空脱气机中，排除料液中的氧气，排气的真空度为 90～93kPa，时间为 10min。

5. 灭菌、灌装、冷却。将上述处理后的饮料在 100℃下灭菌 30min，分段冷却后进行真空灌装并密封即为成品。

（三）成品质量标准

1. 感官指标。色泽：具有银耳山药的色泽，呈乳白色；滋味及气味：酸甜可口，风味纯正和清爽，具有银耳山药应有的风味，无异味；组织形态：均匀混浊、无分层、无杂质。

2. 微生物指标。细菌总数≤100 个/mL，大肠菌群≤6 个/100mL，致病菌不得检出。

八、银耳芝麻蛋白饮料

（一）生产工艺流程

芝麻→筛选→烘焙→磨浆→细磨→过滤→芝麻浆

银耳→清洗→浸泡→去蒂→热浸→打浆→过滤→银耳浆→调配→均质→装瓶→密封→杀菌→冷却→包装→成品

（二）操作要点

1. 银耳浆制备。选用干燥的银耳，要求呈角质状，硬而脆，外观呈微黄色，将选好的银耳利用清水清洗干净，再加入 25 倍于银耳干重的 55℃的温水，浸泡 1h，然后去掉银耳根部，再在 90℃条件下加热 15min，将溶液和银耳倒入打浆机中打浆过滤，得到新鲜的银耳浆，保存备用。

2. 芝麻浆制备。选用白芝麻，要求色泽洁白、籽粒饱满、种皮薄。将芝麻经过筛选除杂后，送入烘烤箱内，以 120℃烘焙至七八分熟，芝麻烘焙后放置一段时间，冷却后按料水比1:10在打浆机中打浆，再用胶体磨细磨，细度达到120目以上后得到新鲜的芝麻浆备用。

3. 调配。制备好的银耳浆和芝麻浆按照一定的比例混合均匀，再添加其他辅料。具体比例为：银耳浆25%、芝麻浆30%、蔗糖6%、黄原胶0.01%、CMC - Na 0.03%、单甘脂0.20%、蔗糖酯0.01%，其余为纯净水。

4. 均质。将上述调配好的混合液预热至65～75℃，先在25MPa下进行第1次均质，再在18～20MPa下进行第2次均质。采用先高后低的2次均质，可以提高乳化能力，增强稳定效果，提高体系的稳定性并防止分层。

5. 装瓶、密封、杀菌。将调配和均质好的蛋白饮料加热至80～85℃装入饮料瓶中，上空留出1～2cm的空隙，以利于形成真空和减少污染。灌装后立即趁热封盖，然后将静密封好的饮料瓶迅速放入杀菌釜中，杀菌方式为（15′ - 15′ - 15′）/121℃。

6. 冷却、包装。产品杀菌后经冷却至室温，进行包装即为成品。

（三）成品质量标准

1. 感官指标。色泽：呈乳白色，略有黄色，色泽均一；气味：具有浓郁的芝麻香味并伴有银耳特有的风味；口感：口感柔和爽口，香甜；组织状态：组织均匀、无分层现象。

2. 理化指标。固形物≥9%，总糖≥6%，乳化稳定剂符合GB 2760—2014要求。

3. 微生物指标。细菌总数≤100个/mL，大肠菌群≤3个/100mL，致病菌未检出。

九、银耳莲子汁饮料

（一）原料配方

莲子3%、银耳0.6%、白糖和冰糖6%（1:1）、复合稳定剂0.26%（卡拉胶0.09%、结冷胶0.02%、CMC - Na 0.07%、蔗糖酯0.08%），其余为纯净水。

（二）生产工艺流程

银耳→分选→清洗→热浸提→软化酶解→分离

↓

莲子→清洗→浸泡→护色处理→磨浆分离→变性处理→调配→加热→过滤→胶磨→均质→热灌装→封口→杀菌→冷却→检验→成品

（三）操作要点

1. 原料要求及预处理。采用去皮、去芯的新鲜白莲子，应干燥、大小均匀、风味正常，并要严格挑选去除霉变虫蛀的莲子，莲芯去除率要大于75%；银耳要求干燥、呈淡黄色、质地硬脆、无异味及其他杂质。

2. 莲子浆制备。将莲子利用清水清洗后，进行浸泡，浸泡液（护色液）由0.07%的柠檬酸、0.1%的D-异抗坏血酸钠、0.06%的乙二胺四乙酸（EDTA）和软化水配制而成，按莲子：护色液=1:10的比例浸泡，浸泡时间6~8h，使莲子充分吸水膨胀，组织软化有利于磨浆提取。磨浆时将泡好的莲子连同护色液投入磨浆机中进行磨浆取汁，滤渣用软化水进行二次磨浆，以最大限度地利用有效成分。最后制成含5%莲子的莲子浆，并将莲子浆加热到95℃保持10min，以使莲子中的淀粉颗粒糊化、变性，保持成品的稳定性。

3. 银耳液制备。选择符合质量要求的银耳，常温浸泡2~3h后充分涨发，清洗除杂后切碎加入软化水，银耳：水=1:20，将其加热至沸，保持微沸40min，银耳呈软烂状态，此时分离出多糖液，剩余部分主要为纤维质和蛋白，加入10倍温水并加入复合蛋白酶液于50℃保持2h，加热至沸，分离取汁，二者合并制得含3%银耳的半透明状黏稠浸液。

4. 银耳莲子汁调配。按配方要求分别加入莲子浆、银耳处理液、白砂糖、冰糖及溶化好的稳定剂和各种辅料等，然后搅拌升温到80℃。

5. 胶磨、均质。即细微化处理，先利用胶体磨进行处理，然后再利用均质机进行处理，使蛋白质、淀粉粒子细微化，保持一定的混浊度和悬浮稳定性，获得不易分离和沉淀的均匀乳状液。均质物料温度≥75℃，均质压力30MPa。

6. 热灌装、封口、杀菌、冷却。将经上述处理后的饮料进行热灌装后立即进行封盖，并迅速进行杀菌。杀菌要求温度控制在121℃时间20min。杀菌公式为：15′—20′—15′/121℃。杀菌结束后经冷却检验，合格者即为成品。

（四）成品质量标准

1. 感官指标。色泽：乳白色至乳黄色，光泽度好；香气：具有莲子银耳清香气；滋味：口味纯正，细腻爽滑，无其他异味；形态：均匀乳化，无分层、无沉淀、无肉眼可见杂质。

2. 理化指标。可溶性固形物≥8%，蛋白质≥0.4g/100mL，pH值5.5~6.5，总砷（以As计）≤0.2mg/L，铅（以Pb计）≤0.05mg/L，铜（以Cu计）≤5mg/L。

3. 微生物指标。细菌总数≤100个/mL，大肠菌群≤3个/100mL，霉菌≤20个/mL，酵母≤20个/mL，致病菌不得检出。

十、银耳乳饮料

（一）生产工艺流程

水、绵白糖、柠檬酸、稳定剂→杀菌→过滤

↓

原料预处理→调整水分→挤出→匀浆→调配→定容→冷却→均质→灌装封口

→二次杀菌→冷却→成品

（二）操作要点

1. 原料预处理。选择无霉变、无病虫害、品质优良的干银耳，用流动水冲洗干净，去除杂质，然后于40℃条件下烘干至水分含量为6%～8%，再经粉碎过100目筛得银耳粉，备用。

2. 挤出。将上述银耳粉做单螺杆高温高压挤出处理，挤出温度150℃，物料加水量为银耳粉质量的50%。挤出处理的银耳于60℃条件下烘干处理、粉碎，使其全部通过100目筛，备用。

3. 匀浆。将挤出处理后的银耳按照料水比1:6（m/m）加纯净水，匀浆处理，制备银耳浆料，并使其全部通过100目筛，备用。

4. 原辅料处理。洁净条件下将绵白糖、柠檬酸及稳定剂混合均匀，缓慢加入温水搅拌使物料全部溶解，加热煮沸（100℃、5min）进行杀菌处理，冷却过滤得到混合糖浆，备用。

5. 调配。用适量温开水将乳粉复原后与银耳浆料混合均匀，后加入上述混合糖浆中定容，制备银耳乳饮料。各种原辅料调配的比例为：银耳浆料15%、柠檬酸0.10%、乳粉2%、复合稳定剂（明胶和羧甲基纤维素）0.20%、绵白糖8%，其余为纯净水。

6. 均质。将上述调配好的饮料送入均质机中，在55℃、25MPa条件下对上述乳饮料进行均质，以提高饮料中各种成分的分散均匀性，改善产品的口感，提高产品的稳定性。

7. 灌装封口。高压均质处理的银耳乳饮料立即灌装于预先杀菌处理的洁净玻璃瓶中，封口，操作时尽量保持洁净操作，避免杂菌污染。

8. 二次杀菌、冷却。产品灌装封口后要进行二次杀菌，杀菌温度为100℃，时间5～8min。杀菌结束后的银耳乳饮料，采用逐级冷却的方法进行冷却，先后用80℃和50℃温水喷淋至室温，这样既可以防止爆瓶，又可以最大限度避免产品中的热敏感性营养成分被破坏。产品经冷却后即为成品。

（三）成品质量标准

1. 感官指标。色泽：呈均匀乳白色；组织状态：均匀细腻的乳状液体，无分层，无沉淀；气味：乳脂香味适中，有银耳的清爽，诸味协调，无异味、无刺激性气味；滋味：酸甜适中，柔和细腻，口感爽滑。

2. 理化指标。可溶性固形物10.50%，总糖6.37%，蛋白质1.15%。

十一、珍珠桂圆银耳乳饮料

（一）原料配方

桂圆果粒15%（桂圆原料44%）、银耳（干品）1%、大枣10%、白砂糖

5%~7%、柠檬酸0.2%、黄原胶0.2%、CMC-Na 0.2%、琼脂0.4%，其余为纯净水。

（二）生产工艺流程

大枣→浸泡→熬制→过滤　　　桂圆→脱皮去核→匀浆→造粒

↓　　　　　　　　　　　　↓

银耳→浸泡→熬制→匀浆→调配→过滤→胶体磨→均质→杀菌→冷却→灌装→压盖→杀菌→成品

（三）操作要点

1. 原料选择。选取干燥、白色肉厚、杂质少、无霉变的银耳干品。选取粒大饱满，完整，无霉变、虫蛀，色泽正常新鲜的桂圆。选取色泽鲜艳，肉厚，粒大新鲜的大枣。

2. 浸泡。先将银耳和大枣用清水洗净，再用适量温水浸泡3h，使其吸水膨胀。浸开后的银耳剪成1cm×1cm的碎片，然后煮制约为1h。将发好的大枣进行煮制约1h后捞出，将熬出的汁液与银耳煮汁匀在一起。

3. 桂圆处理。将桂圆去壳、去核及其他杂质，进行匀浆，然后稀释1倍，以留造粒用。

4. 调配、均质、杀菌。按配方称取白砂糖、柠檬酸、复合悬浮稳定剂，用适量水加热溶解，加入大枣水与银耳汁中，分次进行匀浆，再用180目的滤布进行过滤，然后将滤液过一遍胶体磨，进行第一次杀菌，杀菌温度70~75℃，时间30min。

5. 造粒。在桂圆浆加入一定量的海藻酸钠，然后滴入一定浓度的葡萄糖酸钙溶液，待胶粒成型后捞出需清水漂洗25min。将其和上述处理好的饮料混合均匀。

6. 空瓶处理。选用250mL规格的优质玻璃瓶，配内衬塑胶垫的镀锌铁盖旋压封口。空瓶用稀碱水洗刷，清水冲净后倒置，蒸汽消毒30min，瓶盖随同洗涤消毒。

7. 灌装、封盖、杀菌。将调配好的溶液定量灌装到经消毒的空瓶内，迅速旋盖封口，灌装后检查封盖是否严密、有无破损，并擦净瓶边瓶盖上的溶液，进行第二次杀菌，杀菌温度70℃，时间30min。杀菌结束后经冷却即为成品。

（四）成品质量标准

1. 感官指标。产品色泽具有大枣的原有颜色，砂囊均匀分散于液体中，无分层现象，有果肉之外的杂质。

2. 理化指标。可溶性固形物10%~12%，总酸0.1%~0.2%。

3. 微生物指标。符合国家标准。

十二、搅拌型枸杞银耳酸奶

(一) 生产工艺流程

绵白糖 + 脱脂牛奶 + 枸杞汁

↓

鲜牛奶→调配→均质→杀菌→冷却→接种→恒温培养→后发酵 + 银耳→搅拌均匀→ 成品

(二) 操作要点

1. 原料。选用鲜牛乳，要求酸度 < 18°T，杂菌数≤50 万个/mL，总干物质≥11.5% ,不含抗生素和抑菌物质；枸杞要求色泽鲜红，质优；银耳要求肉厚而朵大，圆形伞盖。

2. 枸杞汁制备。枸杞用50℃的温水淘洗3~4 次，洗掉粉尘、杂质，沥干水分，加5 倍水煮制 30min 后，打浆、榨汁得枸杞汁。

3. 银耳粒制备。将选好的银耳在冷水中充分泡发，剔除耳蒂，利用清水漂洗，将其打成直径约 2mm 的颗粒备用。

4. 调配、均质。在选好的鲜牛奶中加入 8% 的绵白糖、2% 的枸杞汁和2% 的脱脂牛奶进行调配，然后送入均质机中在 20MPa 下均质 5min。

5. 杀菌。将上述均质好的物料进行杀菌处理，温度为95℃，时间5~10min，以杀灭原料中的杂菌，同时高温杀菌有利于白蛋白变性凝固，提高产品硬度，促进酸奶的凝固。

6. 冷却、接种。杀菌后的混合乳冷却至 42℃ 左右，按 3% 的接种量接入菌种 (嗜热链球菌和保加利亚乳杆菌比例为 1:1)。

7. 发酵。在 42~43℃ 下恒温进行发酵，时间为 4~6h。

8. 后发酵、搅拌。发酵结束后立即进行产品冷藏，温度为 3~5℃，时间为12h，抑制菌种活性，使其不再产酸，保持产品酸度均一。后发酵完成后在其中加入 2% 的银耳粒，充分搅拌均匀即为成品。

(三) 成品质量标准

1. 感官指标。色泽：色泽微红，均匀一致，具有光泽；组织状态：组织细腻，质地均匀，黏度适中，无乳清分离和气泡产生；滋味和气味：清淡爽口，酸甜适中，兼有枸杞特有的香味和滋味，无任何异味。

2. 理化指标。总糖 10%~12%，总酸度 80~90°T，pH 值 4.2~4.3，固形物含量 17.6%。

十三、搅拌型银耳枸杞酸奶

（一）生产工艺流程

银耳→浸泡→清洗→切碎→熬煮→过滤→银耳汁　　　枸杞果肉
　　　　　　　　　　　　　　　　　　↓　　　　　　　↓

牛奶→预热→杀菌→添加蔗糖→冷却→接种→培养→冷却→搅拌→灌装→冷藏后熟→成品

（二）操作要点

1. 银耳汁制备。称取定量银耳将其浸泡洗净后切成碎片，取银耳颗粒，用5倍纯净水熬煮30min，在熬煮过程中要求不停搅拌，以免发生糊锅现象，将熬煮好的银耳静置10min放凉，用四层纱布过滤得到银耳汁，冷藏备用。

2. 枸杞果肉制备。枸杞选用宁夏枸杞，将枸杞洗净后加入清水煮沸捞出，再次用纯净水清洗冷却备用。

3. 牛乳预处理。将牛奶用水浴的方式加热杀菌，按6%加入蔗糖，在加热过程中搅拌至融化，之后将牛乳迅速冷却到20℃左右。

4. 接种、加银耳汁。采用保加利亚乳杆菌和嗜热链球菌1:1混合发酵剂，接种量为3%，将发酵剂和银耳汁加入灭菌牛乳中，在42℃恒温条件下发酵4h。

5. 搅拌、灌装。将发酵4h的酸奶降温至10℃左右，加入10%的枸杞果肉，搅拌均匀后进行灌装。

6. 冷藏后熟。将灌装好的酸奶放入0~4℃的条件下冷藏后熟12~24h，最终得到成品。

（三）成品质量标准

色泽：呈乳白色，红色果肉分布均匀；风味：酸奶味香浓，口味协调；滋味口感：具有酸奶特有的细腻，滑爽；组织状态：凝乳均匀，无杂质，无或有少量乳清析出。

十四、银耳冰激凌

（一）原料配方

银耳5%、单甘脂0.4%、明胶0.2%、全脂乳粉8%、绵白糖10%、糊精5%、羧甲基纤维素0.3%、其余为纯净水。

（二）生产工艺流程

　　　　　　　　　经处理的全脂奶粉、CMC、单甘脂、明胶、糊精、绵白糖
　　　　　　　　　　　　　　　　　　↓

银耳挑选→浸泡→清洗→蒸煮→破碎→银耳浆料→配料→杀菌、冷却→均质

→老化→凝冻→灌装→硬化→贮藏→成品

（三）操作要点

1. 银耳浆料制备。选择无霉变及无病虫害的优质干银耳，用流动水将其冲洗干净，并按1:5（m/V）比例混合，将银耳与水常温浸泡至银耳完全复水，进行高压煮制软化处理，煮制压力1.8MPa、时间35min，然后冷却破碎成可全部通过60目筛的银耳浆料，冷藏备用。

2. 混合糖浆制备。按配方要求准确称取绵白糖、单甘脂、CMC、明胶、糊精，混合均匀，加入适量水，边搅拌边加热，于95~100℃温度下杀菌5~8min，利用100目筛过滤，冷却至55~60℃备用。

3. 银耳冰激凌混合料制备。全脂奶粉与纯净水按料液比1:5加水溶解，于95~100℃的温度下进行5~8min杀菌，经冷却后加入到混合糖浆中，边搅拌边加入银耳浆料，加热至沸腾，维持5~8min杀菌处理，冷却。

4. 均质。均质是将浆料中的颗粒分散成更细小的微粒，形成均匀的悬浮液，对提高产品抗融性、成形性口感、细腻度和润滑度都有重要作用。银耳冰激凌混合浆料均质压力20MPa、温度45~50℃。

5. 老化。均质后的混合料经冷却至4~6℃，送入老化缸老化处理，保持8~12h老化处理。

6. 凝冻。老化后的冰激凌料在-5~-7℃进行凝冻，得到软质冰激凌。

7. 灌装、硬化、贮藏。凝冻后的冰激凌立即包装、硬化。-20~-25℃条件下硬化处理得到硬质冰激凌，贮藏于-18℃左右的冷库中。

（四）成品质量标准

1. 感官指标。色泽：呈乳白色，颜色均匀一致；组织状态：细腻，形态完整，无塌陷，无空洞；风味：香甜可口，无异味，风味纯正，清爽；口感：柔滑，细腻。

2. 理化指标。总固形物含量40.0%，蔗糖16.6%，蛋白质5.2%，脂肪6.4%。

3. 微生物指标。符合国家标准GB/T 31114—2014。

十五、银耳发酵酸乳

（一）生产工艺流程

乳粉、蔗糖、稳定剂
↓

干银耳→浸泡→清洗→切碎→预煮→打浆→过胶体磨→过滤→调配→均质→灭菌→冷却→接种→发酵→冷却、后熟→成品

（二）操作要点

1. 原料预处理。挑选优质干银耳，用清水泡发，洗净，然后进行预煮、打浆、过胶体磨再经过滤得多糖含量较多的银耳汁。银耳汁制备的最佳条件为：料水比1:200、浸提温度100℃、浸提时间90min。

2. 乳酸发酵剂制备。将脱脂乳粉（10%）与水混合作为培养基，高压蒸汽灭菌121℃，10min，冷却至42℃左右，在无菌条件下接入一定量已活化好的混合菌种（1:1），充分混合均匀后，放入42℃恒温培养箱内发酵，待培养至凝固后转移至4℃冰箱保存，以相同的方法扩培2~3次。

3. 原料的混合及处理。将银耳浆与乳粉（5%）、糖（7%）混合，加入稳定剂（0.05%明胶），在70℃、25MPa压力下均质。

4. 灭菌接种。将混合原料在121℃下灭菌10min，冷却至42℃左右时，按6%的接种量接入发酵剂，混合均匀后分装封口。

5. 发酵、冷却、后熟。分装后转移至恒温条件下进行发酵培养，发酵温度为42℃，凝乳后移至4℃条件下冷藏12~24h得到银耳酸乳成品。

（三）成品质量标准

乳白偏黄，香味纯正，并有银耳特有的清香，爽滑细腻。

十六、新型银耳黄酒

（一）生产工艺流程

银耳汁
↓

糯米→液化→冷却→拌曲→主发酵→后发酵→过滤、煎酒→成品

（二）操作要点

1. 糯米液化。取500g糯米粉碎、过筛，按料液比1:2加水，100℃添加9U/g耐高温α-淀粉酶，液化时间20min，液化后的DE值为18.1。

2. 银耳汁提取。利用水提法，取100g的银耳加入800g的纯净水，高温水煮30min，过滤备用。

3. 冷却、拌曲。将糯米液化液冷却到60℃时添加100U/g糖化酶，糖化3h，冷却至室温时加入12.5g红曲、2g的甜酒曲，同时添加30%银耳汁，充分混合均匀。

4. 主发酵。温度发酵控制在27℃左右，20h后进行首次开耙，目的是降低酒的温度，排出二氧化碳，补充新鲜空气，有利于发酵。主发酵时间为7d。

5. 后发酵。主发酵后将温度控制在15℃左右进行后发酵，后发酵时间为7d。

6. 过滤、煎酒。将经后发酵的酒液按照黄酒生产的工艺进行过滤，然后采用巴氏消毒法进行煎酒，温度为80~90℃，时间30min。煎酒后经冷却、包装即为成品。

十七、银耳红枣发酵酒

（一）生产工艺流程

赤砂糖、红枣浓缩汁
↓

银耳→挑选→清洗、浸泡→加水打浆→胶体磨磨浆→配料→接种酿酒酵母→发酵→过滤→后酵→陈酿→澄清→过滤→调配→灌装→成品

（二）操作要点

1. 原料挑选、清洗、浸泡。选用肉厚而朵大、圆形伞盖的银耳。将清洗干净的银耳加水浸泡，浸泡条件为 85~90℃，时间 90min。

2. 加水打浆、胶体磨磨浆。将浸泡充分的银耳沥水，再按银耳:水 = 1:20 的比例加水打浆，然后利用胶体磨进行磨浆。

3. 配料。胶体磨磨浆后，分别加入浆料量 15%~20% 的赤砂糖、15% 的红枣浓缩汁，并用 50% 柠檬酸溶液调浆液 pH 值至 4.5~5.0，混合均匀。

4. 接种酿酒酵母、发酵。按每吨浆液接种果酒活性干酵母 0.5~1.0kg，在 23~25℃ 温度下，保温发酵 7~8d。

5. 过滤、后酵。发酵结束后，将发酵液进行渣液分离，分离出的清液即为原酒。将原酒液移入发酵罐内进行后发酵，发酵温度 15~20℃，时间为 30~50d，使残糖进一步发酵，增加产品风味。

6. 陈酿。后酵结束的澄清酒液用虹吸管吸入贮存容器内，在 8~12℃ 下贮存，进行陈酿。其间需用虹吸方法换容器若干次，以除去酒中的沉淀，陈酿时间一般在 12 个月以上。

7. 澄清、过滤。将明胶在冷水中浸泡 12h，以除去异味，然后将浸泡水弃去，重新加水，在微火上加热，不断搅拌，使其溶解，加入定量酒液进行适当稀释后，再按每吨酒液添加 80~150g 明胶的比例，将明胶酒液加入大批酒液中，搅匀，静置 2~3 周，待沉淀完全后，用虹吸方式抽取上层酒液后用硅藻土过滤机进行过滤。

8. 调配、灌装。根据酒的质量标准及原酒的酒精度、含糖量、酸度等，将不同批次的原酒按计算好的比例进行混合调配。调配后的酒有很明显的不协调生味，也容易产生沉淀，需贮存 1~2 个月后进行灌装。由于产品的酒精度（vol）≥10%，因此不需杀菌工序，可直接灌装在洗净的瓶中。

（三）成品质量标准

1. 感官指标。酒液呈棕红色，澄清透明，有光泽，无明显悬浮物及沉淀物，具有银耳、红枣及酒的和谐香味，酸甜协调。

2. 理化指标。酒精度（vol）10%~12%，含糖量（20~50）g/L，总酸（以柠檬酸计）（2~5）g/L，干浸出物≥18g/L，铅（以 Pb 计）≤0.2mg/kg。

3. 微生物指标。微生物指标应符合 GB 2758—2012《食品安全国家标准 发酵酒及其配制酒》的要求。

第三节 其他银耳食品

一、即食银耳羹

（一）生产工艺流程

冰糖或白糖→加热溶解→趁热过滤
银耳→预处理→熬煮→调 pH 值 }→配料灌装→杀菌→冷却→检验→成品
莲子、百合等→预熟化

（二）操作要点

1. 预处理。用银耳原料量的 15~20 倍水浸泡 0.5~1h，除去黑色、焦黄色等残次银耳片及银耳根部，拣选出毛发、植物枝叶等异物，用不锈钢网沥干表面水分。

2. 熬煮。将沥干的银耳放入反应罐中，加入银耳干重的 10 倍纯水进行熬煮，其最佳条件为：温度 50℃、时间 25min、pH 值 5.5、果胶酶添加量 0.7%。

3. 调节 pH 值。升温至 100℃，维持 5min，再加入柠檬酸，充分搅拌，使银耳羹的 pH 值为 4.0~4.6。

4. 糖预处理。称取总重量 12% 的蔗糖（白砂糖或单晶冰糖），加热、搅拌至糖溶解完全，趁热用绒布过滤。

5. 莲子、百合预熟化。将莲子用热水发涨，分瓣去莲芯；百合薄片用热水浸发；将莲子和百合置蒸锅蒸 30min。

6. 配料、灌装、覆膜封口。用膏体定量灌装机将银耳羹装入塑杯并同时加入已预熟化的莲子、百合等配料，用封口机进行覆膜封口。

7. 杀菌、冷却、检验。将封口完好的塑杯银耳羹置微波灭菌机中杀菌，杀菌时间 3min，杀菌结束后经冷却、检验合格者即为成品。

（三）成品质量标准

1. 感官指标。内容物汤汁浓稠，银耳块状软糯，清甜适口，具有浓银耳汤固有的色泽和风味，无异味、无杂质。

2. 理化指标。可溶性固形物 10%，固形物 38%，pH 值 4.0~4.6，其他理化指标均应符合 GB 7098—2015《食品安全国家标准 罐头食品》的规定。

3. 微生物指标。应符合罐头食品商业无菌的规定。

二、红枣银耳复合果冻

（一）原料配方

复合果汁（红枣汁：银耳汁＝2：1）20%、复配胶（魔芋胶：黄原胶：卡拉胶：琼脂＝2：1：1：1）1.5%、白砂糖12%、柠檬酸0.1%，其余为纯净水。

（二）生产工艺流程

红枣→挑选→清洗→浸泡→煮制→打浆→过滤→离心→红枣汁
银耳→选料→清洗→剪碎→浸泡→浸提→过滤→银耳汁   } →调配→浓
凝胶剂、白砂糖→加水混匀→浸泡溶涨→煮沸→过滤→糖胶液
缩→加柠檬酸→灌装→杀菌→冷却→成品

（三）操作要点

1. 红枣汁制备。选择果肉紧密、枣香浓郁的优质红枣，清洗干净，去除果柄、果核。将红枣与水按体积比1：5在室温下浸泡，待枣肉膨胀后熬煮至熟烂，入打浆机打浆，用100目滤布过滤，在4000r/min转速下离心10min，收集上层清液即得风味浓郁的红枣汁。

2. 银耳汁制备。选择色泽洁白、肉质肥厚的优质银耳，清洗干净，用不锈钢剪刀剪成颗粒，加干银耳重量25倍的水浸泡使其充分吸水膨胀，然后加热熬煮浸提，浸提液用100目滤布过滤即得银耳汁。

3. 糖胶液制备。将凝胶剂和白砂糖在水中浸泡，搅拌15min使其混合均匀，充分溶涨，加热煮沸2~3min，待胶体完全溶解后，用100目滤布过滤除去微量杂质及泡沫，即得澄清透明、光滑黏稠的糖胶液。

4. 调配、浓缩、加酸。将红枣汁和银耳汁按比例混合均匀，加入到糖胶液中，搅拌混合均匀。将配好的混合液进行浓缩，在温度为60~70℃时加入0.1%柠檬酸，温度上升到100℃时停止浓缩。浓缩时为防焦糊要不断搅拌。

5. 灌装、杀菌、冷却。趁热灌装、密封后于85℃下保持15min进行灭菌，迅速冷却后即得成品。

（四）成品质量标准

1. 感官指标。色泽：褐色，半透明，颜色均匀一致；风味：有明显的枣香味和银耳香味；口感：入口润滑、细腻，酸甜可口；组织状态：成冻完整，质地均匀，不粘壁，弹性、韧性好，表面光滑，无裂痕，无气泡。

2. 理化指标。总酸（以柠檬酸计）≤0.2%，总糖（以蔗糖计）≤13%，可溶性固性物（以20℃折光仪计）≥40%，重金属含量符合国家标准。

3. 微生物指标。细菌总数≤100个/g，大肠菌群≤30个/100g，致病菌不得检出。

三、可吸型银耳莲子果冻

（一）生产工艺流程

莲子→挑选→浸泡→匀浆　　柠檬酸、白砂糖、复配胶

↓　　　　　↓

银耳→挑选→泡发→去蒂、清洗→匀浆→煮制→过滤→调配→灌装→杀菌→冷却→检验→成品

（二）操作要点

1. 银耳选择。选择无异味或微有酸味，朵大体松，肉质肥厚，坚韧而有弹性，色泽呈白色或略带微黄，蒂小无根、无黑点、无杂质银耳为原料。

2. 银耳预处理。量选好的银耳用温水浸泡 3~4h，去蒂、清洗干净，将其剪成 1cm×2cm 左右的碎片，然后按银耳与水为 1:5 的比例送入组织捣碎匀浆机中匀浆 2~3min。

3. 莲子选择。选择颗粒卵圆、均匀一致、表皮粉红透白、色泽一致，有莲子固有的清香、无异味的莲子为原料。

4. 莲子预处理。将莲子利用清水清洗干净后用温水浸泡 6~12h，然后按莲子与水为 1:10 的比例，放入组织捣碎匀浆机中匀浆 3~4min。

5. 煮制、过滤。将银耳汁和莲子汁混匀，煮 3~4h，然后用四层纱布过滤。

6. 调配。将 0.8% 的复配胶（黄原胶和卡拉胶复配，比例为 7:3）和 14% 的白砂糖混匀，加入 20 倍水，边加热边搅拌，保持温度在 80℃ 左右保持 10~15min，使糖胶完全溶解。将糖胶边搅拌边加入 80℃ 的银耳莲子汁液中，冷却到 70℃ 时加入 0.12% 的柠檬酸搅拌均匀。

7. 灌装、杀菌、冷却。将调配好的物料趁热灌装，密封后于 85℃ 下保持 15min 进行杀菌，迅速冷却后经检验合格者即得成品。

（三）成品质量标准

1. 感官指标。细腻爽滑，具有银耳、莲子独特风味，呈半流体凝胶状，能够用吸管或吸嘴直接吸食，脱离包装容器后，呈不定形状。

2. 微生物指标。细菌总数≤100 个/g，大肠菌群≤30 个/100g，无致病菌检出。

四、清冻型银耳莲子果冻

（一）生产工艺流程

莲子→泡发→去芯→粉碎→熬煮→过滤→莲子提取液

↓

银耳→泡发→去蒂→洗净→粉碎→熬煮→过滤→银耳提取液→调配→灭菌→

灌装→冷却→成品

（二）操作要点

1. 银耳提取液制备。选用优质干白木耳，温水浸泡 3h，至充分膨胀，清洗干净备用。用不锈钢剪刀剪成颗粒，将处理好的白木耳碎片放入锅中加入 10 倍的水，用组织捣碎机破碎 3min，加热熬煮浸提，浸提液用 200 目的尼龙过滤网过滤即得银耳汁。

2. 莲子提取液制备。选用优质莲子，清洗干净，去芯，将莲子与水按体积比 1:5 在室温下浸泡，待莲子膨胀后熬煮至熟烂，用组织捣碎机破碎，用 200 目的尼龙过滤网过滤，即得莲子提取液。

3. 调配。选用黄原胶与卡拉胶复配（比例为 7:3）作为凝胶剂。凝胶剂按比例加入水中加热溶解，待胶液降温至 70℃。将银耳提取液和莲子提取液混合均匀，加入凝胶剂和白砂糖，混合，搅拌均匀，边搅拌边加入柠檬酸溶液。具体配比：银耳莲子提取液（银耳提取液和莲子提取液之比为 2:1）40%、胶凝剂 1.1%、柠檬酸 0.125%、白砂糖 15%，其余为纯净水。

4. 灌装、杀菌、冷却。将调配好的物料趁热进行灌装，密封后于 85℃下保持 15min 进行杀菌，杀菌后迅速冷却后即得成品。

（三）成品质量标准

色泽：乳白色，半透明状；外观：质地均匀，无杂质；风味：具有银耳及莲子特有的风味，无异味；口感：酸甜适口，口感细腻，富有弹性。

五、魔芋银耳保健粉丝

（一）生产工艺流程

魔芋精粉膨化

↓

银耳浸泡→打浆碾磨、细化→精炼、脱气→吐丝、成形→固化、定形→装袋、保鲜→杀菌→成品

（二）操作要点

1. 原料选择。选择无虫害、无霉变、表面颜色良好的优质银耳。采用经过二次碾磨的魔芋精粉，要求色白、无霉变、无杂质，黏度大于 $8.0Pa \cdot s$，过 100 目筛通过的颗粒数大于 90%，水分含量低于 8.0%，残留 SO_2 小于 0.38g/kg，碘反应不呈蓝色。

2. 原料预处理。称取适量银耳，用水洗去表面的附着物，将清洗干净的银耳加足量的水浸泡，时间约 100min，使其完全复水放开，然后除去银耳根部的木屑。将浸泡好的银耳捞出沥干水分，按银耳:水为 1:(2~2.5) 比例加水，用打浆

机破碎，再用胶体磨进行细磨。

3. 膨化。常温下将优质的魔芋精粉和水按 $1:(20\sim1:25)$ (w/V) 的比例在不锈钢膨化机中混合，低速搅拌，防止气泡过多混入，之后加入碾磨细的银耳匀浆，混合均匀，至膨化液不随搅拌翅转动即停止搅拌。再静置膨化 $2\sim2.5h$，形成稳定悬浮液。

4. 精炼、脱气、吐丝、成形。膨化液以 60L/min 速度进料到带真空装置的精炼机中，同时加入预先配制的 2% 的食用氢氧化钙溶液（或澄清的石灰水溶液、碳酸氢钠溶液），以约 0.5L/min 的进液速度与膨化液混合，启动搅拌机以 500r/min 的转速搅拌，使其充分混匀。同时，打开真空泵，将精炼机中的空气和膨化液中小气泡抽尽，以保证喷丝后产品内部无大量的小气泡。然后，经不锈钢喷丝机将膨化液以丝状凝胶吐入 $85\sim90℃$ 的流动热水中形成热不可逆凝胶，让粉丝保持在流动状态下定形，避免固化前产生丝体黏结现象。

5. 固化定形。随热水流出的粉丝进入盛有食用氢氧化钙稀碱液（澄清的石灰水）的贮槽内，静置固化 20h，在此期间采用 0.5% 的食用氢氧化钙溶液（或澄清石灰水）更换浸泡液，常温下换水 2 次，夏天换水 3 次。保持固化液中的钙离子浓度，避免粉丝发生脱水收缩。

6. 装袋、保鲜、杀菌。利用温水配制一定量的柠檬酸溶液，在溶液中加入少量的焦亚硫酸钠，并调整 pH 值为 5.0，将粉丝从固化槽中捞出用酸液喷淋处理，然后装袋，封口后转入杀菌器内，用 85℃ 的热水杀菌 30min。

（三）成品质量标准

1. 感官指标。色泽：雪白，表里一致，有透明感；外观：无杂质、无斑点、无可见絮状物，外表光滑，质地均匀，袋装 6 个月后无黏丝、化汤现象；口感：有咬劲，柔和爽口，无魔芋粉的苦涩味道；弹性：拉伸复原性好，保存中无明显变形现象。

2. 理化指标。粉丝直径 $0.6\sim0.8mm$，断条率 $\leqslant14.0\%$，SO_2 残留 $\leqslant0.13g/kg$，碘反应无色。

3. 微生物指标。细菌数 <1000 个/g，大肠菌群 <30 个/100g，致病菌不得检出。

六、雪梨银耳低糖复合果酱

（一）生产工艺流程

银耳→浸泡→清洗→分瓣、除蒂→熬制→打浆

⬇

雪梨→清洗→去皮、去核→切块→软化→打浆→混合→调配→加热浓缩→装

罐→密封→杀菌→冷却→成品

（二）操作要点

1. 原料预处理。将雪梨清洗干净、去皮后切成小块，浸入柠檬酸水溶液中，柠檬酸的用量为0.15%。银耳浸泡清洗后分瓣、除蒂、除去较黄的部分。

2. 软化。将银耳放入不锈钢锅中，并加入少量水，煮沸15～20min进行软化。将雪梨及柠檬酸水溶液一起倒入不锈钢锅，补充少量水，煮沸10～15min进行软化，预煮软化要求升温要快、将果肉煮透，便于打浆和防止变色。

3. 调配浓缩。将雪梨浆液与银耳浆液按1:1的比例混合调配，然后倒入不锈钢锅中熬制。先旺火煮沸10min，后改用文火加热，分3次加入白砂糖（用量为4.5%），在临近终点时，加入0.05%山梨酸钾防腐。为防止结晶和锅底焦化，整个过程要不断搅拌。

4. 装罐密封。将玻璃瓶及瓶盖用清水彻底清洗干净后，用温度95～100℃的水蒸气消毒5～10min，沥干水分。果酱出锅后，迅速装罐（顶隙2～3mm）并迅速拧紧瓶盖。每锅果酱分装完毕时间不能超过30min，酱体温度要求不低于80～90℃。

5. 杀菌、冷却。装瓶后放入灭菌锅中，在85℃水浴中杀菌15min，灭菌结束后分段冷却至室温即为成品。

（三）成品质量标准

1. 感官指标。色泽：米白色且有光泽；滋味与香气：酸甜适口，滋味柔合纯正，有雪梨和银耳的混合清香，且香气谐调；组织形态：酱体均匀呈凝胶状，有一定的流动性，不析水、不结晶。

2. 理化指标。pH值为3.8，维生素C 1.6 mg/100g，粗蛋白质0.38g/100g。

3. 微生物指标。细菌总数≤100个/g，大肠菌群≤30个/100g，致病菌未检出。

七、银耳红枣山楂复合果酱

（一）原料配方（以200g成品计）

红枣50g、银耳50g、山楂12g、白砂糖11g。

（二）生产工艺流程

原料预处理→称重→预煮→加水→打浆→果浆混合→熬煮→装罐→密封→灭菌、冷却→检验→成品

（三）操作要点

1. 原料处理。红枣、山楂要求选择色泽明亮并无伤烂病虫的果实。银耳要求选择颜色自然、表面干净无污的干制品。银耳先用40℃温水泡发1h、利用清

水洗净、沥去多余水分后切碎备用；红枣、山楂去核去蒂并利用清水洗净。

2. 预煮、打浆。将山楂放入开水中煮 3min 至膨胀变软，捞出冷却后加入 4 倍左右的水打浆，打浆时间 30s；红枣煮 3min 至膨胀圆润，待冷却后加入 2 倍的水后打浆，打浆时间 30s。银耳事先泡发，清洗干净后去根，沸水中煮制 5min 至软烂，表面略微黏稠，捞出冷却后加入 2 倍的水打浆，打浆时间 10s。

3. 熬煮。熬煮温度为 120℃，采取一次煮成法。熬煮过程中加入山楂果浆进行酸味调节，然后再加入白砂糖进行熬煮，总熬煮时间为 15min。熬煮出锅标准：用平勺挑起果酱呈片状落下，果酱中心温度达 105℃ 时即可。

4. 装罐。将熬煮出锅的果酱趁热（酱中心温度 80℃ 以上）装入经高温灭菌后的干净玻璃罐中并拧紧密封。

5. 灭菌、冷却、检验。将玻璃罐放入沸水中热煮灭菌，灭菌时间 15min 左右，灭菌后将其晾至室温。检查成品有无漏气、胀罐现象等，经检验合格者即为成品。

（四）成品质量标准

1. 感官指标。色泽：呈均匀一致的红褐色；风味：具有浓浓的红枣气味，酸甜适度，口感细腻滑润；组织状态及涂抹性：组织状态均匀，可均匀涂抹，无杂质。

2. 微生物指标。无致病菌及微生物作用所引起的腐败象征，符合 GB 7098—2015《食品安全国家标准　罐头食品》的规定。

八、花生红衣山药银耳软糖

（一）生产工艺流程

花生红衣处理→研磨→花生红衣粉

↓

白砂糖、果胶混合均匀→溶糖→熬糖→浇模成形→脱模→干燥→拌砂→包装→成品

山药、银耳分别处理打浆→调配→山药银耳浆

（二）操作要点

1. 花生红衣粉制备。将购得的花生红衣进行挑拣、去杂、清洗、沥干水、烘干，用分析研磨机加工成细粉，过筛后即得花生红衣粉。

2. 山药银耳浆制备。

（1）山药浆制备。将清洗后的 500g 山药去皮，切片（厚度约 0.5cm），放入 0.2% 抗坏血酸溶液，浸泡 15～20min 进行护色，取出山药块放入 100℃ 的热水中熟化 10min 后取出打浆，得 370g 山药浆，冷却到 40℃ 以下备用。

（2）银耳浆制备。将 50g 银耳洗净放入容器内，加入 400g 水，蒸至呈胶水状，除去黄色硬结部分，带水打浆后冷却到 40℃，得 420g 银耳浆，冷却到 40℃以下备用。

（3）调配。将山药浆与银耳浆按照 3:2 的比例混匀，调制成均匀细腻的山药银耳浆，备用。

3. 熬糖。用 200g 白砂糖与 40g 果胶混合均匀，放入带有搅拌器的熬糖锅中，再加入 40g 的温水边熬煮边搅拌，加热至沸腾。继续加热约 1min 后，先加入剩余的 300g 糖和 50g 花生红衣粉，继续边熬煮边搅拌，此时加花生红衣粉更利于有效成分的溶出，片刻后再加入 400g 山药银耳浆，边熬煮边搅拌。将糖液熬煮温度控制在 108℃ 左右，可用筷子蘸取糖液观察其浓度，当糖液从筷子流下呈细糖条不易断落状说明已熬好。

4. 浇模成形。将熬好的产品导入模具内，冷却凝结成形。

5. 脱模、干燥、拌砂。将凝固后的软糖从模具中取出，干燥，拌砂糖颗粒后，再干燥，至最终水分不超过 8% 即可。干燥后冷却至室温，用可食大米纸包装后即为成品。

（三）成品质量标准

1. 感官指标。色泽：糖体呈亮红色，富有光泽；气味：纯正，甜度适中，口感细腻；组织形态：块形端正，边缘整齐，表面光滑细腻，无硬皮，不黏牙，有弹性。

2. 理化指标。水分 ≤8%，无肉眼可见的杂质。

3. 微生物指标。菌落总数 ≤2500 个/g，大肠菌群 ≤30 个/100g，致病菌不得检出。

九、即食银耳脯

（一）生产工艺流程

原料选择→复水→煮制→初烘→渗透浸糖→微波干燥→包装→灭菌→检验→成品

（二）操作要点

1. 原料选择。干品呈白色或浅黄色，耳基部呈米黄色或橙色，朵形均一，无霉点、霉斑。

2. 复水、煮制。准确称取银耳子实体干品，加入银耳干品质量 60 倍的水，调节水的 pH 值至 6，在 30℃ 的水中浸泡 15min，将其放到高压锅内煮制，压力为 0.1MPa，煮制时间为 8min。

3. 初烘。浸渍前采用功率为 700W 的微波对银耳进行预处理，可以提高总糖含量。

4．渗透浸糖。将经过初烘的银耳放入糖液中进行浸糖处理，浸渍时利用20%葡聚糖与30%蔗糖的混合液，浸渍时间为5h，可以得到含糖量40%~45%的银耳脯。

5．微波干燥。取出银耳片沥干于700W微波下烘干，尽量使其水分含量相近，总的干燥时间为16min左右。

6．包装、杀菌。经上述微波干燥后的产品经冷却后利用聚丙烯材料真空包装，然后利用700W微波进行照射杀菌，杀菌时间为120s。

（三）成品质量标准

色泽：白色至淡黄色；组织状态：块形大小均匀，饱满；滋味与气味：干食脆度适中，甜咸爽口，冲食银耳爽滑细腻，不糊烂。

第五章 金针菇食品加工技术

第一节 概述

金针菇学名毛柄金钱菌，俗称构菌、朴菇、冬菇等，因其菌柄细长，似金针菜，故称金针菇，属于担子菌亚门，伞菌目，口蘑科，金针菇菌属。

一、形态特征

金针菇子实体由菌盖、菌褶和菌柄三部分组成。多数子实体丛生，肉质柔软有弹性，菌盖直径 0.5~1.3cm。菌盖幼小时为半圆形至球形，后逐渐展开呈斗笠状，过于成熟时边缘则向上翻卷，表面有胶质薄层，湿时有黏性，呈黄褐色、淡黄色、褐色，菌肉白色，较薄。菌褶白色至乳白色或微带肉粉色，离生或弯生，较稀疏，长短不一。菌柄中生、稍弯、细长，长 3~7cm，粗 0.2~0.5cm，基部具有黄褐色或深褐色短绒毛，纤维质，内部松软。菌褶子实层中产生担孢子，孢子表面平滑，长椭圆形，无色。

二、营养价值

金针菇是一种以食菌柄为主的小型伞状菌，以其菌盖滑嫩、柄脆、营养丰富、味美适口而著称于世，其清香扑鼻，味道鲜美，深受大众的喜爱。据测定，每 100g 鲜金针菇中含蛋白质 2.72g、脂肪 0.13g、糖类 5.45g、粗纤维 1.77g、铁 0.22mg、钙 0.097mg、磷 1.18mg、钠 0.22mg、镁 0.31mg、钾 3.7mg、维生素 $B_1$0.29mg、维生素 $B_2$0.21mg、维生素 C 2.27mg。金针菇的氨基酸含量非常丰富，每 100g 鲜菇中所含氨基酸的总量达 20.9g，其中人体必需的 8 种氨基酸为氨基酸总量的 44.5%，高于一般菇类，尤其是赖氨酸和精氨酸的含量特别高，分别达 1.02g 和 1.23g。

三、保健作用

金针菇具有较好的药用价值和保健作用。由于金针菇中赖氨酸含量较高，而赖氨酸对儿童智力发育有好处，被誉为"增智菇"，因此经常食用金针菇可有效促进儿童的智力发育和生长发育。菌柄中含有丰富的植物纤维（粗纤维达7.4%），可以吸收胆酸，增加肠胃的蠕动，促进消化，调节胆固醇代谢，降低人体内胆固醇含量，排出重金属离子等，因此，金针菇有抗衰老、降血压、辅助治疗肝炎及胃溃疡等作用。研究表明，金针菇中含有朴菇素，是一种相对分子质量为24000的碱性蛋白质，具有很好的抗癌作用，如日本用金针菇生产了一种新型抗癌剂，治疗效果良好，副作用小，用于外科手术后的辅助治疗效果十分显著，因此，金针菇不仅是一种美味食品，还是较好的保健食品。

第二节　金针菇饮料

一、金针菇多糖保健饮料

（一）生产工艺流程

金针菇原料→挑选清洗→打浆→提取→离心→浓缩→醇沉→真空冷冻干燥→溶解→复配→均质→脱气→杀菌→灌装→成品

（二）操作要点

1. 金针菇多糖制备。

（1）挑选、清洗。挑选新鲜无褐变、无腐烂、无异味、色泽洁白的金针菇，使用流动水冲洗，去除表面污物。

（2）护色、打浆。为了防止金针菇中酚类物质的氧化褐变，将金针菇放于1%柠檬酸水溶液中进行烫漂护色。将护色好的金针菇切段，送入打浆机中打浆。

（3）多糖提取。将金针菇原浆在料液比1:10、提取温度50℃、提取时间3h条件下磁力搅拌提取。

（4）离心、浓缩。将提取液在4000r/min条件下离心15min，取上清液，置于平行蒸发仪中在75℃、70Pa条件下浓缩，浓缩为原体积1/5。

（5）醇沉、真空冷冻干燥。按1:4的比例加入95%的乙醇溶液，4℃过夜，离心弃掉上清液，沉淀在-56℃、40Pa条件下真空冷冻干燥得到金针菇多糖样品。

2. 复配。将上述制得的多糖样品加水溶解，使金针菇多糖溶液浓度达2mg/mL，然后再加蜂蜜1%、白砂糖7%、柠檬酸0.2%、CMC-Na 0.1%进行复配。

3. 均质、脱气。为使体系中的颗粒微细化，增强饮料的稳定性。将上述复配的饮料送入均质机，在均质压力为20kPa左右进行均质。为防止饮料中溶解的氧气与饮料中的某些成分发生反应，使饮料品质劣变，均质后利用真空脱气机在60~80kPa 进行脱气。

4. 灭菌、灌装。将脱气后的饮料采用巴氏杀菌（65℃、15min），杀菌结束后趁热灌装。再经冷却即为成品。

（三）成品质量标准

1. 感官指标。金针菇多糖保健饮料色泽白亮微黄，均匀稳定；酸甜适中，浑浊度均匀一致，久置有少量沉淀；无肉眼可见的外来杂质。

2. 理化指标。多糖浓度≥2mg/mL，砷（以 As 计）≤0.5mg/kg，铅（以 Pb 计）≤1.0mg/kg，铜（以 Cu 计）≤5.0mg/kg。

3. 微生物指标。细菌总数≤100 个/mL，大肠菌群≤3 个/100mL，霉菌≤20 个/mL，酵母≤20 个/mL，致病菌不得检出。

二、金针菇苹果复合饮料

（一）生产工艺流程

金针菇→挑选→清洗→护色→浸提→打浆→酶解→灭酶→离心→过滤→金针菇汁
                                         ↓

苹果→挑选→清洗→切片→护色→热烫→榨汁→离心→过滤→苹果汁→调配→均质→杀菌→灌装→冷却→检验→产品

（二）操作要点

1. 金针菇汁制备。

（1）挑选、清洗。挑选新鲜无褐变、无腐烂、无异味、色泽清白的金针菇，除去菌根后用流动的自来水冲洗，去除表面污物。

（2）护色、浸提。将上述清洗的金针菇用含 0.1% 维生素 C 和 0.2% 柠檬酸溶液，在 95℃ 的温度条件下漂烫 15min，以防止氧化褐变，然后将金针菇剪切成 1cm 左右的碎段，于沸腾条件下浸提 15min。

（3）打浆、酶解。将浸提液与金针菇原料一同投入打浆机中趁热打浆 2 次，每次打浆时间 2min；打浆后，向金针菇汁液中加入 0.5% 的纤维素酶，在 pH 值 5.0、50℃ 条件下酶解 2h。

（4）灭酶、过滤。酶解后迅速升温至 100℃，煮沸 10min 灭酶；再用离心机在 1200r/min 转速下离心 5min；用滤布过滤，获得金针菇汁备用。

2. 苹果汁制备。

（1）挑选、清洗。挑选色泽美观、肉质肥厚、大小均匀、无霉烂及无病虫害的苹果，用清水洗净苹果表面的灰尘及污物。

（2）切片、护色。削去果皮，挖去内核，然后切成 1cm 厚的小块，将切好的苹果放入 0.3% 维生素 C 和 0.2% NaCl 的混合溶液中浸泡 5min，进行护色。

（3）热烫、榨汁。将浸泡好的苹果块置于 95℃ 热水中热烫 3~4min，为了减少维生素 C 的损失，在漂烫液中加 0.1% 的柠檬酸；将苹果块和水按 1:1 的比例混合榨汁，再用 150 目的纱布滤除料渣，所得苹果汁冷却后备用。

3. 复合饮料调制。将金针菇汁、苹果汁、柠檬酸、白砂糖等充分混合均匀，具体各种原辅料的比例为：金针菇汁 15%、苹果汁 20%、柠檬酸 0.05%、白砂糖 8%、复合稳定剂（0.10% 黄原胶 + 0.10% CMC - Na），其余为纯净水。

4. 均质。将上述调配好的金针菇苹果复合饮料通过均质机，在工作压力为 15~20kPa、温度 60~70℃ 下进行均质处理。

5. 杀菌、灌装、冷却、检验。将均质后的金针菇苹果复合饮料在 100℃ 的条件下，杀菌 20min，然后趁热灌装、封盖密封后，迅速冷却即为成品。将灌装好的成品冷却到 37℃，并使复合饮料在此温度下保温 7d，经检验合格即为成品。

（三）成品质量标准

1. 感官指标。色泽：浅绿乳白色，色泽均匀稳定，无杂色；滋味与气味：酸甜适中，有金针菇和苹果特有的香气，清爽可口，无异味；组织状态：混浊度均匀一致，口感细腻爽滑，久置无沉淀分层现象，无肉眼可见的外来杂质。

2. 理化指标。可溶性固形物 ≥8%，蛋白质 ≥0.83%，总糖 ≥50mg/mL，酸度（以柠檬酸计）在 0.13%~0.15%。

3. 微生物指标。细菌总数 ≤100 个/mL，大肠菌群 ≤3 个/mL，致病菌未检出。

三、金针菇甜杏仁保健饮料

（一）生产工艺流程

金针菇原料→挑选→清洗→护色→打浆→过滤→金针菇汁

↓

甜杏仁→浸泡→磨浆→酶处理→过滤→均质→杏仁浆→混合调配→均质→脱气→灭菌→灌装→封口→冷却→成品

（二）操作要点

1. 金针菇汁制备。挑选新鲜无褐变、无腐烂、无异味、色泽洁白的金针菇。去除菌根后用流动的清水冲洗，去除表面污物。清洗干净的金针菇用含 0.1% 维生素 C 和适量柠檬酸溶液，在 95℃ 的温度条件下漂烫 1min 进行护色。护色后的金针菇破碎到一定程度，按 1:7 体积加水，在榨汁机中打浆。待金针菇浆液自然澄清 30min 后，以 80 目尼龙滤布过滤取汁，得到金针菇汁。

2. 甜杏仁浆制备。挑选颗粒饱满，无腐烂变质和虫蛀的甜杏仁，用清水洗净灰尘及污物，用清水浸泡 4 ~ 5h，浸泡温度在 45℃左右，泡开去皮。然后按 1:18 的比例将水加入到浸泡过的甜杏仁中，水的温度控制在 70 ~ 80℃，用榨汁机磨浆。以 150 目尼龙滤布过滤取汁，再进行均质，得到甜杏仁浆。

3. 混合调配。将上述制备的金针菇汁与杏仁浆按照 1:1.5 的比例混合后，依次加入其他辅料，其中柠檬酸应先用 75℃的水溶解并用水调配成 20% 的溶液，通过观察产品的沉淀情况，缓慢加入金针菇汁与杏仁浆的混合汁。各种原辅料的配比为：混合汁用量 30%、蜂蜜 4%、白砂糖 8%、柠檬酸 0.15%、柠檬酸钠 0.05%、稳定剂（海藻酸钠:黄原胶 = 2:1）0.15%，其余为纯净水。

4. 均质脱气。为使混合体系中的颗粒微细化，增强饮料的稳定性，在压力为 25 ~ 35MPa、温度为 65 ~ 70℃的条件下进行均质处理。均质后为防止饮料中溶解的氧气会与饮料中的某些成分发生反应，使饮料品质劣变，需用真空脱气机进行脱气，脱气真空度 60 ~ 80kPa。

5. 灭菌灌装。将均质脱气后的物料打入灭菌锅中，在 100℃条件下杀菌 10min 后，于 92 ~ 95℃灌入瓶温为 50 ~ 60℃的玻璃瓶中，并迅速进行封口，再经冷却即为成品。

（三）成品质量标准

1. 感官指标。色泽略呈乳黄色，均匀稳定；酸甜适中，具有金针菇和杏仁特有的香气；混浊度均匀一致，久置有少量沉淀；无肉眼可见的外来杂质。

2. 理化指标。可溶性固形物 9%，蛋白质 0.43%，脂肪 11% ~ 19%。

3. 微生物指标。菌落总数 ≤70 个/mL，大肠杆菌及致病菌未检出。

四、木瓜金针菇复合饮料

（一）生产工艺流程

木瓜→洗净→去皮、去籽→切片→灭酶→榨汁→木瓜汁

                                                     ↓

金针菇→挑选→洗净→浸提→冷却→抽滤→提取液→调配→均质→脱气→杀菌→冷却→灌装→成品

（二）操作要点

1. 木瓜前处理。选择成熟、无病虫害、无腐烂的新鲜木瓜，纵向切开，去籽、果蒂、萼部，流水冲洗，沥干，将木瓜切成约 2mm 厚的薄片。

2. 木瓜汁制备。将木瓜片置于沸水中灭酶 10min，冷却后移至榨汁机中压榨取汁得木瓜汁。

3. 金针菇预处理。选择色泽好、无病害、无霉变的新鲜金针菇，去杂、去蒂，清洗、称重。

4. 金针菇提取液制备。在金针菇中加入 5 倍蒸馏水，80℃热水条件下回流浸提 10h，经冷却、抽滤得浸提液。

5. 调配。将木瓜汁和金针菇浸提液按 1:1 的比例混合后，按照质量和口感要求再加入蔗糖、柠檬酸和稳定剂进行调配。具体各种原辅料的配比为：木瓜金针菇混合浸提液 60%、蔗糖 10%、柠檬酸 0.2%、卡拉胶 0.2%，其余为纯净水。

6. 均质。将上述调配好的饮料送入高压均质机中进行均质处理，均质压力为 20MPa，均质温度为 50~70℃。

7. 真空脱气。为防饮料品质劣变，饮料经均质后的物料要送入真空脱气机进行真空脱气，真空度为 64~87kPa。

8. 杀菌。脱气后的饮料采用超高温瞬时杀菌法（UHT），杀菌温度为 120℃，杀菌时间为 15s。

9. 冷却、灌装。杀菌后的饮料冷却至 50℃ 左右时进行灌装，再经冷却即为成品。

（三）成品质量标准

1. 感官指标。产品具有木瓜特征黄色；组织均匀，无悬浮物，无沉淀；有木瓜、金针菇独特香气；酸甜适口，有浓厚感。

2. 理化指标。可溶性固形物 12.8%，总酸（以柠檬酸计）0.36%，总糖（以葡萄糖计）8.6%，维生素 C 7.43mg/100g。

3. 微生物指标。菌落总数 ≤100 个/mL，大肠菌群 ≤10 个/mL，致病菌未检出。

五、金针菇花生酸奶

（一）生产工艺流程

金针菇、花生→挑选→清洗→打浆→煮熟→过滤→金针菇花生混合汁→加鲜奶调配→杀菌→冷却→接种→分装→发酵→冷藏后熟→成品

（二）操作要点

1. 金针菇选择及处理。选取新鲜、无虫害、无腐烂、香味浓郁的金针菇称量，用流动水冲洗干净，切段待用。

2. 花生选择及处理。挑选无虫害、无变质花生仁称量，去种皮，待用。

3. 混合汁制备。将金针菇段与去种皮花生仁放入打浆机，加入 5 倍质量水，经打浆、煮熟、过滤，即得金针菇花生混合汁。

4. 调配。将金针菇花生混合汁、鲜奶、蔗糖、稳定剂（食用琼脂）进行调配，具体调配比例：金针菇菌汁和花生汁的混合比例为 2:1，混合汁添加等量纯

牛奶，另外添加蔗糖6%、稳定剂（食用琼脂）0.5%。

5. 灭菌。将调配好的物料进行加热灭菌，要求边加热边搅拌至沸腾并保持20min，在无菌条件下迅速降温至43℃，进行接种。

6. 接种。在无菌条件下接入1∶1的保加利亚乳杆菌和嗜热链球菌发酵剂，接种量为5%。

7. 分装、发酵。无菌条件下分装后密封，放置43℃恒温条件下发酵3h。

8. 冷却、冷藏。让发酵后的酸奶冷却至室温后放置4℃条件下24h。

（三）成品质量标准

风味：具有酸牛奶风味，兼有金针菇、花生特有的宜人香味；口感：细腻、润滑；组织状态：凝乳均匀，无乳清析出。

六、金针菇花生姜撞奶

（一）原料配方

金针菇6%、花生3%、姜2%、蔗糖8%，其余为牛奶。

（二）生产工艺流程

花生→挑选→称量→浸泡→去种皮→清洗→沥水

↓

金针菇→挑选→称量→冲洗→沥水→（加牛奶）打浆→过滤→（加牛奶）调配→灭菌→加蔗糖→冷却→加姜汁冲浆→搅拌→静置→包装冷藏→成品

（三）操作要点

1. 花生处理。挑选无虫害、无变质花生仁，经称量后放入饮用水中浸泡1~2h，去除种皮（红衣），再经清洗并进行沥水。

2. 金针菇处理。选取新鲜、无虫害、无腐烂、香味浓郁的白色金针菇，称量后用流动水冲洗干净，切段待用。

3. 金针菇花生混合汁制备。将金针菇段与去种皮花生仁放入打浆机，加入适量的牛奶，经打浆、过滤即得金针菇、花生混合汁。

4. 混合汁与牛奶调配。金针菇花生混合汁加入容器中，用定量的牛奶进行调配，然后进行巴氏杀菌。稍冷却后加入称量好的蔗糖，并搅拌。

5. 姜汁制备。将鲜生姜清洗除去污泥，经去皮、称量、清洗放入粉碎机中粉碎，挤压姜蓉出汁，姜汁平摊在容器底部。

6. 冲浆、搅拌、静置。将经杀菌并冷却至75℃含有金针菇花生混合汁的牛奶快速冲入装有姜汁的容器中，快速搅拌均匀，冲浆几分钟内即可凝乳或有絮状物的生成，然后静置，也可立刻放入冰箱冷藏。

7. 包装、冷藏。将塑料杯的杯口密封，冷藏或外销。

（四）成品质量标准

凝乳状态：凝乳完全、坚固、无裂痕、有乳清析出；色泽：均匀一致的乳白色，无异常颜色；气味：奶香浓郁，有姜的香味，有金针菇、花生的宜人香味，无异味，姜味、奶味、金针菇味、花生味、甜味搭配合适；口感：口感细腻，均匀。

七、紫薯金针菇复合保健酸乳

（一）原料配方（以 150mL 牛奶为基准）

紫薯 10%、金针菇 15%、蔗糖 7%、稳定剂（CMC – Na：海藻酸钠 = 1:1）0.2%。

（二）生产工艺流程

紫薯→清洗→去皮→切块→煮制→打浆→紫薯浆

脱脂乳粉→加水→标准化处理→添加白砂糖、乳化稳定剂 ⎫→混合调配→杀

金针菇→清洗→软化→浸泡→打浆→离心→金针菇汁 ⎭

菌→冷却→接种→发酵→冷却→冷藏→成品

（三）操作要点

1. 紫薯处理。选择无霉变、无虫蛀、新鲜的紫薯为原料，清洗干净、去皮切块并煮制，将煮制好的紫薯与一定比例的水混合打浆，备用。

2. 金针菇处理。选择新鲜、健康的金针菇为原料，清洗干净、去根，加入适量的水软化，并用 0.1% 抗坏血酸和适量 0.05% 柠檬酸护色，用 80~90℃ 热水浸泡 5min 后，打浆，5000r/min 转速离心 10min，备用。

3. 脱脂乳粉调配。在脱脂乳粉中添加适量的水，使得牛奶的干物质含量达到 12%。

4. 混合调配。将紫薯浆液和金针菇浆液按比例加入已经调配好的脱脂乳粉中，并且加入 0.1%~0.4% 稳定剂，搅拌均匀。

5. 杀菌、冷却。将调配的牛奶在 95℃ 水浴加热杀菌 5min 后，冷却至发酵温度 42℃。

6. 接种、发酵、冷却、冷藏。将生产发酵剂（保加利亚乳杆菌和嗜热链球菌混合物）在无菌条件下按 5% 的比例接种到已调配好的牛奶中，摇匀，放入恒温箱，在 42℃ 温度下发酵 4h，之后在 0~4℃ 的条件下进行 24h 的后发酵即为成品。

（四）成品质量标准

1. 感官指标。组织状态：凝乳组织细腻，质地均匀，无气泡，无分层，无乳清析出，无可见杂质；口感与风味：口感细腻，酸甜度适中，无异味，有紫

薯、金针菇的清香和奶香味；色泽：均匀一致的紫色。

2. 理化指标。总固形物≥12%，可溶性固形物≥10%，酸度80.0~120.0°T。

3. 微生物指标。细菌总数＜100 个/mL，大肠菌群＜90 个/mL，乳酸菌总数≥10^7 个/mL，致病菌未检出。

八、金针菇保健酒

（一）生产工艺流程

原料→清洗→破碎→压榨→静置澄清→调整成分→前发酵→后发酵→贮藏管理→配制→过滤→树脂交换→杀菌→封装→成品

（二）操作要点

1. 原料清洗、破碎。选用无病无虫的新鲜金针菇，除去杂质，洗净。将洗净的金针菇用锤式破碎机破碎，从采菇到加工以不超过 18h 为宜。

2. 压榨、静置澄清。将破碎的金针菇用连续压榨机榨汁，每 100kg 汁液加入 12~15g 二氧化硫。然后在每升汁液中加入 0.1~0.15g 果胶酶，混匀后静置澄清 24h。

3. 调整成分。将澄清汁液用虹吸法进行分离，上清液泵入不锈钢发酵罐中，汁液不得超过罐容积的 4/5。取样分析后，根据要求用白砂糖调整糖度至 22~23°Bé。

4. 前发酵。向发酵罐中接入 5%~10% 的人工酵母或活性干酵母，充分搅拌或用泵循环混匀。经 3~5d 即可出罐转入后发酵。

5. 后发酵。将前发酵液转入密闭式罐中后发酵，发酵液占罐容积的 90%，温度控制在 16~18℃，约经 30d 发酵结束。之后取样检验分析酒度、残糖等理化指标。

6. 贮藏管理。后发酵结束后 8~10d，皮渣、酵母、泥沙等杂质沉积于罐底，将其与原酒分开，进行第 1 次开放式倒罐，补加二氧化硫至 150~200mL/L，用精制食用酒精调整酒度（vol）至 12%~13%，再在原酒表面加 1 层酒精封顶。11~12 月进行第 2 次开放式倒罐。次年 3~4 月用密闭式进行第 3 次倒罐。此时酒液澄清透明，可在酒液面加 1 层精制酒封顶，进行长期贮存陈酿。

7. 配制。根据产品质量标准，精确计算出原酒、白砂糖、酒精、柠檬酸等用量，依次加入配酒罐中，拌匀。取样分析化验，符合标准后进行过滤。

8. 过滤、树脂交换。将上述配制好的酒液利用过滤机过滤，然后利用强酸 732 型阳离子交换树脂进行酒液离子交换。操作时要稳定流速和控制好交换倍数，保证交换效果，提高酒液物理稳定性。每次离子交换完毕，要用清水将酒液顶出，后用清水清洗树脂，待树脂层疏松分布均匀，用 10% 的食盐水溶液使其再生。

9. 杀菌。用薄板式换热器进行巴氏杀菌，温度控制在 68～72℃，保温 15min。

10. 封装。对杀菌后的酒液进行灌装、封口、贴标、装箱，成品入库贮存或上市。

九、金针菇黑米酒

(一) 原料配方
黑米 80%、鲜金针菇 15%、鲜马铃薯 4.2%、鲜百合 0.3%、甜酒药 0.3%、中药浸提汁 0.1%、香醅酒 0.1%。

(二) 生产工艺流程
1. 马铃薯预处理工艺。马铃薯→去皮清洗→切块清洗→异抗坏血酸钠预煮→沥水→破碎→蒸煮

2. 金针菇、百合预处理工艺。鲜金针菇、百合→去根清洗→切断浸泡→异抗坏血酸钠预煮→沥水蒸煮

3. 金针菇黑米酒生产工艺。

　　　　　预处理后的马铃薯、金针菇、百合、甜酒药　　　　香醅酒
　　　　　　　　　　　　　　　　↓　　　　　　　　↓

黑米→去杂→浸米→沥水→蒸饭→降温→落桶发酵→前发酵→后发酵→压榨→煎酒→装桶陈化→调配→过滤→灌装灭菌→检验→包装→成品

(三) 操作要点
1. 原料选择。黑米为除去砂石等杂物的洁净新米；鲜马铃薯选用无芽眼、无青斑、无冻害、无损伤的鲜黄马铃薯；鲜金针菇选用盖圆、菌柄长而微黄的新鲜金针菇；鲜百合最好选子叶肥厚、无枯子叶的新鲜白色百合；酒药要求质地疏松，并有良好香气，糖化发酵液味香甜，选好酒药后，用干净布包上，将其槌成粉末。

2. 香醅酒制备。将 98kg 金针菇黑米酒糟、1.8kg 麦曲（含有浮小麦、荞麦、小麦、糯米）和 0.2kg 尾酒搅拌混匀，转入橡木桶踏实，喷洒少量体积浓度 75%～80% 的高纯度玉米酒精，以防外层被微生物侵袭，然后用无菌的棉垫外加一层塑料薄膜封口，发酵 72～80d，经压榨、精滤后制得香醅酒。

3. 中药浸提汁制备。将 10kg 黄芪、19kg 肉苁蓉、19kg 何首乌、4kg 冬虫夏草、19kg 山药（切成厚度为 3mm 左右的薄片），与 19kg 枸杞子、10kg 紫花地丁混合，加入 48° 优质白酒中浸渍 12d，经过滤制得。

4. 黑米浸泡。浸泡桶和浸泡水必须洁净，浸泡前先在聚乙烯浸泡桶内装入

10cm 水，再倒入物料；若在浸泡过程中发现米粒露出水面，应及时补水。浸泡的具体时间应根据原料特性、气温、水温等情况而定，以米粒吸足水分为准，一般为 42~48h。米浸泡好后，捞出放入竹箩并用清水冲洗一下，将水沥去即可蒸煮。

5. 鲜金针菇、鲜百合预处理。鲜金针菇、鲜百合去根清洗净，切成长度为 10mm 的小段，放入质量分数 0.1% 的异抗坏血酸钠水溶液中浸泡 3min，再放入质量分数 0.1% 异抗坏血酸钠水溶液中预煮 5~10min，然后捞出，沥水冷却后放入橡木桶内。

6. 鲜马铃薯。鲜马铃薯去皮后清洗并切成 10mm×10mm×10mm 小块，投入质量分数 0.1% 异抗血酸钠水溶液中预煮 10~20min，温度控制在 70~90℃，捞出沥水，冷却后放入粗粉碎机中破碎成直径为 3mm 左右大小的颗粒，最后与其汁液一并放入橡木桶内。

7. 蒸煮、落桶及前发酵。将上述经预处理的鲜金针菇、鲜百合、鲜马铃薯分别上笼蒸 30min；糯米先煮 20min，捞出后再上笼蒸 1~1.5h，蒸透为准，待蒸煮后的物料冷却降温至 29℃ 左右时，立即放入橡木桶内，加入甜酒药，拌均，扒窝，使其成喇叭口形状，以增加发酵面积。桶口加上棉垫，即进入前期发酵阶段。前期发酵温度要求保持在 28~30℃。发酵 5~6d 后，物料温度接近室温，酒糟下沉。此时，酒精度（vol）可达 8%~10%，即可转入后期发酵阶段。

8. 后发酵。先用清水将橡木桶洗净，再用蒸汽蒸，倾去冷凝水，用泵将酒醪转入橡木桶中，再加入适量香醅酒，总装坛量为酒坛容量的 2/3，然后用无菌白棉垫外加一层塑料薄膜封口，进入后发酵阶段。后发酵期间要控制室温在 14~16℃，料温 12~15℃，发酵时间掌握在 28~30d。

9. 压榨、煎酒、陈化。采用板框压滤机压滤，再用棉饼过滤机过滤，所得生酒在列管式杀菌机中升温至 85~90℃ 灭菌，并破坏残存的酶，然后装橡木桶密封、陈酿 6 个月。

10. 调配。在陈酿的基酒中加入其质量 2.5%~3% 的蜂蜜，起到调味和澄清作用。糖度不够可补充适量的白糖，最后加入中药浸提汁，搅拌均匀，静置 12h 后进行精滤，得金针菇黑米酒。

11. 灌装、灭菌、检验。调配过滤的酒灌装后，采用 85~90℃ 喷淋杀菌，经检验合格后，即为成品。

（四）成品质量标准

1. 感官指标。酒色为浅橙色，晶莹透明，酒体丰满，滋味甘爽，香气淡雅并有清淡的蜜香。

2. 理化指标。酒精度（vol）（18±1）%，糖度 10g/100mL，总酸（0.35~

0.40）g/100mL，黄曲霉毒素 $B_1 \leqslant 5\mu g/kg$。

3. 微生物指标。细菌总数≤50 个/mL，大肠菌群≤3 个/100mL，致病菌不得检出。

第三节　其他金针菇食品

一、金针菇复合片剂

（一）生产工艺流程

$$湿润剂、黏合剂 \qquad\qquad 润滑剂、崩解剂$$
$$\downarrow \qquad\qquad\qquad\qquad \downarrow$$

原辅料→预处理→过筛→配料→干混→制软材→制粒→干燥→整粒→总混→压片→成品

（二）操作要点

1. 金针菇处理。称取一定量的金针菇原料，开启膨化设备系统中的蒸汽发生器，产生蒸汽。当蒸汽压力达到 0.4MPa 时，打开蒸汽发生器与压力罐之间的阀门，向压力罐夹层中通入蒸汽加热，使压力罐中物料的温度、压力升高至设定的膨化温度和压力。开启膨化设备系统中的真空泵，将膨化设备系统中的真空罐抽成真空，抽空干燥温度为 90℃，抽空时间 3h。在压力罐保温、保压达到规定的时间后，迅速打开压力罐与真空罐之间的阀门，利用瞬间的变温、压差将物料膨化、干燥。取出压力罐中已膨化、干燥的金针菇脚料，送入振动式超微粉碎机进行超微粉碎，5min 后取出金针菇样品。

2. 其他原辅料预处理。对配方中其他原辅料进行粉碎，过 100 目筛备用。

3. 配料混合。将金针菇复合原料和填充剂（乳糖和微晶纤维素）按 1∶1（质量比）混匀，再将 5% 的交联 CMC – Na 和一定量的阿斯巴甜充分混合均匀。

4. 制软材。取上述已混匀的物料，加适量 50%~70% 医用乙醇调节湿度制成软材，软材的软硬度一般以手紧握成团不黏手，轻压即散为度，若软材的黏性大，乙醇浓度可适当提高，反之则降低。

5. 造粒。用手将软材握成团块，用手掌轻轻压过 30 目不锈钢药筛即得。颗粒由筛孔落下如不呈粒状而成长条状时，表明软材过湿，黏合剂或润湿剂过多。相反若软材通过筛孔后呈粉状，表明软材过干，应适当调整。制颗粒是压片工艺中的关键性操作，制成颗粒后再压片，在一定程度上可改善压片物料的流动性和可压性。

6. 干燥。湿颗粒制成后，立即将物料置于 50℃恒温箱干燥 1h，以免结块或受压变形。其间每隔一段时间将物料翻一遍，以免物料结块造成干燥不均匀。

7. 整粒。颗粒在干燥过程中有部分互相黏结成团块状，需要再通过整粒使其分散成均匀的颗粒。将干燥后的颗粒过 20 目筛即可。

8. 总混、压片。将经过 100 目筛的硬脂酸镁、二氧化硅、低取代羟丙基纤维素加入干颗粒中混匀，置于压片机漏斗中，调节好片重和压力后，压制成600mg 的片剂。

二、金针菇火腿肠

（一）原料配方
以 100g 金针菇浆料为基准，大豆分离蛋白 15%、玉米淀粉 12%、鸡肉浆35%、卡拉胶 0.4%、糖 1.4%、盐 1.6%、香料油 4mL、鸡肉香精 0.1%。

（二）生产工艺流程
新鲜金针菇→去根→分散→清洗→烫漂→打浆→添加辅料→混匀→灌肠→蒸煮→冷却→成品

（三）操作要点
1. 金针菇预处理。新鲜金针菇用刀切去根部，将其分散开，用流水冲洗干净。将金针菇置于 100℃沸水中烫漂 5min，取出冷却至室温，控水备用。将烫漂后的菇添加金针菇质量 1.2 倍的水进行破碎打浆。

2. 添加辅料、混匀。按配方称取鸡肉，将鸡肉用流水冲洗干净，然后用食品料理机绞碎成浆状。将大豆分离蛋白、玉米淀粉、卡拉胶、白糖、食盐、鸡肉香精等辅料搅拌混合均匀，然后依次加入金针菇浆料、香料油（自制）、鸡肉浆料，搅拌均匀。

3. 灌肠、蒸煮、冷却。将制备好的馅料灌入肠衣中，扎口，100℃常压蒸煮30min 或 120℃高压蒸煮 15min，冷却至室温，检验合格后即得到成品。

（四）成品质量标准
色泽：具有产品固有色泽，分布均匀；口感：口感细腻，咀嚼性好；风味：清香可口，咸淡适中；组织状态：组织紧密，富有弹性，切面光滑，内容物均匀一致；外观：肠体均匀饱满，表面光滑。

三、金针菇即食调理食品

（一）生产工艺流程
新鲜金针菇→清洗及分级→硬化→杀青→漂洗→离心脱水→调配→包装→杀菌→冷却→成品

（二）操作要点
1. 清洗及分级。选择颜色一致、无腐烂、无虫害的新鲜金针菇，去除老根和颜色太深的菌柄，然后用清水漂洗、沥干水分。

2. 硬化。按料液比1:3，将金针菇在0.5%氯化钙和1.0%氯化钠的混合溶液中浸泡30min，然后沥水。

3. 杀青。将硬化之后的金针菇，按照料液比1:2在0.3%的柠檬酸和0.07%的抗坏血酸组成的护色液中进行漂烫3min。

4. 漂洗、离心分离。将杀青后的金针菇在冷水中漂洗冷透，然后利用离心机在3000r/min转速下离心以除去多余的水分。

5. 调配。将脱水后的金针菇与适量的辣椒油、花椒油、味精、食盐等调味料进行拌料处理。具体比例为：脱水金针菇100g、味精1.5g、花椒油30g、辣椒油30g、食糖2g。

6. 包装、杀菌、冷却。将上述调配好的物料进行包装，然后在100℃条件下加热杀菌20min，杀菌结束后再经冷却即为成品。

（三）成品质量标准

色泽：菇体与新鲜菇色泽相似度高；组织状态：组织脆嫩，菇体完整；滋味与气味：具有产品应有的滋味和气味，无异味。

四、金针菇橘子果冻

（一）生产工艺流程

橘子→清洗→去皮、分瓣、去橘络→破碎打浆（压滤）→澄清处理→加入金针菇汁→加入果冻粉等调配→加热→灌装→封口→杀菌→成品

（二）操作要点

1. 橘子果汁制备。选择外皮色泽金黄，果实大，果皮薄，成熟适中的新鲜橘子，经剥皮、分瓣、去橘络后，将橘子果肉放入榨汁机中榨汁，得到的果汁于离心机内离心10min，取上层清液备用。

2. 金针菇汁制备。以无腐烂变质，形状饱满无异味的市售新鲜金针菇为原料，经清洗后剪成碎段进行热烫，其最佳条件为：料液比为1:1，所用溶液由0.1%的抗坏血酸和0.01%的柠檬酸组成，热烫温度为90℃，时间为4min，放入组织搅碎机中捣碎，得金针菇汁备用。

3. 调配、加热。按照配方要求将果冻粉与白砂糖混合搅拌，边搅拌边倒入橘子汁、金针菇汁和水，再加入柠檬酸、山梨酸钾搅拌均匀，加热至95℃后冷却备用。具体各种原辅料的配比为：橘子汁35%、金针菇汁10%、白砂糖13%、柠檬酸0.2%、果冻粉1.5%、山梨酸钾0.05%，其余为纯净水。

4. 灌装灭菌。将混合好的物料装入到杯中，并用真空封口机密封，然后在90℃杀菌5min。杀菌结束后经冷却即为成品。

（三）成品质量标准

1. 感官指标。色泽：黄色，均匀一致；风味：滋味、气味纯正，无异味，具有橘子果味和金针菇菌香；组织状态：表面光滑，金针菇果粒悬浮；口感：酸甜可口，细腻，柔软而富有弹性。

2. 微生物指标。大肠菌群≤30 个/100mL；致病菌未检出。

五、金针菇蓝莓果冻

（一）生产工艺流程

$$蓝莓→挑选→洗涤→榨汁→过滤→蓝莓汁$$
$$↓$$

金针菇→挑选→清洗→软化、护色→组织捣碎→金针菇汁→混煮、浓缩→调配→灌装→封口→杀菌→冷却→包装→成品

（二）操作要点

1. 金针菇汁制备。选择新鲜、优质白色的金针菇为原料，去根、清洗干净，将清洗干净的金针菇放入适量的 0.10% 抗坏血酸和 0.05% 柠檬酸护色液中。为了软化、钝化酶的活性，将金针菇投入沸水中加热 3~5min。将软化处理后的金针菇剪切成 3~5cm 左右的碎段，加两倍于金针菇质量的水和 0.10% 抗坏血酸和 0.05% 柠檬酸混合护色液，放入组织搅碎机中捣碎 3~5s，80~85℃水浴保温 5~6h，备用。

2. 蓝莓汁制备。挑选完全成熟，且含水分充足的蓝莓，剔除烂、损、病、虫果。用清水将蓝莓清洗干净，去梗。取处理好的蓝莓果粒放入榨汁机中榨汁，榨汁后用 100 目的纱布过滤，备用。

3. 凝胶剂制备。将凝胶剂与待加糖的 50% 混合，均匀撒入 45~50℃温水中，边撒边搅拌，搅拌 10min 使其混合均匀，充分溶涨，加热煮沸 2~3min，待胶体完全溶解后，用 100 目滤布过滤除去微量杂质及泡沫，即得澄清透明，光滑黏稠的糖胶液。

4. 混煮、浓缩、调配。当糖胶液冷却至大约 70℃时，按配方取适量的金针菇汁、蓝莓汁迅速加入到糖胶液中，将配好的混合液进行加热浓缩，浓缩时加入剩余的糖并不断搅拌，以防焦糊。浓缩完毕后，待温度降到 65℃时，将用温开水溶解好的柠檬酸加入，并搅拌均匀进行调配。各种原辅料的配比为：金针菇与蓝莓混合汁（比例为 4:1）30%、白砂糖 15%、柠檬酸 0.15%、复合凝胶剂（魔芋胶与卡拉胶以 2:3 混合）0.7%，其余为纯净水。

5. 灌装、封口、杀菌、冷却。将调配好的果冻原液灌装到经消毒的果冻杯中，并及时封口，于 85℃下保持 15min 进行杀菌。杀菌后迅速冷却至室温，以便

能最大限度的保持果冻的色泽和风味，经冷却后再包装即为成品。

（三）成品质量标准

1. 感官指标。色泽：玫红色，色泽光亮，颜色均匀一致，半透明；风味：自然清爽，具有蓝莓特有的风味和淡淡的菌香；口感：润滑细腻，酸甜适口；组织状态：表面光滑，成冻完整，质地均匀，富有弹性，子实体颗粒在凝胶液中均匀分散，无裂痕，无气泡，有微量液体析出。

2. 理化指标。总酸（以柠檬酸计）≤0.2%，总糖（以蔗糖计）≥13%，可溶性固形物≥25%，重金属含量符合国家标准。

3. 微生物指标。菌落总数≤100个/g，大肠菌群≤3个/100g，致病菌（沙门氏菌、志贺氏菌、金黄色葡萄球菌）未检出。

六、金针菇牛肉丸

（一）原料配方

鲜牛肉500g、金针菇100g、水150g、玉米淀粉60g、食盐15g、牛肥膘60g、鸡蛋1个、复合磷酸盐2g、大豆蛋白25g、洋葱50g、大蒜30g、生姜30g、味精10g、糖10g、香辛料适量。

（二）生产工艺流程

金针菇预处理

↓

选料→牛肉预处理→绞肉→加辅料搅拌→成丸→水煮→预冷→包装→成品

（三）操作要点

1. 选料及预处理。选择经卫生检疫合格的牛肉，剔除脂肪、筋腱、软骨、杂物等清洗干净。

2. 绞肉。将整理后的牛肉切成小块，用绞肉机绞碎成肉糜。在绞肉前最好对加工的肉进行冷却，以防绞肉时会产生大量的热量使肉本身的温度升高，造成鲜肉变质，特别是夏天。

3. 金针菇预处理。选择新鲜优质金针菇，去梗洗净，沥干水分，捣碎成泥。

4. 加辅料搅拌。将预处理好的牛肉糜与金针菇泥混合，在搅拌混合的同时依次将食盐、大豆蛋白、淀粉、复合磷酸盐、生姜、味精、糖等辅料加到肉糜中。搅拌好的肉馅在感官上为肥瘦肉和辅料分布均匀，色泽呈均匀的淡红色，肉馅干湿得当，整体稀稠一致，随手拍打而颤动为最佳。

5. 成丸、水煮。挤成直径为2cm左右的肉丸。肉丸成形后放入90℃的热水中，煮制15min，待其中心温度达80℃，肉丸浮于水面，手捏有弹性，光滑，呈灰白色时，捞出牛肉丸沥干水分。

6. 油炸。煮制熟的肉丸，经过冷风吹凉后，将肉丸表面水分吹干，随即入沸腾的油锅里油炸，形成一层漂亮的浅棕色或淡黄色的外壳。

7. 预冷。炸后的肉丸进行预冷，预冷温度 0～4℃，要勤翻动，做到肉丸预冷均匀。当肉丸中心温度达到 6℃ 以下时，方可进行包装。

8. 包装。将冷却好的牛肉丸装入食品包装袋内，抽真空密封，真空度为 0.01MPa。包装后的牛肉丸在 0～4℃ 的条件下贮藏。

（四）成品质量标准

1. 感官指标。产品外皮浅棕色，细嫩，富有弹性，口感松脆、鲜嫩而不腻。

2. 理化指标。蛋白质≥20%，脂肪≤15%，水分≤75%，铅（以 Pb 计）≤1.0mg/kg，挥发性盐基氮≤25.0mg/100g。

3. 微生物指标。菌落总数≤100 个/g，大肠菌群≤30 个/100g，致病菌不得检出。

七、金针菇软糖

（一）生产工艺流程

白砂糖、魔芋胶→溶化→熬糖　卡拉胶

金针菇干品粉碎、加水→熟化→打浆→混匀→熬煮→倒盘→干燥→包装→成品

（二）操作要点

1. 金针菇处理。将金针菇干品粉碎过 80 目筛，加 50% 水，加热到 100℃，熟化 30min，然后利用打浆机打成均匀、细腻的浆体。

2. 溶胶。将卡拉胶与 20 倍水混合，加热至 80℃ 使其成为溶胶状态，备用。

3. 熬糖。砂糖与魔芋胶混合，加相当于 2/5 砂糖质量的水，加热溶解后，加入饴糖后开始熬糖至温度达到 110℃。

4. 混匀、熬煮。加入金针菇浆体后，加入柠檬酸和相当于 1/5 柠檬酸质量的柠檬酸钠，护色的同时也产生良好的酸碱缓冲体系以防止胶体的分解，低温熬煮至水分含量在 40% 时，加入卡拉胶溶胶，在此过程中搅拌速度为 200r/min。

5. 倒盘、冷却。将熬煮好的糖膏倒入模盘，冷却凝结成形。

6. 烘干。将凝结成形的糖块放入干燥机干燥，直至糖块中水分含量在 18%～20%。

7. 包装。软糖烘干后，冷却至室温，用包装机包装。

（三）成品质量标准

1. 感官指标。产品呈金黄色，色泽鲜明，质地均匀；金针菇风味浓郁，酸

甜爽口；表面光滑，弹性较好，不黏牙。

2. 理化指标。固形物75%～90%，还原糖40%～60%，水分16%。铅（以Pb计）≤0.5mg/kg，砷（以As计）≤0.5mg/kg，

3. 微生物指标。菌落总数≤750个/g，大肠菌群≤30个/100g，致病菌不得检出。

八、酸辣金针菇

酸辣金针菇，是以金针菇为主料，采用科学配方，选用轻度乳酸发酵腌制新工艺加工而成的一种新型金针菇风味食品。

（一）生产工艺流程

原料选择→漂洗→杀青处理→修整→装缸腌制→晾晒→配料→存放后熟→装袋杀菌→冷却→成品

（二）操作要点

1. 选料。选择柄长15～20cm、盖径小于2.5cm，未开伞，菇体完整，色泽正常，无病虫害的新鲜金针菇为原料。

2. 漂洗。采摘的鲜菇去除杂质和根后，及时用稀盐水（浓度不超过0.6%）漂洗，以保持菇色正常。

3. 杀青。将金针菇漂洗后，及时放入0.8%的柠檬酸水溶液中，加热至沸进行烫漂，以杀死菇体上的有害微生物，破坏菇体内酶的活性，稳定色泽，软化组织。烫漂10～15min，以菇体煮透为度。

4. 修整。经过杀青的金针菇立即投入流动清水中冷却。冷却后捞出，沥干水分，去掉烂菇、碎菇，按菇体大小进行分级。

5. 腌制。将修整好的金针菇放入缸中腌制，每50kg鲜菇用食盐3.5kg，先在缸底撒少许食盐，再一层菇一层盐压入缸内，加食盐量由下而上逐渐增多，下半部约占总用盐量的40%。装满缸后压石块，再加盖防尘。腌制2～3d后倒缸1次，使盐腌发酵均匀，腌制时间为7d。

6. 晾晒、配料。将金针菇从盐液中捞出，摊于竹帘上晾晒3～4d，然后进行配料，具体用量：鲜金针菇50kg、优质酱油2.5kg、辣椒粉500g、味精125g、香菜1kg、大蒜薄片5kg，将配料与晾晒好的金针菇拌匀，装缸、密封，在室温下存放15～20d即可成熟。

7. 装袋、杀菌。将成熟的酸辣金针菇装袋，真空抽气封口（真空度13.33kPa以上）。装袋后进行巴氏灭菌（85～90℃、10～15min），灭菌后迅速进行冷却，再经保温检验即可装箱入库或直接出售。

（三）成品质量标准

具有浓郁香味，酸、辣、咸味适宜，质地柔软而富有弹性。

九、蒜香金针菇

（一）生产工艺流程

香辛料→预制
↓

新鲜原料→修整、清洗→漂烫→离心脱水→拌料调味→灌装封口→杀菌→袋体表面干燥→检验→成品

（二）操作要点

1. 修整清洗。选择颜色一致、无腐烂、无病虫害的新鲜金针菇，切去1~2cm的老菌根和颜色太深的菌柄，然后在清水中漂洗干净以备用。

2. 漂烫。将金针菇放入含有 0.1% 柠檬酸和 0.1% EDTA 的沸水中煮5~8min，对金针菇护色和去除其黏多糖，并可以提高产品的脆度，改善口感。

3. 离心脱水。漂洗后的金针菇在 3000r/min 的转速下离心 10min，除去金针菇表面和内部的适量水分。

4. 拌料调味。将调味料食盐、白砂糖、红油、I+G、蒜末等加入脱水后的金针菇中并拌和均匀。具体比例：食盐 4.5%、白砂糖 1.5%、红油 5.0%、I+G 1.4%、蒜末 2.0%，并辅以适量辣椒红、辣椒油和大蒜精油。

5. 灌装封口。将调味后拌和均匀的金针菇装入一定规格的包装袋中，用真空包装机封口。

6. 杀菌。将包装好的蒜香金针菇在 90~93℃ 的条件下维持 23~25min。

7. 袋体表面干燥、装箱检验。捞出杀菌后的金针菇，待在水中冷却后放在空气中以除去袋体表面的水。将杀菌后冷却干燥的袋装金针菇装箱，并人工定期抽检，合格者即为成品。

（三）成品质量标准

1. 感官指标。色泽：外观呈诱人红黄色，淡黄色金针菇被红色辣椒油包裹；外观：金针菇组织饱满鲜嫩，菇体完整，柔软有弹性；风味：口感脆嫩，蒜香凸显，咸鲜适宜。

2. 理化指标。含盐量 4% 左右，重金属符合 GB 2714—2015 规定。

3. 微生物指标。细菌总数 ≤800 个/g，大肠菌群 ≤30 个/10g，致病菌未检出。

十、金针菇菌根粉营养饼干

（一）原料配方

小麦面粉为基础，金针菇菌根粉 20% 、全脂奶粉 10% 、白砂糖 20% 、大豆油 16% 、小苏打 4% 、食盐 2.2% 。

（二）生产工艺流程

金针菇菌根粉
↓
原辅料→计量→混合→调制面团→静置→切片→成形→烘烤→冷却→包装→成品

（三）操作要点

1. 金针菇菌根粉制备。去除金针菇菌根基部的菌糠，利用清水清洗干净，将清洗后的金针菇菌根用 0.8% 的柠檬酸和 0.5% 的异抗坏血酸钠组成的护色液热烫处理 5min，然后取出经沥水后放入烘箱在 50℃ 温度下烘干，烘干后的菌根经冷却、粉碎、过 100 目筛得到金针菇粉。

2. 计量混合、面团调制。按照配方要求，先将面粉和金针菇菌根粉充分混合，用水将白砂糖、小苏打、食盐等辅料溶解并搅拌均匀倒入混合粉中，将大豆油也倒入其中，进行面团调制。具体调制面团时，先在搅拌器中低速搅拌 2~3min，然后中速搅拌均匀，调制结束时面团要软硬适度、弹性适中。

3. 静置。为防止面筋形成不足，面团调制好后，面团需静置一段时间。

4. 切片、成形。制成的面团放在压片机上压片，经反复辊压使其成为厚度为 4mm 的薄片，然后利用圆形模具压制成饼干坯，将制成的厚薄均匀、大小适度的饼干坯装入烤盘进行焙烤。

5. 烘烤、冷却、包装。将成形后的饼干坯送入烤箱中进行烘烤，焙烤温度范围控制在 200~220℃ 。烤至饼干表面呈均匀棕黄色为止，取出饼干经自然冷却至室温即为成品。

（四）成品质量标准

色泽：颜色均匀，有适中金黄色，有光泽，无烤焦发白现象；形态：外形良好，形状规则，厚薄均匀，无破裂现象；组织结构：气孔均匀，组织细腻，无裂纹；口感：口感松脆，不粗糙，不黏牙；风味：有奶香味，无酸味，无异味。

十一、金针菇保健馒头

（一）生产工艺流程

面粉＋金针菇粉→和面→发酵→成形→饧发→汽蒸→冷却→产品

（二）操作要点

1. 金针菇粉制备。将新鲜金针菇用水清洗干净，于室温下沥干水分后用干燥箱进行干燥处理。具体干燥方法如下：初始温度35℃，时间3～4h，然后调节温度至55℃，烘干至恒重。用粉碎机将干燥好的金针菇粉碎后过80目的分样筛滤去残渣，得到细腻的金针菇粉备用。

2. 和面。按比例称取金针菇粉、白砂糖、面粉、酵母和馒头改良剂，酵母和馒头改良剂先用34℃温水溶解活化，混合均匀，然后再和其他原料混合并调制成面团。具体各种原辅料的比例：以面粉为基础，金针菇粉5%、白砂糖3%、酵母0.3%、水55%、馒头改良剂1.0%。

3. 发酵。将调制好的面团放在温度35℃，相对湿度75%的恒温发酵箱中发酵。

4. 成形。将发酵好的面团放于操作台（盖上湿布，防止面团干燥），揉搓至表面光滑，制成大小均匀的生坯。

5. 饧发。将面坯再次放在温度35℃，相对湿度75%的恒温发酵箱中饧发15min。

6. 汽蒸、冷却。采用不锈钢锅，用电磁炉1600W的功率，待锅冒气后调至功率1300W，蒸制15min。馒头蒸熟后，取出经冷却后即为成品。

（三）成品质量标准

淡黄色，表面光滑，对称，坚挺，纵剖面气孔小而均匀，咀嚼爽口，不黏牙，具有金针菇的清香，无异味。

第六章　蘑菇、平菇食品加工技术

第一节　蘑菇和平菇概述

一、蘑菇

蘑菇也称双孢菇、白蘑菇、洋菇、世界菇等，属于担子菌亚门、伞菌目、蘑菇科、蘑菇属，是目前唯一的一种全球性栽培的食用菌。

（一）形态特征

蘑菇由菌丝体和子实体两大部分组成，通常所说的蘑菇是指其子实体部分。其子实体呈伞形，由肉质的菌盖、菌褶、菌柄及根状菌索组成。菌盖直径 5～12cm，初为半球形，边缘内卷，后平展至伞状，白色，光滑，干时渐变淡黄色。菌肉洁白、肥厚，伤后略变淡红色。菌褶初为粉红色，后变为褐色或黑褐色，密、窄、离生，不等长，菌褶表面产生担子，每个担子上生有 2 个担孢子，故称双孢蘑菇。菌柄长 4.5～9cm，粗 1.5～3.5cm，白色，光滑，近圆柱形，内部松软或中实。菌环单层，白色，膜质，生于菌柄中部，易脱落。

（二）营养价值

蘑菇味道鲜美，肉质肥嫩，营养丰富，据分析鲜蘑菇蛋白质含量为 3%～4%，脂肪 0.2%～0.3%，碳水化合物 2.4%～3.8%，蛋白质含量是菠菜、白菜等蔬菜的 2 倍，与牛乳相当，但脂肪含量仅为牛乳的 1/10，比一般蔬菜含量还低。其热量比苹果、香蕉、大米、猪肉及啤酒还低，不饱和脂肪酸占总脂肪酸的 74%～83%，人体必需的亮氨酸、赖氨酸、蛋氨酸等 8 种氨基酸的含量丰富，而且蘑菇的维生素 B_1、维生素 B_2、维生素 C 及磷、钠、锌、钙、铁的含量较高，是一种高蛋白、低脂肪、低热量的健康营养食品。

（三）保健作用

蘑菇具有多种保健和治疗作用。蘑菇脂肪的性质类似于植物脂肪，含有较高的不饱和脂肪酸，如油酸和亚油酸等，多食蘑菇对降低血脂有明显作用。临床实验证明，蘑菇含有的酪氨酸酶对降低血压十分有效，可增强机体免疫力，调节人体代谢机能，预防和治疗高血压、冠心病等多种疾病。蘑菇所含有的多糖类物质具有抗癌作用，用其罐藏加工预煮液制成的药物对医治迁延性肝炎、慢性肝炎、肝肿大、早期肝硬变均有显著疗效，以蘑菇浸出液提取核苷酸制成的"健肝片""肝血灵"等对白细胞减少、肝炎、贫血、营养不良具有显著疗效。蘑菇的某些成分还有调节新陈代谢、降低胆固醇等作用，还可辅助治疗糖尿病等。近年来还发现蘑菇的核酸具有抗病毒的功效，具有抑制艾滋病病毒侵染与增殖的作用，所以，蘑菇是一种良好的药用保健品。

二、平菇

平菇原是专指糙皮侧耳，现常将侧耳属中一些可以栽培的种或品种泛称为平菇。平菇又名北风菌、冻菌、蚝菌等。平菇属担子菌亚门、层菌纲、伞菌目、侧耳科、侧耳属。侧耳属的真菌的子实体成熟后，菌柄多侧生于菌盖的一侧，形似人的耳朵，故称侧耳。

（一）形态特征

平菇子实体丛生甚至叠生或单生，裸果型，包括菌盖、菌柄和菌褶三部分。菌盖大而肥厚，中央凹陷，初为圆形、偏平，成熟后则依种类不同发育成耳状、漏斗状、贝壳状等多种形态，直径为4~12cm或更大，菌盖表面色泽因品种及光线不同而变化，多为灰色，也有白色、乳白色、棕褐色、金黄色等，菌盖较弱，易破损。菌褶白色、不等长、延生，质脆易断。菌柄着生处下凹，常有棉絮状绒毛，柄侧生或偏生，短或无，内实，白色，长1~3cm或更长，粗1~2cm。

（二）营养价值

平菇含丰富的营养物质。据资料报道，干平菇蛋白质含量为20%左右，是鸡蛋的2.6倍，猪肉的4倍，菠菜和油菜的15倍。蛋白质中含有18种氨基酸，在所有的氨基酸中谷氨酸含量最高，其中8种必需氨基酸含量为8.38%。此外，平菇中还含有丰富的海藻糖、甘露醇、纤维素、维生素C、B族维生素以及钾、钠、钙、镁、锰、铜、锌、硫等物质，其中维生素C的含量相当于番茄的16倍、尖椒的1~3倍，已被联合国粮农组织（FAO）列为解决世界营养源问题的重要的食用菌品种。

（三）保健作用

中医认为平菇性微温，能补脾胃、除湿邪，具有祛风散寒、舒筋活络的功效，可用于治腰腿疼痛、手足麻木、筋络不通等病症。研究表明，平菇中含有平菇素（蛋白糖）和酸性多糖体等生理活性物质，对健康、长寿、防治肝炎病等作用甚大，特别是平菇中的蛋白糖对癌细胞有很强的抑制作用，能增强机体免疫功能，对防治癌症也有一定的效果。常食平菇不仅能起到改善人体的新陈代谢、调节植物神经的作用，而且对减少人体血清胆固醇、降低血压和防治肝炎、胃溃疡、十二指肠溃疡、高血压等有明显的效果。另外，平菇对调节妇女更年期综合征、改善人体新陈代谢、增强体质都有一定的好处。在平菇中含有能刺激机体产生干扰素的诱导物质（能抑制病毒的抗体），这种物质总称叫"蘑菇核糖酸"，它能强烈地抑制病毒增生。所以常吃平菇类食品，能减少流感、肝炎等病毒性感染的疾病。

第二节 蘑菇食品

一、低盐蘑菇酱

（一）生产工艺流程
选料→漂洗→烫漂杀青→配料→酱渍→后熟→包装→成品

（二）操作要点
1. 选料、漂洗。选用质嫩、菇体完整、无虫蛀、无病斑的新鲜蘑菇，切去菇脚。另选用新鲜、完整、无机械损伤和病虫害的辣椒。蘑菇和辣椒在采后 2h 内用稀盐水漂洗，除去表面杂质，以保持原料的色泽和鲜度。

2. 烫漂、杀青。将浓度为 0.05%~0.1% 的柠檬酸溶液加热至 95℃，将蘑菇倒入烫漂 5~8min，以杀死菇体内酶的活性和表面微生物，软化组织，保持和稳定其色泽。

3. 配料、酱渍。将杀青后的菇体和辣椒用不锈钢刀纵切成条状。将蘑菇、辣椒、酱油各 2.5kg，熟精炼油 350g 及适量味精放入洁净的容器中，拌匀后用薄膜封口。

4. 后熟。原料入缸后的 7d 内，每隔 2d 搅拌 1 次，共搅拌 3 次，然后在室温下放置 10~30d。

5. 包装。将经过后熟的酱利用塑料袋真空密封包装，也可用 250g 小瓶分装，经灭菌后出售。该蘑菇酱如不经密封包装，在室温下可存放半年；如经密封包装，存放时间更长。

（三）成品质量标准
颜色酱黄，具有蘑菇和辣椒的特有风味，酱味浓郁，口感脆嫩。

二、风味蘑菇酱

（一）原料配方
大豆酱 230g，大蒜 10g，鲜蘑菇 20g，葱 5g，植物油 30g，味精 3g，食糖 5g。

（二）生产工艺流程

蘑菇预处理→加大豆酱炒制→煮沸→搅匀→装瓶→封盖→杀菌→包装→冷却→成品

（三）操作要点

1. 鲜蘑预处理。将鲜蘑去除根部杂质，洗净晾晒，晾晒不可太干，以不易破碎为好，然后将晒好的鲜蘑放入开水中焯一下，然后粗磨成小块。

2. 炒制。将植物油加热至200℃左右，放入大豆酱煸炒，待炒出浓郁的酱香味时加入磨好的鲜蘑块。酱的炒制是制作过程中的关键，酱炒得轻，香味不够丰满；炒得重，会使酱变焦，味苦，影响成品的颜色和滋味。

3. 煮沸、搅匀。将经过炒制的蘑菇酱加热煮沸，加入味精并搅拌均匀，然后将酱冷却至80℃左右即可装瓶封口，这样既能抑制细菌的生长又能为下一步杀菌作好准备。

4. 装瓶、封盖。将经过上述处理的蘑菇酱采用四旋玻璃瓶进行灌装，每瓶质量为220g左右。灌装后要添加适量的芝麻油作面油，再用真空蒸气灌装机封口。

5. 杀菌、冷却。将灌装好的酱放入真空封罐机中杀菌，要求温度控制在90℃，时间为15min。杀菌结束后经冷却即为成品。

（四）成品质量标准

1. 感观指标。颜色棕褐色，油润有光泽；酱香浓郁，菇香清爽鲜美，有香菇特有的清香；口感甘滑醇美，无苦涩等异味；稀稠合适。

2. 理化指标。水分40%，食盐14%，氨基酸态氮0.78%，总酸1.2%。

3. 微生物指标。符合GB 2718—2014标准。

三、蘑菇麻辣酱

（一）原料配方

鲜蘑菇5kg，平菇2.5kg、食盐40g、味精100g、食醋125mL、白酒100mL、白糖400g、麻辣酱300g、辣椒色素35g、高粱色素20g、食用琼脂适量。

（二）生产工艺流程

原料处理→杀青→粉碎研磨→加料调配→分装→灭菌→冷却→产品

（三）操作要点

1. 原料处理。鲜蘑菇、平菇用清水洗净，去除杂质，沥干水分。

2. 杀青、粉碎研磨。将上述处理的原料放入沸水中杀青10min，然后按4:2的质量比置于绞肉机中粉碎。把粉碎的菇块按2:3的体积比加水，用胶体磨反复研磨4~5次，直到碎细度达10~15μm为止。为了保持营养成分，其研磨用水可用杀青水。

3. 加料调配。在胶体研磨过程中加入食盐、味精、食醋、白酒、白糖、麻辣酱、辣椒色素、高粱色素等辅料，制成蘑菇浆。将溶化好的食用琼脂，按0.2%比例于60℃下放入调配后的蘑菇浆中，边加边搅拌均匀。

4. 分装、灭菌。将配制好的蘑菇麻辣酱分装于容量为250g或500g精制玻璃瓶内，瓶口加聚丙烯膜1层，铁盖封口，并在98kPa的蒸汽压力下灭菌保持45min。产品灭菌后经冷却即为成品。

（四）成品质量标准

成品为固体，呈酱红色，麻辣爽口，略带酸味，保质期为8~10个月。

四、蘑菇面酱（一）

本产品是利用蘑菇菇柄及残次菇为辅料酿造面酱，不仅可改善面酱的功能性、还可提高其营养价值，又为双孢蘑菇下脚原料的综合利用开辟一条新的途径。

（一）生产工艺流程

蘑菇→洗涤→杀青→粉碎→润水→蒸料→制粒→冷却→接种→发酵→晒酱→磨酱、灭菌→成品

（二）操作要点

1. 种曲制备。将米曲霉接种到斜面培养基上于30℃恒温培养3d，然后再接入种曲培养基35℃培养3d即为成曲。

2. 菇泥制备。用流水将蘑菇菇柄和残次菇原料表面附着的泥土洗净，于沸水中煮沸10min杀青，捞起沥干，并按1:3（W/W）的比例加入纯净水进行粉碎，得菇浆。

3. 面粉的制粒。按面粉:水:菇浆=10:2:1的比例向面粉中加入水和菇浆，在拌粉机中充分拌和均匀，使其成为蚕豆大小的面疙瘩，然后将和好的面料放入蒸锅内蒸料，其标准是面糕黏牙齿即可。

4. 接种。蒸好的面糕立即摊开，让其自然冷为30℃以下即可接种，接种量为0.3%，将米曲霉成曲均匀地撒在面料表面，拌和均匀。

5. 发酵。将接好种的面料倒入45℃保温发酵缸，按面糕:食盐水=1:1的比例加入温度为45℃、浓度为12Bé的食盐水，浸曲3d。发酵前期每天打耙2次，后期隔天翻酱1次，共发酵40d，当还原糖含量为20%以上时，酱醅即为成熟。

6. 晒酱。在发酵好的面酱中按0.1%比例添加脱氢乙酸钠，搅拌均匀，转入清洁干净的大缸中，加盖于室外日晒夜露 10d，每隔 2d 翻酱 1 次，至酱呈红褐色。

7. 磨酱、灭菌、分装。用胶体磨将晒后的面酱磨细，使酱体状态更加均匀、细腻。同时通入蒸汽加热到 65~70℃，并保温 10min，趁热将面酱分装入包装瓶中，封盖，即为成品。

（三）成品质量指标

1. 感官指标。呈红褐色，有光泽和酱香，味甜而鲜，具有双孢蘑菇特有的风味，咸淡适口，无苦、涩味。

2. 理化指标。水分 45.3%；食盐 8.1%；氨基酸态氮 0.4%；还原糖 21.6%。

3. 微生物指标。菌落总数≤1000 个/mL，大肠菌群≤3 个/100mL。

五、蘑菇面酱（二）

（一）原料配方

蘑菇下脚料（次菇、碎菇、菇脚、菇屑等）30kg、面粉 100kg、食盐 3.5kg、五香粉 0.2kg、糖精 0.1kg、柠檬酸 0.3kg、苯甲酸钠 0.3kg、水 30kg。

（二）生产工艺流程

和面→制曲→制蘑菇液→制酱醅→制面酱→成品

（三）操作要点

1. 和面。用面粉 100kg，加水 30kg，拌合均匀，使其成细长条形或蚕豆大的颗粒，然后放入煎锅内进行蒸煮。其标准是面糕呈玉色、不黏牙、有甜味，冷却至 25℃时接种。

2. 制曲。将面糕接种后，及时放入曲池或曲盘中进行培养，培养温度为 38~42℃，待成熟后，即为面糕曲。

3. 制蘑菇液。将蘑菇下脚原料，去除杂质、泥沙，加入一定量的食盐，煮沸 30min 后，冷却，再过滤备用。

4. 制酱醅。把面糕曲送入发酵缸内，用经过消毒的棒将其耙平自然升温，并从面层缓慢注入 14°Be′的菇汁热温水，用量为面糕的 100%，同时将面层压实，加入酱胶，缸口盖严保温发酵。发酵时温度维持在 53~55℃，两天后每天搅拌 1 次，4~5d 后已糖化，8~10d 即为成熟的酱醅。

5. 制面酱。将成熟的酱醅磨细过筛，同时通入蒸汽，升温到 60~70℃，再加入 300mL 溶解的五香粉、糖精、柠檬酸，最后加入苯甲酸钠，搅拌均匀，即成蘑菇面酱。

（四）成品质量指标

1. 感官指标。黄褐色或红褐色，有光泽；有蘑菇香味；味甜而鲜，咸淡适口，无霉斑和杂质。

2. 理化指标。水分≤50%，氯化钠 7%，氨基酸≥0.3%，还原糖≤20%，总酸（以乳酸计）≤2%。

3. 卫生指标。符合 GB 2717—2003《酱品卫生标准》的规定。

六、蘑菇汁饮料

（一）生产工艺流程
原料选择→清洗→切碎→浸提→过滤→浓缩→离心分离→调配→均质→杀菌→热灌装→密封→二次杀菌→冷却→检验→成品

（二）操作要点
1. 原料选择。选取新鲜、成熟、色泽稳定、无异味、无霉烂的优质磨菇。

2. 清洗。把选好的蘑菇放入添加有 0.05% 的高锰酸钾溶液的清水中浸泡 10min，在室温条件下进行农药残留的清洁。浸泡过的磨菇用清水反复冲洗，洗涤水避免重复使用。

3. 切碎。将洗干净的磨菇切成 0.3cm 的碎块。

4. 浸提、过滤、浓缩。采用一次浸提法提取蘑菇汁，加水量为蘑菇质量的 6 倍，浸提温度为 80℃、时间为 40min。浸提后的磨菇汁用 16 层纱布进行过滤，再经真空浓缩，浓缩倍数为 2 倍。

5. 离心分离。浓缩后的蘑菇汁在高速离心机中以 12000r/min 转速进行 40min 的离心分离，达到澄清。

6. 调配、均质。将上述经过离心分离的蘑菇汁加入 25% 的单糖浆和 0.3% 的柠檬酸，经调配后用高压均质机进行均质处理。

7. 杀菌、热灌装、密封。用高温短时杀菌法进行灭菌，温度 85~95℃，时间 40s，杀菌结束后再降至 85℃进行热灌装并立即进行密封。

8. 二次杀菌、冷却、检验。将罐装密封好的蘑菇汁二次杀菌，再经冷却、检验即得成品。

（三）成品质量标准
磨菇汁色泽均匀一致，呈淡黄色透明状，酸甜可口，具有磨菇的特有香味。

七、蘑菇罐头

（一）生产工艺流程
原料选择→护色处理→预煮→分级→整理、切片→装罐→排气→密封→杀菌→冷却→成品

（二）操作要点
1. 原料选择。加工整菇时要求菇色正常、无严重机械伤和病虫害；菌盖直

径为18~40mm，菌柄切削良好，不带泥根，无空心，柄长不超过15mm，菌盖直径30mm以下的菌柄长度不超过菌盖直径的1/2。若进厂蘑菇到货集中，不能及时生产，应放入2~4℃的冷藏库内进行贮存。

2. 护色、预煮。夹层锅预煮时采用0.1%柠檬酸溶液，菇水比例为2:3，煮沸9~10min后取出冷却。预煮液使用3次，第2次再加1/2的柠檬酸量，第3次加第2次的1/2；预煮机生产时，先配制0.1%的柠檬酸溶液，加热煮沸，待机器至正常转速后从漂洗池内均匀地送蘑菇进预煮机，每30min加1次柠檬酸，含酸量控制在0.1%左右。大号蘑菇如预煮不透，可在夹层锅内再煮4~6min。预煮后的蘑菇立即进入冷却槽内进行冷却。预煮后的产品不能有积压，预煮机应经常彻底清洗，以免发生平菌败坏。

3. 分级、整理、切片。将冷却后的蘑菇连续均匀地放入分级机分级，分级必须均匀，加料不能太多，分级后的蘑菇应存放在带水容器内。严禁未冷透的蘑菇离水堆积，也要防止浸泡在温水中。分级后的蘑菇据品质规格分成整菇、片菇和碎菇，直径在31mm以上的蘑菇可作碎菇用，直径为22~31mm的可切片。剔除菇柄过长的蘑菇、虫蛀菇、开伞菇、菌丝黑的菇和严重变色的蘑菇。蘑菇分级的要求如下，整菇（精选级）：色泽呈淡黄色、略带弹性、大小均匀、菌盖形态完整，允许少量蘑菇有小裂口。片状菇：采用纵切方式，厚度为3.5~5mm。特级品：以固形物质量计，带柄的规则片不少于80%，脱菇和破碎菇不多于5%。精选级：以固形物质量计，带柄的规则片不少于60%，脱菇和破碎菇不多于5%。碎片：不规则的碎片（块）。

4. 装罐。装罐前将蘑菇漂洗1次，漂去碎屑，漂洗后依次沥干水分，再装入罐内，装罐时应根据大小、品质级别分别进行；蘑菇罐头采用低铬素铁或涂料铁，常用214号涂料，大型罐常用涂料铁；蘑菇汤汁含盐量为2.5%左右，柠檬酸含量为0.05%~0.06%，部分加入0.01%~0.015%的EDTA，还有一些加入0.05%的D-异抗坏血酸钠，以保证色泽良好。汤汁煮沸后加入柠檬酸、异抗坏血酸钠及EDTA，过滤后加入罐中，要求加入后罐头中心温度在50℃以上。

5. 排气与密封。采用加热排气时，罐中心温度达到75~80℃，15178罐达70~75℃。小型罐可用真空封罐，真空度为35kPa左右。

6. 杀菌与冷却。采用连续式转动杀菌或高温杀菌，杀菌完毕采用反压迅速冷却，若不及时冷却，常会使蘑菇组织软烂、色泽加深。杀菌结束后经冷却即为成品。

八、保健蘑菇酒

（一）生产工艺流程

原料选择→预处理→蒸煮→糖化→接种发酵→后处理→成品

（二）操作要点

1. 原料选择及处理。选择收集碎菇、外菇等蘑菇下脚料为生产原料，将其集中进行清洗，去除泥沙后放入蒸煮锅，在 90~95℃ 温度下煮制 1h。出锅冷却至室温，经压榨过滤得蒸煮液与蘑菇渣。

2. 制备种子培养液。取 200mL 马铃薯汁，添加 20% 的葡萄糖，装入烧瓶，以 98kPa 的蒸汽压力进行高温灭菌。冷却后进入恒温箱，接入斜面培养的葡萄酒酵母，在 20~30℃ 条件下保温 10~12h，制成 I 级菌种液。取 3000mL 蘑菇蒸煮液，添加 20% 的蔗糖，装入烧瓶，在 98kPa 压力下进行高温灭菌。冷却到 30℃ 以下时，将上述 I 级菌种液接种其内，在 20~30℃ 温度下培养 20h，得 II 级菌种液。

3. 糖化、发酵。将压滤后的蘑菇渣绞碎，蒸煮后冷却到 45~55℃。加入米粉糊化后，添加绞碎的蘑菇渣，在 50~55℃ 环境下进行糖化。糖化完毕用柠檬酸调整 pH 值，随即添加蔗糖 10%~20%，升温至 100℃，然后冷却到 25℃ 以下，引入 II 级菌种液，添加偏重亚硫酸钾（10~15）mg/L，以防止杂菌污染及繁衍。发酵 3~7d 后过滤，除渣。

4. 后处理。将滤液加热到 60~65℃，保温 10min 后装入缸内贮藏，也可以将滤液温度调整到 18℃，不经加热处理直接装缸贮藏。贮藏期满后，添加不同的香料，即制得多种不同风味的蘑菇酒。

（三）成品质量标准

1. 感官指标。酒体呈淡黄色，澄清透明，香甜适口，无混浊、沉淀现象。

2. 理化指标。酒精浓度（vol）5%~18%，pH 值 3~3.5，含糖量 6%~20%。

九、蘑菇菇柄酸奶

（一）生产工艺流程

蘑菇菇柄→挑选修整→清洗→切块→烫漂护色→打浆→超声波处理→过滤→菇柄浆液→加原料生乳混合→调配及标准化→均质→过滤→杀菌→冷却→接种→灌装→发酵→后熟→成品

（二）操作要点

1. 蘑菇菇柄浆液制备。蘑菇菇柄经挑选修整清洗，切成厚度 3mm 左右均匀一致的块状；在用水量与蘑菇菇柄的质量相同、烫漂水温度为 95℃、烫漂时间 3min 条件下烫漂护色；打浆后超声波处理，150 目加压过滤得蘑菇菇柄浆液，备用。

2. 原料乳检验。按 GB 19301—2010 要求对原料生乳进行检验，食用前要进行过滤。

3. 调配及标准化。在过滤后的原料乳中加入 13% 蘑菇菇柄浆液，加适量的脱脂奶粉进行标准化处理，并加入 8% 蔗糖、0.1% 果胶和 0.02% 耐酸 CMC - Na，充分混合均匀。

4. 均质、过滤、杀菌。将上述调配好的混合液用超高压均质机在压力为25MPa 下均质 2 次,均质温度 55~65℃。经过滤后进行杀菌,杀菌温度为 90℃,杀菌时间 10min。

5. 接种、灌装、发酵。杀菌后,快速冷却到 42~45℃,在无菌条件下接入生产菌种(保加利亚乳杆菌:嗜热链球菌 = 1:1),接种量为 4%。将接种后的混合乳液分装完毕,迅速移入恒温条件内发酵培养,培养温度为 42℃,发酵时间为 5h。

6. 后熟。发酵结束后,取出并迅速冷却到 10℃以下,然后放入冰箱中,在2~5℃下存放 12~44h,即得成品。

(三)成品质量标准

1. 感官指标。色泽:均匀一致的淡黄色;滋味和气味:口感细腻柔和,稠厚滑润,酸甜适口,发酵乳香浓郁,兼有适中的双孢蘑菇香味,香味协调,无不良气味和异味;组织状态:质地均匀,无乳清析出、无气泡。

2. 理化指标。脂肪 2.8%,蛋白质 2.9%,非脂乳固体 7.6%,酸度 95°T。

3. 微生物指标。乳酸菌 2.6×10^8 个/mL,大肠菌群 ≤10 个/100mL,致病菌未检出。

十、冬瓜蘑菇鸡肉粥

(一)原料配方

粳米 70g、鸡肉 50g、鲜香菇 9g、冬瓜 10g、马铃薯淀粉 1g、食盐 1.5g、料酒 3g、酱油 0.5g、冰水 500g。

(二)生产工艺流程

冬瓜→清洗→去皮、去瓤→脱水→切丁 ⎫
蘑菇→清洗→脱水→切丁　　　　　　　⎪
粳米→淘洗→浸泡→熬制　　　　　　　⎬→熬制→预冷→包装→速冻→检验
鸡肉切丁处理→加辅腌制　　　　　　　⎭
→成品

(三)操作要点

1. 原料选择。选择新鲜去皮鸡肉,要求无软硬骨,肌肉有光泽、淡黄色、脂肪白色正常,肉质紧密、有韧性、解冻后指压有弹性,无异味。冬瓜选购黑皮瓜为佳,外形匀称、没有斑,用手按肉质坚实。蘑菇菇盖呈白色或灰色,菇柄为白色,外观无腐烂、形状完整、没有水渍、不发黏。粳米选半透明、表面光亮、腹白度较小、呈椭圆形。

2. 原料处理。将新鲜去皮鸡肉修去大块脂肪，如果原料经处理未能立即使用，应放入 0~4℃ 的环境中备用。将鸡肉用刀切成 1~3cm 的小方丁，冬瓜削皮去瓤，洗净，切成 1~2cm 的小丁，鲜蘑菇切成 1~5mm 的薄片，粳米淘洗干净后清水浸泡 30min。

3. 熬制。按照配方要求准确称取各种原辅料，将切好丁的鸡肉用料酒、淀粉、酱油、食盐腌制 1~2h，将泡好的粳米放置蒸煮锅中，加适量的水用旺火煮开转文火熬至黏稠，加入鸡肉迅速搅散熬制 5~10min，加入冬瓜块、蘑菇片后熬制 3min 关火。

4. 预冷、包装。将熬制好的冬瓜蘑菇粳米鸡肉粥放置在预冷间预冷 30min，然后将熬好的鸡肉粥装入复合袋中，在 -35℃ 的环境中速冻，封口前做好排气，包装袋要求封口平整、无漏气。

5. 速冻。在 -35℃ 的环境下快速冷冻至中心温度 -18℃ 及以下。

6. 检验。按照产品要求逐一检查，经检验合格者即为成品，包装入库。

（四）成品质量标准

1. 感官指标。色泽：色泽晶莹剔透；口感、风味：肉质鲜嫩、蘑菇鲜香、味浓郁，具有鸡肉粥特有的风味；外观：成品呈黏稠状；包装：标识完整清晰，封口平整牢固，无霜，无肉眼可见异物。

2. 理化指标。净含量符合国家规定要求，过氧化值应符合 GB 19295—2011，食品添加剂符合 GB 2760—2014。

3. 微生物指标。应符合 GB 19295—2011。

十一、蘑菇小食品

（一）食用菌酱菜

酱菜滋味鲜美，既可作小菜，又可作炒菜的配料，食用菌组织致密、脆嫩，是制作酱菜的上等原料。酱菜的制作主要分两步进行：

1. 腌坯。将食用菌去杂洗净沥干，按每 100kg 水加食盐 10~15kg 配成盐水。将食用菌置于盐水中以淹没为度，密封腌渍 1 周，期间翻动 2 次，使盐分渗透均匀。

2. 酱渍。食用菌沥净盐水。投入清水中浸泡 1d，捞出，晾干表面水分，装入酱缸。每 100kg 食用菌用甜面酱 50~70kg。环境温度以 20℃ 为宜。酱渍期间每天早晨翻搅 1 次，10d 后即可出缸。

（二）油渍食用菌

油渍菇存期长，置阴凉处可存半年至一年。食用时可用鲜菇，一般烹调方法处理可分两步进行：

1. 原料配比。鲜菇 10kg，生抽 3~5kg，盐 400g。

2. 加工方法。将油入锅上旺火烧至八成熟。把洗净沥干的鲜食用菌放锅内煸透，加食盐，用文火烧 10min，趁热把油和菇倒于清洁的容器内，使菇浸没在油中，待冷却后分装瓶中密封，置阴凉处贮藏。

（三）食用菌泡菜

1. 配料。鲜菇 20kg，卷心菜、芹菜、莴苣、胡萝卜、青椒各 4kg，生姜、白酒、花椒各 500g，白糖适量。

2. 原料预处理。上述原料洗净，沥干水分；芹菜去叶后切成 2~3cm 长的小段；其他菜切成 5~6cm 长的条。

3. 泡菜水。以硬水为好（有利于保脆），每 10kg 水加食盐 800g。在锅中煮沸后冷却待用，为了加快泡制速度，可在新配制的泡菜水中加入少量的陈泡菜水或人工接种酵母菌。

4. 泡制。将食用菌及切好的蔬菜和花椒、白酒、生姜、白糖等拌匀，投入洗净的泡菜坛内，倒入泡菜水，加盖后在坛顶水槽内加满清水密封。经自然发酵成熟即可取出食用，可以凉拌或加佐料烹炒。

（四）糖醋食用菌

1. 腌制。按 100kg 洗净的鲜菇加 10kg 食盐的比例、一层菇一层盐平铺于桶（缸）内，上面撒盐 1~2kg，盖竹蔑后压上石块。24h 后捞出，沥净盐水，按 100kg 鲜菇加 8kg 食盐的比例复腌 24h，即为半成品。

2. 醋渍。将半成品浸泡在水中 12h 捞出、沥去水分（约 84h），装入缸中，灌入半成品重量一半的食醋，漫渍 12h。捞出，沥干酸液（约 3h）。

3. 糖渍。将醋渍后的食用菌倒入干净缸内，撒入相同质量的白糖，拌匀、密封，糖渍 3d 后，捞出，沥去糖液。

4. 糖煮。将沥出的糖液倒入大锅中煮沸，再倒入糖渍过的食用菌。加盖以文火慢煮，不时搅动。煮沸后出锅，摊晾。同时把锅内的糖液倒出来凉透，将食用菌再倒入瓷容器内密封 1 个月即成。糖醋食用菌可作茶点、果脯、凉菜或佐料。

第三节　平菇食品

一、果味平菇酱

（一）原料配方

平菇汁 30%，苹果汁（或其他果汁）55%，优质白砂糖 10%，蜂蜜 5%，柠檬酸、食用稳定剂等适量。

（二）生产工艺流程

平菇汁＋果汁→混合调配→均质→脱气→灭菌→包装→成品

（三）操作要点

1. 平菇汁制备。选择新鲜无杂质的平菇，利用清水清洗干净，然后放入容器内，加热至100℃。冷却后加水用打浆机打浆，然后用细纱布过滤后即得平菇汁。

2. 果汁制备。选用无杂质、无腐烂的水果清洗干净后去皮，破成小块后用榨汁机榨成汁，过滤后备用。

3. 混合调配。将果汁、平菇汁、白砂糖、蜂蜜、柠檬酸、稳定剂等按配方比例称取，充分混合均匀。

4. 均质、脱气。将上述混合均匀的物料送入均质机中进行均质处理，温度60℃，然后利用真空脱气机进行脱气处理。

5. 灭菌、包装。将均质脱气后的汁液在90℃的温度下杀菌20min，然后利用各类容器真空包装即为成品。

（四）成品质量标准

色味：色泽淡黄具有明显果味和平菇香味，口感酸甜适中，无异味；外观：无沉淀或允许有少量沉淀物。

二、平菇鸡肉营养酱

（一）原料配方

平菇36g，鸡脯肉36g，鸡肝10g，豆瓣酱12g。

（二）生产工艺流程

原料→预处理（切块）→加热熬熟、调料入味→绞碎、炒制→装灌机充填软包装→密封→杀菌→冷却→检测→成品包装

（三）操作要点

1. 原料预处理。挑选优质的平菇、鸡脯肉、鸡肝和其他原辅料，将原料清洗干净，切块、预煮去腥。

2. 加热熬制。汤锅中加入适量水，将精选平菇、鸡脯肉倒入锅中，同时加入鲜葱、姜、大蒜和其他香料入味，加入适量精选老抽调色，文火煮制30min。

3. 处理材料和汤汁。待鸡肉煮熟且汤汁熬出浓郁香味后，将平菇、鸡脯肉捞出锅，其中平菇、鸡脯肉在破碎机中破碎成茸状。汤料趁热过滤杂质，蒸发浓缩后备用。

4. 淀粉调糊。用淀粉将浓缩后的汤汁调成糊状，备用。

5. 混合炒制。将粉碎成茸的香菇、鸡脯肉和制成的鸡肝泥一起炒制，三者

混合制成酱，然后再加入豆瓣酱、糖等调味品来调味，用汤汁调制的淀粉勾芡，使产品体现出咸、香味并有一定的黏度。

6. 袋装。将酱体在无菌条件下灌装。采用软包装真空封口机进行热封，封口时真空度在 -0.05MPa 条件下，封口要封牢、封密、不漏气。

7. 杀菌。使用加热杀菌法，杀死致病菌、产毒菌和腐败菌，并破坏食品中的酶，使食品耐藏不变质。同时还具有一定的烹调作用，能够增进风味和软化组织。

8. 冷却。杀菌后应迅速冷却，使袋内温度降低到适当值，以防止食品品质下降。冷却后贴包装纸，装盒即可。

三、凝固型红平菇酸奶

（一）生产工艺流程

全脂奶粉、白砂糖、水　　制备好的发酵剂
　　　　　　　　↓　　　　　　　　↓
红平菇干子实体→粉碎→红平菇菇汁制备→调配→杀菌→冷却→接种→封口→发酵→后熟→成品

（二）操作要点

1. 红平菇菇汁制备。挑选干净无虫蛀优质干品红平菇子实体，利用粉碎机进行粉碎，然后以料液比为 1:10 的比例在 95～100℃热水中浸提 2h。经 1cm 厚脱脂棉过滤介质过滤得成品菇汁。

2. 调配。将红平菇菇汁、全脂奶粉和水按一定比例混合，加入一定量的甜味剂（白砂糖），充分搅拌均匀。具体比例为：奶粉 12%、红平菇汁 80%、白砂糖 8%。

3. 杀菌和接种。将调配好的原料装入瓶中并封口，65℃灭菌 30min，冷却至 40℃左右。在无菌条件下接种 4%的发酵菌剂（保加利亚乳杆菌:嗜热链球菌 = 1:2），充分搅拌均匀。

4. 发酵和后熟。将接种后的混合乳液在 44℃的恒温条件下进行发酵，发酵时间为 7h。发酵结束后取出，冷却至室温后置于 4℃冰箱中冷藏 24h 进行后熟。经后熟后即为成品。

（三）成品质量标准

1. 感官指标。色泽：淡黄色，色泽均匀一致；气味：发酵乳香浓郁，兼有适中的红平菇香味；口感：口感细腻柔和，酸甜适口，红平菇味适，无异味；组织状态：质地均匀，无乳清析出，硬度较好。

2. 微生物指标。乳酸菌 6.07×10^8 个/mL，其他指标符合国家标准。

四、红平菇面包

（一）原料配方

面粉 100 个、红平菇粉 4g、蔗糖 20g、酵母 1.3g、食盐 0.5g、色拉油 1.5g、面粉改良剂 1.0g、奶油 2.5g、奶粉 1.5g。

（二）生产工艺流程

制粉→过筛→调粉→揉面→发酵→整形→摆盘、饧发→烘烤→冷却→包装→成品

（三）操作要点

1. 红平菇粉制备。选用新鲜的红平菇子实体，经过清洗、烘干后粉碎，过40 目筛，于 70℃ 干燥后备用。

2. 酵母活化。将安琪高活性干酵母（约 1.3g）和 30℃ 温水混合（用水约100ml），用量为 1.3 干酵母约用水 100mL，浸泡 30min 后搅匀使用。

3. 调粉。按配方比例，将面粉、红平菇粉、面粉改良剂、白砂糖、食盐、奶粉等混和后过 50 目筛，使之充分混匀。

4. 揉面。将活化酵母与混合粉剂、水、奶油等调和，反复揉制成光洁的面团。

5. 发酵。将上述调制好的面团控制温度在 28℃，发酵时间控制在 90min 左右。采用手指轻压面团判断发酵成熟与否，如果手指放开后，四周不塌陷，也不立即反弹回原处，则表示面团已经成熟。

6. 整形、摆盘。将发酵好的大面团按照成品的要求先分割成小面团，并做成一定的形状，放到盘中。

7. 饧发。将整形后的面包坯放入饧发箱中进行饧发，饧发温度控制在35℃，饧发时间控制在 90min 左右，一般体积约膨胀至原来的 2 倍。

8. 烘烤、冷却、包装。饧发结束后将面包坯取出，送入烤箱进行烘烤，烘烤温度为面火 190℃、底火 200℃，烘烤时间控制在 10min 左右，为了使面包表面看起来光亮，并防止出现干裂现象，在烤成熟的面包表面刷一层色拉油。烘烤结束后，取出，经冷却、包装即为成品。

五、泡椒平菇罐头

（一）生产工艺流程

配料→卤料→冷却→泡椒液

↓

平菇→漂煮→清洗→离心脱水→混合→称量包装→真空封口→杀菌→冷却→保温检验→成品

（二）操作要点

1. 漂煮。漂煮的目的是软化组织、便于包装，钝化酶活性、杀死表面微生物、驱除组织中的气体。漂煮温度为90℃，时间为25min。煮制要求禁止使用铁制品，具体煮制时间可根据菇体大小、厚薄及火力而定。煮制结束后立即投入冷水中冷却，使菇体降温以减少营养物质流失，当温度降至室温后将菇体捞出沥干备用。

2. 清洗、离心脱水。用清水除去原料杂质，然后将平菇放入洁净的离心式蔬菜脱水机内脱除表面水分。

3. 泡椒液制备。取定量的水放入夹层锅中加热，按水重分别称取干辣椒1%、花椒0.25%、胡椒0.2%、香叶0.1%、八角0.05%、桂皮0.05%。冲洗后捆扎料包，放入夹层锅。开气煮沸15min，加入少量葱姜，保持微沸30min。停气后过滤料水称重，加入料水重量的3%小米椒、3%精制食用盐、2%白砂糖、0.3%味精、0.6%氯化钙。溶解搅拌均匀即为泡椒液，pH值在4～5。

4. 混合、称量包装。将漂烫并经脱水工序的平菇进行称量装袋，按平菇与泡椒液之比4:1进行混合，然后定量进行包装。

5. 真空封口。产品包装后利用真空封口机进行热封。封口以封牢、封密、不漏气为原则，封口不良者，应拆开重装，封口时真空度在0.05MPa条件下。

6. 杀菌、冷却。将包装好的成品放入灭菌锅内，灭菌公式：（5′－25′）/90℃，出锅后迅速冷却至35℃以下。

7. 保温。在（37±1）℃的保温条件下保温7d，依照罐藏食品相关标准进行抽样检测，合格者即为成品。

（三）成品质量标准

1. 感官指标。灰色或灰白色，形状均匀，具有平菇与泡椒应有的滋味、气味，无异味，汤汁内允许有少沉淀。

2. 理化指标。可溶性固形物75%～80%。

3. 卫生指标。大肠菌群≤30个/100g，致病菌不得检出。

4. 保质期。10个月。

六、平菇醋

（一）生产工艺流程

活化干酵母
↓

平菇选择→切片→粉碎→浸泡→提取平菇多糖→调整糖度→杀菌→冷却→酒精发酵→灭菌→接种二级扩培醋酸菌→醋酸发酵→灭菌→过滤→陈酿→澄清→成品

（二）操作要点

1. 原料选择。选择无霉变、无异味的干平菇（碎菇也可），将附着在干平菇表面的草叶、泥土等赃物清理干净。

2. 提取平菇多糖。将选择好的平菇经切片、粉碎后得平菇粉，按平菇粉和水为1:15的比例混合后提取平菇多糖，提取温度为90℃，提取时间5h，共提取2次。

3. 调整糖度、杀菌。将平菇多糖液的糖度调整到16%，然后将其加热到85℃杀菌15min，杀菌后将平菇浆快速冷却至40℃以下。

4. 酒精发酵。取一定量的安琪活性干酵母，与等质量的糖混合后加入10倍的38~40℃水，将干酵母搅拌并溶解复水10~20min，将复水的酵母液迅速降温至30℃左右并活化1h，后加入3倍的平菇浆保温10min，即可接入平菇浆中进行酒精发酵，接种量一般为0.08%。接种后在28℃的温度下进行酒精发酵，酒精发酵结束后其酒精含量（vol）达9.45%。

5. 醋酸发酵。先调整酒精发酵液的酒精含量至7%，在发酵完全的灭菌平菇酒液中按5%的接种量接入二级种子扩大培养醋酸菌，进行醋酸发酵，发酵温度28℃。为增加发酵液中氧气含量，每日定时通气3次，并每日测发酵液酸度，待发酵液中酸度连续3d无变化，则表明醋酸发酵结束。

6. 灭菌、过滤、陈酿、澄清。醋酸发酵结束后，按照食醋的一般工艺进行灭菌、过滤，然后再经6个月静置陈酿、澄清即得成品醋。

（三）成品质量标准

1. 感官指标。色泽：颜色呈土黄色，有光泽；组织形态：质地均一，无沉淀，澄清透明；口感与风味：具有醋的清香和原料的香气，香气柔和，酸味柔和，酸甜爽口，无异味。

2. 理化指标。总酸（以醋酸计）4.5g/dL，还原糖（以葡萄糖计）1.0g/dL，pH值2.9。

3. 微生物指标。大肠菌群≤3个/100mL，致病菌不得检出。

七、平菇脆片

（一）生产工艺流程

原料验收→挑选→清洗→切片→杀青→沥水→浸渍→清洗→速冻→真空油炸→真空脱油→后调味→冷却→分选→包装→检验→成品

（二）操作要点

1. 原料验收。选用大小均匀，无霉烂，无异味，无泥沙等杂质的平菇为原料。

2. 挑选、切片。剔除腐烂菌及杂质，将平菇纵切成 0.5cm 左右的薄片。

3. 杀青。将平菇片用 100℃的沸水进行杀青至菇体变透明，迅速捞出至冷却池中冷却到 20℃左右，沥水。

4. 浸渍、清洗。将平菇置于由 30°Brix 麦芽糖溶液、15%麦芽糊精、1%食盐组成的浸渍液中浸泡 3~4h，然后利用清水清洗表面糖液后沥水。

5. 速冻。将平菇装筛后置于冷柜中，在 −18~−23℃下冷冻 15~20h，以冻透为度，并注意装筛时不要过厚，以 5cm 左右为宜。

6. 真空油炸。将 10kg 冻透的平菇平均分装在 4 个不锈钢笼中，置于真空釜中进行真空油炸脱水，真空度为 0.095MPa，油炸温度 95~100℃，按投料 10kg、油炸时间 17~19min 条件进行。为延长油的使用期和保证成品的质量，油炸前在油中加入 0.01%~0.02%的 TBHQ（特丁基对苯二酚）。

7. 真空脱油。将装料笼提至真空釜顶点，启动脱油电机进行离心脱油，转速为（200~300）r/min，脱油时间为 7min。

8. 后调味。将脱油后的平菇脆片放入调味滚筒中，根据口味需要加入调味料进行调味。

9. 冷却。在包装室将调味后的平菇脆片摊放在干燥、卫生无菌的不锈钢台上，用风扇快速吹凉到 25℃。

10. 分选、包装。在无菌卫生的条件下将冷却后的平菇脆片进行分选，挑出焦糊或炸不透的平菇，立即对样品进行充氮分装，包装后经检验合格者即为成品。

八、平菇肉松

（一）原料配方
平菇菇柄、菇托 100kg、酱油 5kg、白糖 3.5kg、花生油 3~3.5kg、生姜 500g、葱 5kg、精盐 500g、味精 200g、黄酒 4kg、茴香和五香粉适量。

（二）生产工艺流程
原料挑选→清洗→切块→浸泡→煮沸→搓碎→文火煮→半成品→加入花生油→生姜末→油炸→焙炒→包装→成品

（三）操作要点
1. 清洗、切块、浸泡。经挑选过的菇柄菇托，用清水洗净，用切碎机切成 1cm 长（菇柄与菇托联结处切成约 1cm 长、5mm 宽、3~5mm 厚的块状），放入水中浸泡 1~2d。

2. 煮沸、搓碎、煮制。将经过浸泡的原料放入锅内煮沸，文火煨 1.5~2h，再用木棒打碎，捞出沥干，放入高速搅打机中打碎，最后放入铁锅中文火烧煮，用铲不断翻炒，翻炒至呈半纤维状取出摊于竹筛上，冷却后配料。

3. 油炸、焙炒、包装。按照配方比例称量好，将花生油烧热，加入生姜末炸片刻，再加入酱油、精盐、茴香粉、五香粉、黄酒，文火煮30min后加入味精。将以上平菇松半成品和配料一起置于锅中焙炒，边炒边翻，搅拌均匀，使纤维全部分离松散，颜色逐渐变为深黄棕色，不断测其含水量，以不超过16%为止。再经冷却后即可包装、出售。

九、平菇软糖

（一）原料配方

平菇泥20kg、白砂糖13kg、淀粉糖浆33kg、琼脂1.1kg、柠檬酸0.2kg，水、食用色素和香精各适量。

（二）生产工艺流程

平菇→去柄→清洗→预煮→捣泥
　　　　　　　　　　　↓
砂糖＋淀粉糖浆＋水→溶化过滤→熬煮→调和→冷却→成形→干燥→包装→成品
　　　　　　　　　　　　　　　　　　↑
琼脂→冷水浸泡→加热溶化→琼脂浆

（三）操作要点

1. 平菇泥制备。选自然色泽的新鲜平菇，用不锈钢刀削除菇柄和杂物，立即用水冲洗干净，捞出沥干水分，投入到0.1%柠檬酸溶液中预煮8~12min，水菇比为2:1。预煮好的平菇迅速捞起并用流水漂洗冷却，沥干水分。将沥干水的平菇于组织捣碎机中捣成泥状，备用。注意菇体捣泥时可适当添加少量食盐改善风味。

2. 琼脂浆制备。将琼脂用冷水浸泡4~12h，琼脂与水的比例为1:10，再连同浸泡水一起加热使其溶化成琼脂浆，并于60~70℃水中保温待用。

3. 化糖、过滤、熬糖。将白砂糖、淀粉糖浆、适量的水混合于加热锅中，升高温度使其完全溶化，趁热用纱布过滤，再加热熬煮使物料温度达到120℃。

4. 调和、冷却。将上述琼脂浆和平菇泥均匀地加入到熬好的糖液中，继续加热至物料温度达到106℃左右，离火、冷却到75℃后加入柠檬酸（预先配成50%的柠檬酸溶液），随后再加入色素、香精，调和均匀。

5. 成形、干燥。将配好的糖膏倒入干净的、抹有少量精炼油的冷却盘上，厚度1cm左右，并置于阴凉处凝冻10h左右，冷却凝固成冻状后再用不锈钢刀按规格切分成条块。另取白糖粉和熟制的淀粉混合，散拌于切分好的糖块上，然后按一定距离摆放在木盘上，送入35~40℃的烘房中进行干燥，使其水分降低到

15%以下，待凉透后用软糖包装机包装即为成品。

十、营养平菇干

（一）生产工艺流程
原料选择→清洗→脱水→切条→油炸→调配→包装→成品

（二）操作要点
1. 原料选择。选择成熟度适宜，菇形正常，无病斑、虫蛀，孢子未散发的新鲜平菇作原料。

2. 预处理。剪去菇柄，用清水快速冲洗去杂，沥水后用风机吹干表面水分。清洗时浸水不能过久，若菇体吸附水较多，可用离心甩干机除去大部分水分。洗净后将原料分成2cm宽的菇条。

3. 油炸。选用精炼菜子油，平菇添加量为油脂重的40%为宜，在电炸锅内，将油温加热至120~130℃，此时用金属网框盛装菇条入油锅油炸，注意观察菇条变化以调整油温，并稍加翻动保证受热均匀，油温不能过高过低。油炸时间一般为10min左右，产品呈金黄色，稍脆时，停止加热，提出金属网框，并沥去表面浮油。

4. 调配。油炸平菇干成品率为30%~35%，可根据消费者口味按比例加入调味料，如食盐、味精、蒜泥、姜末、辣椒粉、花椒粉、五香粉、酱油、白糖、柠檬酸等，可得多种风味平菇片。

5. 包装。产品用复合薄膜包装袋，容量25g、50g、100g不等，称量后的产品装入袋内。袋口不得粘上油汁，利用真空封口机在0.09MPa以上真空度下抽空热封，产品经包装后即为成品。

十一、平菇猴头菇复合枣片

（一）生产工艺流程
原料→清洗→预处理→打浆（包括制备平菇浆、猴头菇浆、山楂浆、红枣浆）→浆料混合，加入糖等辅料→熬煮→涂板→干燥→揭片→回软→切片→包装→成品

（二）操作要点
1. 平菇浆制备。将鲜平菇用清水洗净，撕成约7cm×2cm的条状，置于沸水中烫漂3min，菇片取出冷却至室温后，添加1/3鲜菇重的烫漂水，放入打浆机中进行打浆。

2. 猴头菇浆制备。将干猴头菇用温水洗净，温水泡发12h，以泡发水为烫漂水，在100℃烫漂5min，取出冷却至室温，添加3倍干菇质量的烫漂水打浆。

3. 山楂浆制备。干山楂用清水洗净，置于沸水中烫漂10min，然后去核，添加4倍干山楂质量的烫漂水打浆。

4. 红枣浆制备。将红枣去核后用清水洗净，置于沸水中烫漂5min，加入与红枣等质量的烫漂水进行打浆。

5. 浆料混合、熬煮。将平菇浆、猴头菇浆、山楂浆、红枣浆按一定比例混合，添加适量的白砂糖、淀粉、卡拉胶、蛋白糖等辅料，在锅中熬煮至黏稠状（可溶性固形物含量15%）。具体各种原辅料的配比：平菇浆70g、猴头菇浆30g、山楂浆40g、红枣浆40g、白砂糖8g、玉米淀粉5g、卡拉胶0.2g、蛋白糖0.1g。

6. 涂板、干燥。将稠浆均匀涂布于预先刷过薄油的玻璃板上，使其流延成厚度4mm的薄层，放入烘箱中于75℃条件下干燥8h，至菇片含水量约为25%。

7. 揭片、回软、切片、包装。产品经干燥后从烘箱中取出，揭片，将菇片叠放在一起，用塑料袋密封存放9h，使菇片内外水分均匀一致，用刀切成2cm×6cm的条状，用铝箔复合纸包装后即得成品。

（三）成品质量标准

1. 感官指标。外观：外形完整，厚薄均匀，无气泡；色泽：具有产品固有色泽；质地：组织紧密，表面光滑均匀，无裂纹；口感：口感紧致，有嚼劲，无残留物；风味：酸甜可口，具有原料特有风味。

2. 理化指标。水分24.5%，总糖55.0%，蛋白质26.0%，脂肪3.2%，灰分1.9%，pH值4.37。

第七章　灵芝食品加工技术

第一节　灵芝概述

灵芝是灵芝属真菌的总称，又名灵芝草、神草、瑞草、丹芝、仙草、赤芝等，俗称木灵芝。我国已知灵芝真菌93种，隶属于4个属，即灵芝属、假芝属、鸡冠孢芝属、网孢芝属。这里主要介绍灵芝属中的灵芝（赤芝），它属于担子菌门、层菌纲、多孔菌目、灵芝科、灵芝属。

一、形态特征

灵芝大多为一年生，其大小及形态变化很大，大型个体的菌盖直径为10~20cm，厚约2cm，一般个体直径为3~4cm，厚0.5~1cm，子实体有明显的盖和菌柄，柄侧生、偏生或中生，菌盖和菌柄为油漆色发亮的硬皮壳，呈茶褐色。紫褐色或黑褐色。菌肉木栓质，呈淡褐色至肉桂色，下面有无数小孔（菌管口），管口呈白色或淡褐色，管口圆形，每毫米内有4~5个，管内着生孢子，孢子卵形，孢子壁双层，菌丝在斜面培养基上呈贴生，生长后期表面菌丝纤维化，呈浅棕色或灰褐色，质地坚固。

二、营养价值及保健作用

灵芝是我国中草药宝库中的一颗璀璨的明珠，它含有多糖、多种氨基酸、活性肽、三菇类、碱基、核酸、硬脂酸、多种微量元素、苯甲酸、多种酶、酶抑制剂以及多种生物碱等多种生物活性物质。有关灵芝的功效，我国古代的许多医学专著如《神农本草经》《本草纲目》《名医别录》《新修本草》《开元本草》《滇南本草》等均作了描述，称其有"益心气""益精气""安精魂""坚筋骨""治耳聋"等功效，将其视为滋补强身、扶正固本、延年益寿之良药。

现代医学研究证明，灵芝具有以下六大作用：①提高人体免疫力，有防癌抗癌的作用；②辅助调节血压，强化造血功能，对白血病和贫血也有疗效；③能防止动脉硬化；④改善高血脂；⑤有镇痛作用，可以减轻癌症或其他疾病的痛苦；

⑥延缓细胞衰老，防止人体老化，提高开始衰退的内脏器官的功能。目前医学上应用的灵芝胶囊、灵芝片、灵芝注射液等都是以灵芝菌丝体或子实体作主料配制而成。

第二节　灵芝饮料

一、风味灵芝饮料

（一）生产工艺流程

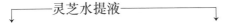

灵芝→预处理→脱苦→脱苦灵芝水提液→混合液→调配→催熟→杀菌→灌装→灵芝饮料

（二）操作要点

1. 预处理。选取优质干燥灵芝，切成体积大约为 2cm×2cm×2cm 的灵芝块，清洗干净备用。

2. 灵芝水提液制备。称取一定质量未经脱苦处理的灵芝块，按照灵芝块:水 =1:100（m/V）的比例加水煮沸 60min，煮沸结束补水至初始体积，过滤后于 8000r/min 转速下离心 10min，上清液即为灵芝水提液。

3. 脱苦。取灵芝块，按照灵芝:95% 食用酒精 =1:50（m/V）加入食用酒精常温浸泡 10h 后，过滤，取滤渣即得到脱苦灵芝。

4. 脱苦灵芝水提液制备。称取一定质量的脱苦灵芝，按照脱苦灵芝块:水 =1:100（m/V）的比例加水煮沸 60min，煮沸结束补水至初始体积，过滤后于 8000r/min 转速下离心 10min，上清液即为脱苦灵芝水提液。

5. 混合液。将灵芝水提液和脱苦灵芝水提液按 3:17（v/v）的比例混合，得混合液。

6. 调配。在混合液中加入 3.0% 的蔗糖和 0.005% 的阿斯巴甜，再加入一定量的稳定剂（CMC－Na）和 0.1% 的抗氧化剂（D－异抗坏血酸钠），搅拌均匀，得调配液。

7. 催熟。将调配液在 60～70℃ 下加热 5～10min 进行催熟处理。

8. 杀菌、灌装。将催熟液在 75℃ 下处理 15min，杀菌结束后经灌装、冷却即为成品。

（三）成品质量标准

1. 感官指标。色泽：具有良好光泽的浅棕色；风味：有灵芝独特的滋味，香气清新自然；口感：甘苦相宜，口感丰富，下咽后口中留有余香；组织状态：

澄清透明，无沉淀杂质。

2. 理化指标。总糖≥100mg/L，可溶性固形物≤1.0%，食品添加剂符合 GB 2760—2014 规定，无防腐剂。

3. 微生物指标。取 250mL 成品饮料，常温密封放置 2 个月，没有肉眼可见菌落生成。

二、富硒灵芝醋饮料

（一）生产工艺流程

$$米醋$$
$$\downarrow$$

富硒灵芝子实体→预处理→富硒灵芝提取液→调配→装瓶→灭菌→产品

（二）操作要点

1. 富硒灵芝提取液的制备。将富硒灵芝子实体经干燥后切成 5mm 厚的片，再用组织粉碎机粉碎为 60 目左右的粉末。然后，加入 70～85℃温水（每 100g 灵芝加 1L 温水），提取 2h，过滤分离；将过滤后的残渣再加入 2L 温水 70～85℃，提取 3h 左右，再倒入前次的提取液中，减压浓缩。每 100g 干燥灵芝得浸出液 1L。

2. 调配。按富硒灵芝提取液 9%、米醋 10%、饮用纯净水 81% 的比例进行混合调配。

3. 装瓶、灭菌。将调配好的液体装入玻璃瓶中，经压盖，在 121℃温度下灭菌 30min，灭菌结束后经冷却至常温即为成品。

（三）成品质量标准

1. 感官指标。色泽及形态：呈淡黄棕色液体，澄清透明，久置后允许有少量沉淀；滋味：清凉可口，略带酸味和苦味。

2. 理化指标。硒（0.01～0.05）μg/g，可溶性固形物≥1%，可溶性糖≥0.4%，多糖≥0.25%，蛋白质≥0.1%。

三、灵芝冰激凌

（一）生产工艺流程

灵芝选料→清洗杂质→干燥粉碎→深度干燥→超细粉碎→配料→混合→杀菌→均质→冷却→成熟→凝冻→成形→包装→冷藏→检测→成品

（二）操作要点

1. 灵芝粉制备。所选灵芝无虫蛀，无霉变，不带泥沙和杂质，含水率在 13% 以下，菌盖色泽正常且完整，少有丛生、叠生混入，最大直径 25cm，菌盖中心厚度≥0.5cm，菌柄长度≤1cm，菌盖背面色泽正常。选好的灵芝经清洗后进行干燥并进行初步粉碎，然后再经深度干燥后利用振动磨超细粉碎，成品粉体粒度范围一般在平均粒径零点几微米到数微米之间。

2. 原料混合。按灵芝粉2%、奶油8%、全脂淡奶粉10%、白砂糖15%、乳化稳定剂0.4%、其余为纯净水的比例将各种原辅料称量后，首先把奶油加入具有加热、搅拌、冷却功能的配料缸里溶解，将白砂糖、奶粉、乳化剂等固体原料在另一容器里加水搅拌溶解好，并将乳化稳定剂在烧杯中调制成的溶液加入配料缸里混合，最后把灵芝粉加入其中，在50℃下连续搅拌直至充分混匀。

3. 杀菌。将上述混合好的物料采用间歇式杀菌，温度75～77℃，杀菌时间30min，以保证混合料中细菌含量降低至50个/g以下。

4. 均质。均质可使混合原料中的乳脂球、灵芝粉变小，防止凝冻时乳脂肪被搅成奶油粒，以保证冰激凌产品的组织细腻，形体润滑松软，具有良好稳定性和持久性。选用均质条件压力18MPa，温度65℃。

5. 冷却和老化。混合原料经过均质处理后，应迅速冷却至老化温度2～4℃，最多不能超过5℃。迅速降低料液温度，可以防止脂肪球上浮，但降低温度的速度要把握好，不能过快。

6. 凝冻。冷冻过程是将混合料在强制搅拌下进行凝冻，使空气以及小的气泡分布于全部混合料中，一部分水成为冰的微细结晶的过程。凝冻的温度是−2～−4℃，间歇式凝冻时间为15～20min，冰激凌的出料温度一般在−3～−5℃，时间过长，产品组织粗糙，容易产生收缩时间过短，空气混入量不足，并且混合不均匀，造成组织紧密、膨胀率低而增加了消耗。

7. 成形包装、速冻、硬化与贮藏。凝冻后的冰激凌必须立即成形，以满足储藏和销售的需要。将成形的冰激凌包装后迅速置于−25℃以下的温度，经过一定时间的速冻，温度保持在−18℃下，使其组织状态硬度增加。硬化后的冰激凌产品，在销售前应将制品保存于低温冷藏库中。冷藏库的温度为−20℃，相对湿度为85%～90%。

（三）成品质量标准

1. 感官指标。色泽：褐色；组织形态：质地柔软细腻，组织均匀，冰晶少而均匀；滋味和香气：灵芝味与奶香味协调，具有柔和的奶香味，风味独特。

2. 理化指标。脂肪12.1%，总固形物38.2%，蛋白质2.4%，总糖10.5%，膨胀率86.0%，食品添加剂的添加限量符合GB 2760—2014和GB 14880—2012的规定。

3. 微生物指标。细菌总数≤16000个/mL，大肠菌群≤180个/100mL，致病菌未检出。

四、灵芝苦荞皮低糖复合保健饮料

（一）生产工艺流程

苦荞皮浸提液→脱苦
↓

灵芝干品粉碎→保温浸提→过滤离心→灵芝提取液→脱苦→混合调配→均质→灌装→加热排气→封盖→杀菌→冷却→检验→成品

（二）操作要点

1. 灵芝浸提液的制备。将灵芝干品粉碎至 10 目，以便浸提有效成分，取 100g 粉碎的灵芝，按照灵芝:水 = 1:100 （m/V）的比例，加 70~80℃热水中浸提 2h，过滤，得浸提液 I。将滤渣加等体积的 70~80℃热水再浸提 1h，过滤，得浸提液 II，合并两次浸提液，定容到 2L，4500r/min 离心 10min，过滤得灵芝浸提液。

2. 苦荞皮浸提液制备。取 100g 苦荞皮，按照苦荞皮:水 = 1:100 （m/V）的比例，加 70~80℃热水中浸提 2h，过滤，得浸提液 I。将滤渣加等体积的 70~80℃热水再浸提 1h，过滤，得浸提液 II，合并两次浸提液，定容到 2L，4500r/min离心 10min，过滤得苦荞皮浸提液。

3. 去苦。由于灵芝浸提液和苦荞皮浸提液均带有苦味，需经过脱苦后再加以利用。可采用 β – CD 为脱苦剂，其用量均为 2%。

4. 混合调配。将脱苦后的灵芝浸提液和苦荞皮浸提液按 10:4 的比例混合，用 1.0g/L 柠檬酸和 0.3g/L 木糖醇调节糖酸比，然后将其充分混合均匀。

5. 均质。将混合均匀的饮料在高速均质器中均质 10min 左右，让饮料体系均匀。

6. 灌装、加热排气。将料液迅速灌入事先洗净、灭菌后的瓶内，加热排气，瓶中心温度在 80℃左右。

7. 封口、杀菌、冷却、检验。加热排气后迅速封口，然后反转瓶子，瓶口朝下，使瓶顶内面和瓶子上部空间部分接触高温饮料而杀菌，将饮料放在沸水中煮 15~20min，然后尽快冷却，降温至 40℃以下，经检验合格者即得成品。

（三）成品质量标准

1. 感官指标。色泽：澄清、透明、鲜亮一致，无变色现象，棕褐色；香气滋味：以灵芝为主的清香型，带有苦荞的香味，高雅清淡，柔和持久，回味略微苦，无异味；杂质：料液清澈透明，无肉眼可见杂质。

2. 理化指标。可溶性固形物 2.5Brix，pH 值 3.5。

3. 微生物指标。细菌总数 ≤100 个/mL，大肠菌群 ≤30 个/L，致病菌未检出。

五、灵芝水果保健饮料

（一）生产工艺流程

灵芝→烘干、粉碎→浸提→过滤、净化→冷藏→配料→过滤→包装→杀菌→冷却→成品

（二）操作要点

1. 灵芝提取液制备。将灵芝经清洗后进行烘干，然后在70~80℃温水中浸泡3h，过80目筛进行过滤分离出灵芝残渣。重复提取2遍，将所得提取液混合后，沉淀，得到纯净的灵芝液。处理好后将灵芝液放入冰箱内（0~4℃）贮存备用。采用此工艺，一般620g灵芝可得到灵芝提取液1000mL。

2. 果汁制备。将苹果、梨和荔枝等水果原料洗净，去皮，去核，加入护色剂，用榨汁机将它们的果肉分别打汁、过滤，得果汁，冷藏备用。取甘草原料100g加纯净水1000mL熬煮20min，过滤，得甘草提取液，冷藏备用。

3. 配料。在灵芝提取液中加入制备好的果汁、甘草液及其他甜味剂、酸味剂等辅料，配制饮料。生产不同口味的饮料其原料配比不同，例如灵芝与甘草提取液的配比为2:1，生产灵芝甘草饮料；生产灵芝水果饮料的配比较多，如灵芝提取液中添加荔枝汁15%、蔗糖5.4%、菠萝汁8%、柠檬酸0.15%，灵芝提取液中添加甘草提取液15%、荔枝汁7.3%、蔗糖5%，灵芝提取液中添加苹果汁14%、甘草提取液20%、蔗糖7%，灵芝提取液中添加甘草提取液17%、苹果汁17%、蔗糖11%、柠檬酸0.02%，灵芝提取液中添加梨汁25%、饮用水25%、柠檬酸0.18%、蔗糖15%。

4. 过滤、包装、杀菌。将上述各种饮料配制好后，经过过滤即可装入玻璃瓶中，再经100℃热水杀菌，杀菌结束后经冷却即为成品。

六、灵芝速溶茶

（一）生产工艺流程

灵芝→筛选、清洗→预处理→浸取→混合→杀菌→纳米膜浓缩→混料→喷雾干燥→包装→成品

（二）操作要点

1. 灵芝预处理。选取优质干燥灵芝，经筛选、清洗后，切成体积大约为2cm×2cm×2cm的灵芝块，清洗干净备用。

2. 浸提。

（1）灵芝水提液制备。称取一定质量未经脱苦处理的灵芝块，按照灵芝

块∶水 =1∶100（m/V）的比例加水煮沸 60min，煮沸结束补水至初始体积，过滤后于 8000r/min 转速下离心 10min，得灵芝水提液。

（2）脱苦灵芝水提液制备。取灵芝块，加入适量食用酒精常温浸泡一定时间后，过滤，取滤渣即得到脱苦灵芝。称取一定质量的脱苦灵芝，按照脱苦灵芝块∶水 =1∶100（m/V）的比例加水煮沸 60min，煮沸结束补水至初始体积，过滤后于 8000r/min 转速下离心 10min，上清液即为脱苦灵芝水提液。

3. 混合、杀菌。将灵芝水提液和脱苦灵芝水提液按一定比例混合，得混合液。将混合液在 75℃下处理 15min。

4. 纳滤膜浓缩。浸提液经 0.45μm 抽滤后送入纳滤膜分离器在 15～23℃的条件下浓缩至固形物含量为 20%。

5. 混料。将上述浓缩后的液体再和其他原辅料进行混料。其他原辅料的配比∶麦芽糊精 25%、CMC 0.15%、麦芽糊精和 β - 环状糊精的比例 12∶1、蔗糖的含量 9%。

6. 喷雾干燥。将调配好的料液预热后进行喷雾干燥，进风温度为 125℃，出风温度为 85℃，压力为 80MPa，雾化器转速 22000r/min。

7. 包装、成品。将喷雾干燥好的速溶茶颗粒立即进行收集包装，以免吸潮。

（三）成品质量标准

1. 感官指标。色泽∶黄白色，色泽均匀；溶解状态∶溶解迅速，无悬浮物，无沉淀；香气∶有灵芝特有的香味，气味浓郁；口感∶口感清凉，香甜适中。

2. 理化指标。灵芝多糖 11.40mg/g，pH 值 5.8。

七、灵芝银杏叶保健酸奶

（一）生产工艺流程

灵芝→清洗→干燥→粉碎→浸提→抽滤→灵芝浸提液 ┐
脱脂乳粉→复原→加白砂糖→加包埋剂 ├→调配→均质→灭菌
银杏叶→清洗→晾干→粉碎→浸提→抽滤→银杏叶汁 ┘
→冷却→接种→发酵→后熟→成品

（二）操作要点

1. 灵芝浸提液制备。选取优质灵芝，洗净、烘干，粉碎。按灵芝粉与水以 1∶60（m/V）的比例混合，90℃水浴浸提 90min，然后经抽滤、澄清得灵芝浸提液。

2. 银杏叶汁制备。将新采摘的银杏叶清洗，晾干，粉碎后过 40 目筛。按银杏叶粉与 80% 乙醇以 1∶50（m/V）的比例混合，加热回流提取 1h，过滤。滤液浓缩，回收乙醇至无醇味，减压干燥，即得银杏叶汁。

3. 脱脂乳粉复原。将脱脂乳粉溶解于水，制成质量分数为 12% 的脱脂乳液。

4. 菌种活化与发酵菌剂制备。用无菌脱脂乳液接种嗜热链球菌和保加利亚乳杆菌（1:1），纯培养 3 次。取无菌脱脂乳液，接种活化菌种，42℃恒温培养 2d，4℃保存，备用。

5. 调配、均质。将脱脂乳液、灵芝浸提液、银杏叶汁、白砂糖等混合，具体比例：灵芝浸提液 10%、银杏叶汁 9%、白砂糖 6%、脱脂乳液 12%、β - 环状糊精 0.08%，其余为纯净水。将混合液利用均质机进行均质处理，温度为 60~65℃，压力为 20~25MPa。

6. 杀菌冷却。将均质液在搅拌下加热至 90~95℃，维持 5min，冷却至 42~45℃。

7. 接种发酵。将冷却后的料液转移至发酵容器，接种 4% 的保加利亚乳酸杆菌和嗜热链球菌（质量比为 1:1），在 42℃条件下，恒温发酵 4h。

8. 冷藏后熟。将发酵后的产品迅速冷却至 10℃以下，0~4℃后熟 24h，检验合格后即为成品。

（三）成品质量标准

1. 感官指标。乳白色，色泽均匀，有光泽；无乳清析出，质地均匀；有较淡的银杏叶清香味，较淡的灵芝自然香味，发酵奶香味协调；口味纯正，爽口，酸甜适宜，口感细腻。

2. 理化指标。蛋白质≥3.6%，脂肪≥0.20%，含乳固形物≥8%，灵芝多糖≥0.15%，银杏叶黄酮≥0.002%，总酸度（80~90）°T。

3. 微生物指标。乳酸菌数≥10^8 个/mL，细菌总数≤100 个/mL，大肠菌群数≤6 个/100mL，致病菌不得检出。

八、破壁灵芝孢子粉乳饮料

（一）原料配方

破壁灵芝孢子粉 0.2%、牛奶 40.0%、绵白糖 11.0%，复合稳定剂（黄原胶:CMC - Na = 1:3），添加量为 0.4%，其余为纯净水。

（二）生产工艺流程

破壁灵芝孢子粉

↓

纯牛奶→混合调配→均质→灌装杀菌→冷却→成品

（三）操作要点

1. 混合调配。按照配方要求准确称量各种原辅料，先在稳定剂中加入适量的水，加热，并在不断搅拌下使之溶解，待形成均匀透明的溶液后，顺次加入预先煮好的牛奶、破壁灵芝孢子粉、绵白糖，均匀混合，牛奶在加入时应充分煮沸，并将上层奶皮去掉，进行粗脱脂。

2. 均质。将调配好的液料送入均质机，进行均质，温度为 60 ~ 70℃，压力 15 ~ 18MPa。

3. 灌装、杀菌。经过均质处理的饮料立即进行灌装，然后在温度 80 ~ 85℃条件下杀菌 20min，杀菌结束后经冷却至室温即为成品。

（四）成品质量标准

气味：口感清凉，甜度适中；风味：香气纯和，有奶香味；色泽：白色略带黄色；组织状态：无沉淀、质地均一。

九、松针枸杞灵芝保健酒

（一）生产工艺流程

松针→清洗→打浆→真空抽滤→清汁→杀菌 ⎫
枸杞→清洗→浸泡→打浆→制汁　　　　　⎬ →主发酵→后发酵→粗滤→原
灵芝→分选→粉碎→蒸熟→糖化→灭酶　　⎭

酒→澄清→处理→调配→陈酿→精滤→巴氏杀菌→成品

（二）操作要点

1. 松针汁制备。采摘新鲜马尾松针，去除变黄针叶、杂物，用 0.1% 的高锰酸钾溶液浸泡 20min，然后用清水洗涤干净。将洗净的松针剪成 2 ~ 3cm 的短条，按料水比为 1:10（m/V）加饮用水打成浆汁，并在打浆过程中加入 0.2% 异抗坏血酸钠进行护绿。打好的浆汁经真空抽滤除去松针渣得到澄清汁液。松针清汁在 65℃下灭菌 30min 后备用。

2. 枸杞汁制备。将洗净的干枸杞子用 70℃ 温水浸泡 2h，按料水比为 1:10（m/V）加饮用水打成浆汁，然后经过滤得到枸杞汁。

3. 灵芝糖化液制备。选择无虫害、无霉变的干灵芝，洗净后切片，粉碎至 100 目，加 50% 饮用水浸泡后蒸熟，自然冷却后添加 0.2% 糖化酶在 34℃温度下糖化 24h 左右。糖化结束后灭酶，经过滤，滤液用饮用水按 1:20（V/V）的比例稀释，即得灵芝糖化液。

4. 调配。枸杞汁、松针汁、灵芝糖化液按 4:2:1 的比例调配，然后添加白砂糖调整混合汁糖度至 18°Bx 左右；加柠檬酸调整混合汁 pH 值为 4.5 ~ 5.5。为防止其氧化并能抑制有害微生物的生长，在混合汁中添加偏重亚硫酸钠（浓度为 100mg/L）。

5. 酵母活化。将 5g 干酵母加入 200mL 浓度为 2% 的蔗糖溶液中，在 37℃下活化 15min，然后降温至 32℃，恒温培养 2h 即可。

6. 主发酵。在混合汁中接种 0.8% 的活化好的酵母，装量为发酵容器的 95%，封口后在 25℃ 下发酵。每天测定酒度和残还原糖浓度，直到残还原糖降至 1% 以下，主发酵结束，总发酵时间为 9d。

7. 后发酵。主发酵结束后采用虹吸法引出清酒液转入后发酵，在 20℃ 下密闭发酵 30d。将后发酵酒醪用 120 目的滤布进行过滤，即得原酒。

8. 澄清处理。在原酒中添加 0.12g/L 明胶和 0.15g/L 壳聚糖进行澄清处理，下胶后在室温下静置 24h 进行过滤。

9. 调配、陈酿、精滤、杀菌。澄清酒液加入食用酒精调整酒精度（vol）为 15% 左右，并加入蜂蜜等以改善其口感和风味。调配好的酒液封存坛内陈酿 90d 后用膜过滤器进行精滤，然后装瓶，在 80℃ 下灭菌 10min，再经冷却即得到成品酒。

（三）成品质量标准

1. 感官指标。澄清透明，色泽为棕红色；具有松针特有的清香、复合药香和发酵酒香；口感醇厚协调，回味绵延；风味独特，典型性突出。

2. 理化指标。酒度（vol，20℃）15%，总糖（以葡萄糖计）（120±10）g/L，总酸（以酒石酸计）（4±1）g/L，干浸出物 ≥14g/L，总 SO_2 <250mg/L，游离 SO_2 <50mg/L。

3. 微生物指标。细菌总数 ≤40 个/mL，大肠菌群 ≤3 个/100mL，致病菌未检出。

十、灵芝首乌酒

（一）生产工艺流程

灵芝酒、灵芝浸膏酒液、制首乌浸提酒液、枸杞汁、党参和熟地等中药液→混合勾兑→调味→过滤→陈酿→灭菌→装瓶→成品

（二）操作要点

1. 原料选择。选取符合国家药典质量标准的灵芝及各药材。

2. 灵芝浸膏及灵芝酒液制备。取灵芝子实体切片，粉碎，过 5 目筛，置于浸提容器中，加入料液比为 1:10（m/V）的 70% 食用酒精，在室温下浸提 10d，过滤，得灵芝浸酒。滤渣与水再按 1:20（m/V）的比例煮沸 3h，过滤，浓缩。将上述所得的灵芝浸膏与白酒按 1:10（m/V）的比例混合，静置 2d，吸取上清液，得灵芝浸膏酒液。将灵芝浸酒与灵芝浸膏酒液混合得灵芝酒液。

3. 枸杞汁制备。将洗净的干枸杞用 75℃ 温水浸泡 2.5h，按料水比为 1:10（m/V）加饮用水打成浆汁，过滤得到枸杞汁。

4. 制首乌液制备。将制首乌粉碎成粗末，然后按1:8（*m/V*）的比例添加基酒，搅匀封口后置于阴凉干燥处，每天摇动1次，浸泡7d后过滤。滤渣按1:6（*m/V*）的比例继续浸提12d后过滤，合并2次滤液的首乌提取液。

5. 其他中药液制备。将熟地、生地、党参、当归按1:1:1:1（*m/m*）混合后，按首乌液制备的方法制备中药提取液。

6. 澄清、混合。将上述制备好的提取液进行澄清后过滤，再以体积比为白酒（50%）20%、灵芝酒液10%、制首乌浸提液25%、枸杞汁25%、中药浸提液20%的比例混合，得到颜色诱人，具有药材香味和酒香协调的混合酒液。

7. 调味。将制备的酒液澄清后，加少量酒精和软化水调整酒精度（vol）为45%，再加入蔗糖（80g/L）和柠檬酸（4g/L）进行调味。

8. 过滤、陈酿、杀菌。调配后的成品酒需要经过过滤，除去在调配过程中出现的沉淀和杂质，贮存陈酿1个月，然后灭菌装瓶，即得到成品酒。

（三）成品质量标准

1. 感官指标。成品酒呈棕红色，澄清透明，无悬浮物和沉淀物，有光泽，口感醇厚，酒体协调，具有协调的酒香及灵芝和中药材混合的香味，风味独特，典型性突出。

2. 理化指标。酒精度（vol）45%，总糖（以葡萄糖计）100g/L，总酸（以柠檬酸计）5g/L，pH值3.7，铅（以Pb计）≤0.3mg/L。

3. 微生物指标。菌落总数≤50个/100mL，大肠杆菌群≤3个/100mL，致病菌未检出。

十一、复合型灵芝保健酒

（一）生产工艺流程

材料处理→热水提取→过滤→滤液→调配→澄清→过滤→装瓶→杀菌→成品

（二）操作要点

1. 提取滤液。挑选优质的中药材，其用量按500mL酒：灵芝16g、黄芪8g、党参8g、白术8g、枸杞8g。将选好的中药材加适量的水浸泡30min后，加入不锈钢锅，在85℃温度下进行浸提，每次浸提时间为30min，共浸提3次，将浸提液混合后采用清洁高密度纱布过滤后备用。

2. 调配。取一定量的滤液和曲酒（vol，70%）充分混匀，按照成品的要求进行酒度、酸度、糖度的调整，然后用1%的环糊精对灵芝的苦味进行包埋和调整，再加入0.2%的阿斯巴甜、0.1%的柠檬酸进行调配，为改善酒的口感可添加2%的赤藓糖。

3. 澄清。在配好的液体中加入1%的蛋清，先把蛋清打成泡状再倒入，迅速用力搅拌5min，放入4℃左右低温下澄清。

4. 过滤、装瓶和杀菌。吸取澄清后的上清液，经过滤后装瓶，再用蒸汽杀菌槽加热杀菌，入库保存即为成品。

（三）成品质量标准

1. 感官指标。棕色、澄清透明、无杂质、无沉淀，口味略带有灵芝的苦味，药香适中。

2. 理化指标。酒度（vol）23%，总酸0.3%。

3. 微生物指标。细菌总数≤100个/mL，大肠杆菌≤3个/100mL，致病菌未检出。

第三节　其他灵芝食品

一、灵芝保健软糖

（一）原料配方

灵芝浓缩液25g，甜味料（异麦芽寡糖与葡萄糖浆比为1:1）700g，凝胶剂（琼脂与卡拉胶比为2:1）30g，柠檬酸0.5g。

（二）生产工艺流程

葡萄糖浆　　灵芝多糖浓缩液、香精、凝胶剂和柠檬酸

　　↓　　　　　　↓

异麦芽寡糖→溶解→熬煮→冷却→调和→浇模→静置→切块成形→干燥→包装→成品

（三）操作要点

1. 灵芝浓缩液制备。灵芝检验除杂后，粉碎至30目，加10倍量水，浸泡3h，保持微沸煎煮3次，第一次3h，第二次2h，第三次1h。3次提取液混合后经板框式压滤机压滤去除残渣。为保持灵芝有效成分，采用40～50℃、真空度80～90kPa条件，将提取液浓缩。

2. 凝胶剂制备。将琼脂用20倍水浸泡，时间10h，使其充分吸水膨胀，然后加热溶化并过滤备用；卡拉胶干粉中加入25倍水，边加入边搅拌，然后浸泡2h，直至胶体完全溶涨，然后混合两种胶液。

3. 熬糖。在异麦芽寡糖中加水使其溶解，再加入葡萄糖浆混合均匀后熬煮，熬糖的温度控制在105～115℃，待料液呈半透明糊状，离火冷却。

4. 调和。待糖浆温度降至75℃左右时，投入复水凝胶剂、灵芝浓缩液、柠檬酸，充分搅拌混合均匀。

5. 浇模、静置、切块成形、干燥。混合好的胶液趁热浇模，静置至室温后成形，切块，在鼓风干燥箱中45℃，干燥36~40h，使含水量降至15%以下，取出包装即为成品。

（四）成品质量标准

1. 感官指标。气味与滋味：香味纯正、有灵芝特有香味，酸甜适口、无异味；外观与色泽：糖体表面光滑、无皱纹、体态饱满，具有灵芝浓缩液特有的红棕色，鲜明均匀；组织状态与口感：组织细腻、无气泡、无杂质，入口有弹性及韧性、有适口的咀嚼性、不黏牙。

2. 理化指标。还原糖30%~40%，水分13%~15%，灵芝三萜酸≥0.95%，铅（以Pb计）≤0.5mg/kg，砷（以As计）≤0.5mg/kg，汞（以Hg计）≤0.3mg/kg。

3. 微生物指标。菌落总数≤1000个/g，大肠菌群≤30个/100g，霉菌≤1000个/g，致病菌不得检出。

二、灵芝营养桃酥

（一）原料配方

低筋小麦粉500g，鸡蛋50g，富硒灵芝孢子粉1.5g，色拉油240g，泡打粉5g，绵白糖300g，水90g。

（二）生产工艺流程

原料准备→计量→面团调制→饧发→分块→成形→烘烤→冷却→成品

（三）操作要点

1. 面团调制、饧发。按照配方要求将绵白糖、色拉油、鸡蛋放入容器中拌匀，接着将低筋小麦粉和泡打粉过筛后放入揉成团，饧发10min，然后分割成约35g一个的小面团，继续饧发20min。

2. 成形、烘烤。将小面团揉圆后压扁，再排入烤盘中，撒上黑芝麻（或核桃仁）装饰，刷上鸡蛋液，然后放入烤箱，上火180℃，下火150℃，烘烤20min后出炉冷却即为成品。

（四）成品质量标准

色泽：表面和底部均为深麦黄色，裂纹呈淡黄色；形态：外形完整，底部平整，不变形，不塌陷；口感：松酥适度，不油腻，甜度适中；组织结构：外表及内部无肉眼可见杂质，无大空洞，内部有均匀的蜂窝状空隙。

三、无糖型灵芝颗粒剂

（一）生产工艺流程

灵芝→粉碎→浸泡→浸提→减压浓缩→加壳聚糖浓缩液→静置→抽滤→喷雾

干燥→浸膏粉→混合→造粒→干燥→过筛→成品

（二）操作要点

1. 浸膏粉制备。精密称取 10.000g 灵芝，粉碎后置烧杯中，按料液比 1:8（m/V）加入 40mL 水，浸泡 20min，然后加热提取 2h，滤取药液，药渣再加 8 倍量水加热 1.5h，提取过滤，合并滤液，减压浓缩至 10mL，再取 1.000g 壳聚糖溶于 100mL 浓度 2% 的醋酸溶液中配成母液。在 40~50℃ 条件下，边搅拌边加入 0.1mL 的壳聚糖母液于浓缩液中，室温下静置 24h 后，抽滤，收集滤液，用喷雾干燥仪喷雾干燥，得浸膏粉。

2. 颗粒制备。将浸膏粉与糊精按 1:2 的比例混合均匀，加入 0.33% 的阿斯巴甜作为甜味剂，再加入适量浓度 75% 的乙醇制成软材，使制成的软材"握之成团，轻压即散"；将软材挤压过 12 目筛制成湿粒，然后放入干燥箱中，于 60℃ 下干燥；取干颗粒，过筛进行整粒。

第八章 猴头菇、茶树菇食品加工技术

第一节 猴头菇、茶树菇概述

一、猴头菇

猴头菇又称猴头蘑、猬菌、花菜菌，隶属于层菌纲、多孔菌目、猴头菌科、猴头菌属，因子实体形状酷似小猴子的头而得名。

（一）形态特征

子实体单生或对生，块状或头状，肉质，直径 5~20cm，有的更大；菌刺密集下垂，不分枝，新鲜时呈白色，干燥后为黄色至浅褐色，刺长 1~3cm，长圆筒形，末端尖锐，覆盖子实体，菌肉白色，担孢子着生于菌刺的表面，孢子印白色，担孢子无色，球形，直径 4~6μm，菌丝棉絮状，白色，直径 4~8μm，双核菌丝有锁状联合。

（二）营养价值

根据北京食品研究所分析，每 100g 猴头菇干品含蛋白质 26.3g、脂肪 4.2g、碳水化合物 44.9g、粗纤维 6.4g、水分 10.2g、磷 856mg、铁 18mg、钙 2mg、维生素 B_1 0.69mg、维生素 B_2 1.89mg、胡萝卜素 0.01mg，猴头菇含有 16 种氨基酸，其中包含 7 种人体必需的氨基酸。此外，猴头菇中还含有多种活性生物酶、多糖等，其中多糖是活性物质的主要成分。

（三）保健作用

猴头菇是一种食药兼用的名贵食用菌，食用历史悠久，因子实体幼嫩时清香可口，素有"山珍猴头，海味燕窝"之称。猴头菇是一种对消化道疾病有良好疗效的药用菌，据记载，猴头菇具有"助消化，利五脏"的功能，中医认为有补益脾胃、软坚化瘀作用，用于胃及十二指肠溃疡、神经衰弱、慢性胃炎、消化道肿瘤等。

现代医学证明，猴头菇中含有的多肽、多糖和脂肪族的酰胺物质有利于治疗癌症和有益人体健康。对消化系统肿瘤有一定的抑制和医疗作用，对胃溃疡，胃炎，胃病和腹胀等也有一定的疗效。民间还常把它用作治疗神经衰弱的良药，医药上的"猴头菌片"已被作为抗癌新药。

二、茶树菇

茶树菇，又名杨树菇、茶薪菇、柱状田头菇、柱状环绣伞等，是一种集高蛋白、低脂肪、低糖分、保健食疗于一身的纯天然无公害食用菌，属担子菌亚门、层菌纲、伞菌目、粪锈伞科、田头菇属，是一种木生食用菌。

（一）形态特征

子实体单生、双生或丛生，菌盖直径5~10cm，表面平滑，初暗红褐色，有浅皱纹，菌肉（除表面和菌柄基部之外）白色，有纤维状条纹，中实。成熟期菌柄变硬，菌柄附暗淡黏状物，菌环残留在菌柄上或附于菌盖边缘自动脱落。内表面常长满孢子而呈锈褐色，孢子呈椭圆形，淡褐色。菌盖初生，后逐平展，中浅，褐色，边缘较淡。菌肉白色、肥厚。菌褶与菌柄成直生或不明显隔生，初褐色，后浅褐色。菌柄中实，长4~12cm，淡黄褐色。菌环白色，膜质，上位着生。

（二）营养价值

根据国家食品质量监督检验中心（北京）检验报告，每100g茶树菇（干菇）含蛋白质14.2g、纤维素14.4g、总糖9.93g、钾4713.9mg、钠186.6mg、钙26.2mg、铁42.3mg。另据分析，茶树菇含有人体所需的18种氨基酸，特别是含有人体必需的8种氨基酸，还有丰富的B族维生素和多种矿物质元素。

（三）保健作用

茶树菇菇味纯正、口感上佳、营养丰富，同时还具有一定药用价值。传统医学认为，茶树菇性平、甘温、无毒、益气开胃，具有滋阴补肾、健脾养胃的功效，有"中华神菇"之美誉。临床实践证明，茶树菇对肾虚尿频、水肿、气喘，尤其小儿低热尿床，有独特疗效。现代医学研究表明，茶树菇中的多糖类活性物质具有抗肿瘤、抗衰老、抗氧化和调节机体免疫力等功能。

第二节 猴头菇食品

一、猴头菇饮料

（一）生产工艺流程

糖、酸、稳定剂等辅料
↓
猴头菇→微波浸提→粗滤→精滤→调配→均质→UHT杀菌→无菌灌装→倒

瓶杀菌→冷却→包装

（二）操作要点

1. 微波浸提。利用微波的强穿透性，从分子水平对物料进行加热，在最大化提高浸提效率的同时减少热敏成分的损耗。浸提最佳条件：料液比为1:50，微波活力为中强火，浸提温度控制在90℃，浸提时间为15min。

2. 过滤。一般采用双联过滤器粗滤、管道过滤器精滤，并添加少量 CMC – Na、黄原胶、海藻酸钠等来提高稳定性。

3. 调配。将经过过滤的料液加入一定量的糖、酸、稳定剂等原辅料并充分混合均匀。

4. 均质。通过均质将猴头菇饮料中的微小颗粒、蛋白质、粗多糖进一步细化、混合，从而可以大大提高饮料的均匀性，防止分层、沉淀的产生。控制均质温度为45～50℃，压力为35MPa，进行1次均质即可达到较佳的效果。

5. UHT 杀菌、无菌灌装。为保证商业无菌的前提下尽可能地降低营养成分的损失，将上述经过均质的料液在137℃下进行瞬时杀菌5s，然后控制杀菌出口温度为88～89℃，进行热灌装。

6. 倒瓶杀菌、冷却。灌装后料液温度控制在88℃，对瓶子、盖子等进行巴氏杀菌，时间一般控制在1min内。杀菌结束后经冷却即为成品。

（三）成品质量标准

1. 感官指标。白亮微黄，均匀稳定；酸甜适中，具有猴头菇特有的香气；混浊度均匀一致，久置有少量沉淀，无肉眼可见的外来杂质。

2. 理化指标。可溶性固形物≥5g/100mL，总酸（以柠檬酸计）≥0.1g/100g，蛋白质1.5%～1.7%。

3. 微生物指标。菌落总数≤100个/mL，大肠菌群≤30个/100mL，致病菌不得检出。

二、猴头菇葡萄汁保健饮料

（一）生产工艺流程

猴头菇→挑选→清洗→软化→打浆→过滤→猴头菇汁
　　　　　　　　　　　　　　　　　　　　　↓
葡萄→清洗→压碎除梗→加热→榨汁→澄清→除酒石→葡萄汁→混合调配→均质→脱气→灌装封口→杀菌→冷却→成品

（二）操作要点

1. 猴头菇汁制备。

（1）挑选、清洗。挑选新鲜无褐变、无腐烂、无异味、色泽洁白的猴头菇。

用流动的自来水冲洗猴头菇，去除表面污物。

（2）软化。为了防止猴头菇褐变，通过预煮来破坏猴头菇中多酚氧化酶的活性，同时加入适量的抗坏血酸和柠檬酸起抗氧化的作用。所以，清洗干净的猴头菇用含 0.1% 的维生素 C 和适量的柠檬酸溶液，在 95℃ 的温度条件下漂烫 15min，以防止氧化褐变。

（3）打浆、过滤。软化后的猴头菇破碎到一定程度，加 6 倍体积的水，在打浆机中打浆。将猴头菇浆液通过离心过滤机除去残渣，取得猴头菇提取液。

2. 葡萄汁制备。

（1）原料选择、清洗。选择新鲜成熟、香味浓郁的葡萄品种，剔除裂果、霉果以及发酵变质果。为了洗去附着在原料表面和梗部的农药、灰尘等，在水中浸泡后再用质量分数为 0.03% 的高锰酸钾溶液浸泡消毒 2~3min，取出后用水漂洗，最后用高压水冲洗干净。

（2）压碎和除梗。葡萄洗净后将葡萄串放在回转的合成橡皮辊上压碎，再由带桨叶的回转轴将果梗排出，通过滤网分离出葡萄，由泵送去软化。

（3）加热软化。为了使红葡萄色素溶出，一般进行热压榨，但必须避免过度加热，否则会促使葡萄种子和果皮中单宁的溶出，加热温度控制在 65~75℃。

（4）榨汁。将加热软化后的葡萄取出粗滤，取汁，滤渣再进行榨汁，将 2 次榨取的葡萄汁混合后进行冷却。

（5）澄清。将榨出的葡萄汁加入 0.01%~0.05% 的果胶酶，在 40~45℃ 的温度下作用 4~10h，使果汁中的果胶分解，滤去凝固的物质，即为澄清的葡萄汁。

（6）除酒石。将澄清后的葡萄汁浓缩，通过冷却器使汁的温度冷却到 -2℃，促使酒石结晶析出，然后放到贮汁罐里静置 1 夜，得到葡萄汁。

3. 混合调配。将上述所制得的猴头菇提取液和葡萄汁按比例混合，再按比例加入柠檬酸、白砂糖、稳定剂等。具体比例：猴头菇提取液 25%、葡萄汁 25%、白砂糖 8%、柠檬酸 0.2%、CMC 0.06%、黄原胶 0.02%，其余为纯净水。

4. 均质。将调配好的料液用高压均质机进行均质处理，均质压力为 20kPa、温度为 50℃。

5. 脱气。均质后的浆体用真空脱气机进行脱气，具体条件：温度为 40~50℃、真空度为 60~80kPa、时间为 20min。

6. 灌装封口。将脱气的料液立即装入已消毒的玻璃瓶中，立即进行密封。

7. 杀菌、冷却。将封口的饮料在温度为 100℃ 条件下杀菌 30min，然后冷却到 38℃，经检验合格者即为成品。

（三）成品质量标准

1. 感官指标。白亮微黄，均匀稳定；酸甜适中，具有猴头菇和葡萄特有的香气；混浊度均匀一致，久置有少量沉淀，无肉眼可见的外来杂质。

2. 理化指标。可溶性固形物≥8%，总酸（以柠檬酸计）0.25%~0.30%，蛋白质1.7%~1.8%，铅（以 Pb 计）≤0.3mg/L，铜（以 Cu 计）≤0.5mg/L。

3. 微生物指标。细菌总数≤100 个/mL，大肠菌群≤3 个/100mL，致病菌不得检出。

三、新型猴头菇发酵饮料

（一）生产工艺流程

猴头菇液体发酵醪液 + 猴头菇子实体水提液→混合配料→均质→脱气→杀菌→灌装→冷却→成品

（二）操作要点

1. 猴头菇液体发酵醪液制备。将药食同源的大枣、麦芽、枸杞与玉米粉、豆饼粉混合并加水搅拌，用多功能提取罐提取 15~20min，提取 2 次，合并提取液。向上述提取液中加入酵母膏、KH_2PO_4、$MgSO_4 \cdot 7H_2O$、维生素 B_1，以此作为猴头菇液体发酵培养基。具体配比为：大枣2%、麦芽1%、枸杞1%、玉米粉2%、豆饼粉1%、酵母膏1%、KH_2PO_4 0.1%、$MgSO_4 \cdot 7H_2O$ 0.05%、维生素 B_1 0.012%；在121℃、0.15MPa 条件下高压灭菌30min，待冷却至室温将猴头菇菌种接入进行发酵。将发酵得到的发酵液过滤，分别得到菌丝体和第一次滤液，将菌丝体匀浆加蒸馏水，料液比1:10，在 0.1MPa 条件下浸提20min，过滤得第2次滤液；将两次滤液混合，即得到猴头菇液体发酵醪液。

2. 猴头菇子实体水提液制备。将新鲜猴头菇子实体放入蒸煮锅中，加入 20 倍质量的软水，在 95℃下加热 15min，打成浆液，经离心分离和过滤，得到猴头菇子实体水提液。

3. 混合调配。猴头菇子实体水提液与液体培养发酵醪液浸提液以 1:4 的比例进行混合。

4. 均质。将混合所得料液用高压均质机进行均质处理，工作压力20kPa、温度50℃。

5. 脱气。均质后的浆液用真空脱气，温度为 40~50℃、真空度为 60~80kPa、时间为 20min。

6. 杀菌灌装。将经过脱气的饮料进行瞬时杀菌，温度 115~137℃，时间为 3~6s。经无菌定量分装后冷却即得成品。

（三）成品质量标准

1. 感官指标。色泽：枣红色，颜色清亮；风味：同时具有较浓的猴头菇菌香味和枣的甜香；组织状态：澄清，几乎没有沉淀。

2. 微生物指标。细菌总数≤100 个/mL，大肠菌群≤3 个/100mL，致病菌未检出。

四、枸杞猴头菇发酵酒

（一）生产工艺流程

1. 枸杞浸提液制备。枸杞→清洗→粉碎→酒基浸泡→酒基→勾兑→沉淀→过滤→备用

2. 枸杞猴头菇发酵酒制备。猴头菇→清洗→粉碎→蒸熟→糖化→发酵→压榨→猴头菇原酒→后发酵→陈酿→酒基→调配→过滤→杀菌→装瓶→成品

（二）操作要点

1. 枸杞浸提液制备。

枸杞清洗、粉碎、酒基浸泡。将枸杞利用清水清洗干净，然后利用小型粉碎机粉碎，过 80 目筛。用净化软水将酒基稀释成 50% 酒精度，浸提枸杞，浸提时间为 10d，1 次浸提后，滤渣再进行第 2 次浸提。最后将浸提液合并配成 10% 浸提液，经 15d 天沉淀，再过滤备用。

2. 酒基制备。选择食用酒精作酒基，先在 95%（vol）食用酒精中加入高锰酸钾氧化处理 8h，再加入活性炭处理 24h，以吸附酒中苦涩味、异杂味，然后，将其复蒸，取中段酒作为酒基。

3. 枸杞猴头菇发酵酒制备。

（1）原料预处理。将无虫害、无霉变的干猴头菇，洗净后切片，采用粉碎机粉碎，过 80 目筛，其他粒度料可再度粉碎加以使用，将粉碎后达 80 目粒度的物料加入 50% 净化软水中浸泡，搅拌混合后蒸熟冷却待用。

（2）糖化。因猴头菇实体中淀粉含量低，糖化时可加入适量蔗糖，配好以后，搅拌混合均匀，再加入糖化酶混合，保持糖化温度 32~34℃，时间 38~40h，糖化结束后，75℃ 灭酶 10min，为防止杂菌污染可加入少量 SO_2。

（3）酵母复水活化。取一定量的安琪干酵母，在安琪干酵母中加入 9 倍左右的 40℃ 的温水，使其复水活化，15min 后加入发酵醪，加入量以（2~3）‰（对醪液）为宜。

（4）发酵。将已活化的安琪酵母液配入发酵液中进行主发酵。在先期发酵的 8~10h 内，要严格控制醪液温度在 35~38℃ 以内，以后只要保持醪液温度不超过 40℃ 即可。在发酵期间，每隔 48h 对醪液进行测定，包括酸度、总糖等，经常观察发酵情况，发酵 8~10d 即可结束主酵。

（5）压榨与后发酵。发酵进行 8~10d 时，酒精度即可达到 10%（vol）左右，采用压榨过滤的方法将酒液与残渣分离，分离所得猴头菇原酒再回流发酵罐

进行 2~3d 的后发酵，操作上要严格控制卫生条件，避免染菌。

（6）陈酿。新酿的猴头菇酒辛辣刺激味较大，采用低温 15~18℃陈贮的方法，用木质容器陈酿 5 个月，使猴头菇酒中醇酸发生酯化反应，使酒液澄清，风味变得更加柔和。

（7）调配、过滤、杀菌。按 10% 的比例加入枸杞浸提液，如果猴头菇发酵酒酒精度不足，可将酒基加入到酒液中，调整酒精度为 30%（vol）。以食用色素进行亮度、色泽调节，调味使成品酒既具有猴头菇的典型风味，又有枸杞酒的香醇，存放 3~5d 后，经过滤，在 90℃温度下热杀菌 1.5min，再经装瓶即为成品。

（三）成品质量标准

1. 感官指标。色泽：酒体呈现红褐色；香气：香气浓郁，酒味醇和；口感：口感香纯；风格：呈酿造酒风格。

2. 理化指标。酒精度（vol）30%，总酸（乙酸计）（4~5）g/L，总酯（乙酸乙酯计）（2.5~4）g/L，糖分（4~6）g/100mL。

3. 微生物指标。细菌总数 ≤4 个/mL，大肠菌群不得检出。

五、猴头菇蛋白多糖口含片

（一）生产工艺流程

柠檬酸、木糖醇、淀粉
↓
猴头菇蛋白多糖→调配→造粒→压片→灭菌→检测→成品

（二）操作要点

1. 猴头菇蛋白多糖的提取。将购买的猴头菇切块，置于 70℃的烘箱中干燥至恒重，用粉碎机粉碎，过 60 目筛，得到猴头菇粉末。以氢氧化钠质量分数10%，提取温度 80℃，提取时间 60min，料液比 1:25（m/V）的条件提取猴头菇蛋白多糖，经浸提、过滤得到上清液，用旋转蒸发仪浓缩至原体积的 1/3，透析后，加入浓缩液 4 倍体积的 95% 乙醇，静置过夜，在 4000r/min 转速离心 10min，弃清液，取固形物复溶于蒸馏水后，冷冻干燥至恒重，其得率为 53.6%。

2. 调配、造粒、压片。具体调配比例：按照 0.38g/片的规格，猴头菇蛋白多糖 0.1g、柠檬酸 0.02g、木糖醇 0.1g、淀粉 0.16g 填充。按照配比搅拌混合，再经过干法造粒、压片得到猴头菇蛋白多糖口含片。

3. 微波灭菌。将制得的含片采用隧道式微波灭菌机经微波灭菌，灭菌波段2450MHz，温度 45℃，时间 60min。

4. 冷却、检验。经灭菌的含片冷却至常温（25℃），放入低温处（如冰箱中）保存，经检验合格者即为成品。

（三）成品质量标准

1. 感官指标。色泽：均匀一致淡黄色，无特殊斑点痕迹；组织状态：形态完整，表面光滑，断面组织紧密，无花斑；风味：有浓烈猴头菇特殊风味，含片有清凉爽口感，酸甜适宜；口感：入口较为顺滑，细腻，无涩味；硬度：口腔内均匀缓慢含化，不易掰裂。

2. 理化指标。总糖 >50%。

3. 微生物指标。菌落总数 ≤54 个/100g，大肠菌群 ≤3 个/100g，致病菌（沙门氏菌、志贺氏菌、金黄色葡萄球菌等）不得检出。

六、猴头菇保健蛋糕

（一）原料配方

面粉 300g、鸡蛋 450g、白砂糖 200g、猴头菇汁 200g。

（二）生产工艺流程

猴头菌→精选→清洗→预煮→打浆

↓

鸡蛋→搅打成泡沫液→混合调糊→注模→烘烤→脱模→冷却→包装→成品

（三）操作要点

1. 猴头菌汁制备。选优质的猴头菌，清洗污物、杂质，沥干后置不锈钢容器内加 15 倍水，95~100℃煮沸 10min。煮后菌体打浆，至均匀糊状，无明显颗粒，冷却后即为猴头菌汁。

2. 鸡蛋搅拌。鸡蛋清洗去壳放入搅拌器中，加入白砂糖，中速搅拌 1~2min，再用高速搅拌，使糖快速溶于蛋液，并注入空气，形成蛋糖混合泡沫结构，当泡沫结构体积增长到原体积的 1~2 倍时停止搅拌。

3. 混合调糊。将面粉和猴头菌汁加到蛋糖混合泡沫结构中，轻轻搅拌混合成均匀发松的面糊。

4. 注模。调制好面糊需及时注入烤模，入模量占模体积的 2/3。烤模在注模前涂一层调和油，方便蛋糕脱模。

5. 烘烤。烘烤炉温要适当，烤室内要有足够的水蒸气。先用底火加热，数分钟后再开启面火。底火、面火控制在 180℃。

6. 刷油、脱模。烘烤后取出在表面刷一薄层熟油，脱模后经冷却包装，即为成品。

（四）成品质量标准

1. 感官标准。色泽：外表金黄至红棕色，无焦糊，剖面淡黄色，色泽均匀一致；组织形态：组织细腻，具有完整的外形，表面略鼓起，柔韧性好，内部结构细密而均匀，弹性足；滋味和气味：口感柔软细腻，菌香浓郁纯正，甜度适中，无粗糙感，不黏牙，具猴头菌蛋糕特有风味。

2. 理化指标。酸价（以脂肪计）(KOH) ≤5mg/g，铅（以 Pb 计）≤0.15mg/kg，砷（以 As 计）≤0.15mg/kg，铜（以 Cu 计）≤10mg/kg，黄曲霉毒素 B_1 < 5μg/kg。

3. 微生物指标。细菌总数≤750 个/g，大肠菌群≤30 个/100g，霉菌≤50 个/g，致病菌不得检出。面粉:鸡蛋 = 1:1.5。

七、猴头菇海绵蛋糕

（一）原料配方

低筋面粉 100g、白砂糖 155.8g、鸡蛋 347.6g、猴头菇粉 6.1g、蛋糕油 10g、色拉油 20g。

（二）生产工艺流程

猴头菇→冷冻干燥→粉碎→过筛

↓

鸡蛋、白砂糖、蛋糕油等→加热→加入面粉搅拌→入模→烘烤→冷却→成品

（三）操作要点

1. 猴菇粉制作。新鲜猴头菇 -18℃ 速冻后于冷阱温度 -52℃、真空度 0.009kPa 条件下冷冻干燥至含水量 5% 以下，然后用超微粉碎机粉碎，过 60 目筛，备用。

2. 调糊。先将鸡蛋、白砂糖、蛋糕油加热至 40℃，慢速搅拌至白砂糖完全融化为止；加入过筛的低筋面粉和猴头菇粉，高速搅拌至面糊发白无颗粒为止，加入色拉油慢速搅拌均匀即可。

3. 入模。将调制好的面糊及时入模，入模量约 2/3。烤模应垫布或涂上一层植物油，面糊入模后用刮刀刮平，大力振一下，防止有气泡。

4. 烘烤、脱模、冷却。提前 20min 预热烤箱，以方便及时进行烘烤，放入上火 190℃，下火 160℃ 的烤箱中烘烤 25min 左右即可出炉。蛋糕出炉后经脱模、冷却即为成品。

（四）成品质量标准

1. 感官指标。色泽：呈现金黄色，无焦糊现象，表面无杂质；口感：呈现甜度适中，有猴头菇的特征风味，柔软适口；外形：表面平整，没有裂纹、变形、气泡等；组织结构：疏松多孔、无空洞硬块。

2. 理化指标。干燥失重≤43g/100g，酸价（以脂肪计）(KOH) ≤2mg/g，铅（以 Pb 计）≤0.02mg/kg，砷（以 As 计）≤0.02mg/kg。

3. 微生物指标。细菌总数≤100 个/g，大肠菌群数≤3 个/100g，致病菌不得检出。

八、猴头菇牛皮糖

（一）原料配方
砂糖 10kg，饴糖 8kg，绿豆淀粉 2kg，猴头菇粉 1kg，香油 5kg，桂花 0.5kg，熟芝麻 5kg，水 4L。

（二）生产工艺流程
砂糖→溶解→熬制→冷却→成形→切块→包装→成品

（三）操作要点
1. 猴头菇粉制备。将猴头菇除杂后，经干燥粉碎后过 100 目筛得猴头菇粉。

2. 熬制。将砂糖放在不锈钢中，加水加热溶解后，加入猴头菇粉，搅拌。当温度达沸点后，边搅动边将淀粉乳（淀粉和水的混合物）滤入锅内，熬成黏稠状时加入饴糖混合，再熬制 1h，加入香油，快熬好时加入香料拌匀。在熬制过程中要用铲子不停地铲动防止粘锅，全部熬制时间为 2h 左右。当取出糖膏浸入冷水中冷却后一磕碰就断裂时，表明熬糖成熟。

3. 成形、切块、包装。糖料熬制好后在案台上铺一层芝麻，将稍冷却的糖膏倒在芝麻上，在糖膏上面撒一层芝麻。待温度稍降低、有一定韧性时用锤压平，厚约 6cm，切成长 1.2cm 的糖条或其他形状，包装后即可贮存或出售。

第三节 茶树菇食品

一、茶树菇瘦肉酱

（一）原料配方
茶树菇 20%、瘦肉 15%、黄豆原酱 30%、大豆油 12%、白砂糖 6%、辣椒粉 4%、食盐 2.5%、味精 1.5%、黄酒 2%、姜 1%、蒜 1%、食用香精 2%、水 3%。

（二）生产工艺流程
茶树菇→预处理

肉、大豆油→炒香→混匀→调味→灌装→封口→灭菌→冷却→成品

（三）操作要点
1. 茶树菇处理。选择优质干茶树菇，清洗干净后放入 100℃ 水中浸泡 30min，沥干水分。去除老菇柄和菌盖，将剩下的菌柄称量后再切成 0.5cm 长的

菇丁。

2. 肉的处理。选用卫生合格的猪臀部肉，去除肥肉、皮骨等，清洗干净后用绞肉机制成 $1.0cm^3$ 大小的瘦肉粒。

3. 炒香。将大豆油倒入炒锅加热到发烟时，放入姜、蒜、辣椒粉炒香。再加入瘦肉粒旺火煸炒 2min 左右，最后把粉碎过的黄豆原酱倒入炒锅中。

4. 混匀调味。待炒锅中的混合料沸腾后，将茶树菇及其他辅料一起加入，边搅拌边调味。

5. 灌装、灭菌。将炒好的茶树菇瘦肉酱趁热装瓶，封口后放入灭菌锅，在 110℃温度下灭菌 20min。灭菌结束后，自然冷却即为成品。

（四）成品质量指标

1. 感官指标。产品油润红亮，酱香浓郁，鲜辣微甜，酱体浓稠适中，肉丁、菇丁有咀嚼感。

2. 理化指标。脂肪 15.6%，蛋白质 19.72%，NaCl 6.75%。

3. 微生物指标。细菌总数 ≤2000 个/g，大肠菌群 ≤30 个/100g，致病菌不得检出。

二、茶树菇发酵酒

（一）生产工艺流程

茶树菇斜面菌种→液体种子培养基→培养→液体种子

$$\downarrow$$

发酵培养基→灭菌→冷却→发酵培养→灭菌→磨浆→调整糖酸→接种酵母→酒精发酵→过滤→后酵→澄清→过滤→调配→灌装→杀菌→成品

（二）操作要点

1. 斜面菌种培养。采用 PDA 培养基，内含 1.5% ~ 2.0% 琼脂，调 pH 值 5.6。

2. 液体种子培养。液体种子培养基的组成（按每吨计算）：玉米粉 30kg、葡萄糖 5kg、KH_2PO_4 0.1kg、$MgSO_4$ 0.05kg、酵母浸膏 15kg、维生素 B_1 2g，调培养基 pH 值至 5.5 ~ 5.7。接种斜面菌种后，在温度 25℃、转速（100 ~ 150）r/min 条件下培养 60 ~ 72h。

3. 发酵培养。发酵培养基配方（按每吨计算）：玉米粉 50kg、葡萄糖 5kg、微晶纤维素 2kg、KH_2PO_4 0.1kg、$MgSO_4$ 0.05kg、酵母浸膏 15kg、维生素 B_1 2g，调 pH 值至 5.5 ~ 6.0，搅拌均匀，110℃条件下灭菌 30min，冷却至 25℃，按 7% ~ 10% 接液体种子，在温度 23 ~ 25℃、转速（140 ~ 150）r/min 条件下，培养 7 ~ 8d，当发酵液离心干重几乎不再增加时结束发酵。

4. 灭菌、磨浆。将上述的发酵液在110℃灭菌15min，冷却至30℃，利用胶体磨进行磨浆。

5. 调整糖酸。按每吨浆液加入葡萄糖130~150kg、食用纤维素酶1~2kg（酶活力为50000U/g），混合均匀，用50%柠檬酸溶液调浆液pH值至4.5~5.0。

6. 接种酵母、酒精发酵、过滤、后酵。按每吨浆液接种果酒活性干酵母0.5~1.0kg，在23~25℃温度下，保温发酵5~7d；发酵结束后，将发酵液进行渣液分离，分离出的清液移入发酵罐内进行后发酵，在8~10℃，静置后发酵12~15d。

7. 澄清、过滤。明胶经浸泡、加热、搅拌，使其溶解，加入定量酒液进行适当稀释后，再按每吨酒液添加80~100g明胶的比例，将明胶酒液加入大批酒液中，搅匀，经1~2周静置沉淀后，再用硅藻土过滤机进行过滤。

8. 调配、灌装、杀菌。根据成品酒的质量标准及原酒的酒精度、含糖量、酸度等，将不同批次的原酒按计算好的比例进行混合调配。调配后贮存1~2个月，后85℃水浴杀菌15min，杀菌结束后经灌装即为成品。

（三）成品质量标准

1. 感官指标。酒液呈浅棕色，澄清透明，有光泽，无明显悬浮物及沉淀物，具有和谐香味，菇香及酒香协调。

2. 理化指标。酒精度（vol）7%~9%，含糖量（5~12）g/L，总酸（以柠檬酸计）（2~4）g/L，铅（以Pb计）≤0.2mg/kg。

3. 微生物指标。符合GB 2758—2012《食品安全国家标准　发酵酒及其配制酒》的要求。

三、茶树菇发酵香肠

（一）原料配方（占猪肉的比例）

茶树菇12%、食盐3.0%、蔗糖3.0%、玉米淀粉4%、D-异抗坏血酸钠0.04%、亚硝酸钠0.01%、复合磷酸盐0.5%、香辛料1%、味精0.4%、红曲红色素0.03%、发酵剂4%、嫩化剂0.006%、水适量。

（二）生产工艺流程

茶树菇、辅料　发酵剂

↓　　　　↓

原料肉修整→绞肉→腌制嫩化→斩拌──→灌肠→发酵→干燥→烟熏→成品

（三）操作要点

1. 原料肉处理。选用检验合格、肥瘦适当的猪臀部肉，并将肥瘦分开，去除皮骨、淤血、筋膜等杂质后洗净，放入绞肉机中用8mm孔板绞碎。绞碎后的肉按 2:8 的肥瘦比例混合，同时加入食盐、蔗糖、D–异抗坏血酸钠、亚硝酸钠、复合磷酸盐等，搅拌均匀后加入一定量的木瓜蛋白酶，50℃保温嫩化 0.5h。嫩化结束后将肉放入 0~4℃的冷库中腌制 24h。

2. 斩拌、灌肠。选择优质的干茶树菇，浸泡后切成碎粒与腌制好的肉一起在 10℃左右斩拌，边斩拌边加入玉米淀粉、香辛料及着色剂等辅料，斩拌 5min。静置一段时间后将发酵剂（植物乳酸杆菌:嗜热链球菌 = 2:1）均匀拌入肉馅中，再将肉馅移入灌肠机定量灌装至肠衣中，松紧适宜，避免产生气泡。

3. 发酵、干燥、烟熏。把灌制好的香肠晾挂于 35℃的恒温条件下进行发酵，发酵时间为 20h。发酵结束后，干燥 0.5h，再放入 70~80℃烟熏炉烟熏 40min，烟熏结束后经冷却即为成品。

（四）成品质量标准

1. 感官指标。外观：肠衣干燥完整，切面有光泽，颜色分布均匀，无斑点；口感：酸咸适中，后味饱满；风味：味感协调，香味浓郁，有发酵香肠特有的气味，略带菇香；组织状态：弹性好，硬度适中，切面坚实整齐，肉感足。

2. 理化指标。水分 38.5%，蛋白质 20.7%，脂肪 12.4%，淀粉 4.7%，NaCl 2.6%，$NaNO_2$ 0.008mg/kg。

3. 微生物指标。菌落总数 ≤854 个/g，大肠杆菌 ≤4 个/100g，致病菌未检出。

四、茶树菇软罐头

（一）生产工艺流程

原料验收→去菇屑、杂质→预煮→冷却漂洗→分检装盒→充填封口→杀菌→冷却→擦罐入库→保温→检验→成品

（二）操作要点

1. 原料验收。茶树菇必须新鲜，色泽正常，菌盖光滑，无病虫害，无开伞，无畸形，无异味，无杂质。采摘后在短时间内（最好小于 3h）运至工厂加工。若采摘时气温高于 15℃，最好先存放于 3~6℃的冷库保鲜。

2. 预煮。将验收合格的茶树菇去除碎菇屑和杂质后，进行预煮，其目的是钝化酶的活性，软化菇体组织，杀死表面微生物和驱除组织中的气体。预煮温度为 100℃，时间为 10min。

3. 冷却漂洗。预煮后的茶树菇必须尽快放入冷水中进行冷却漂洗，并去除残留的杂质。

4. 分检、装盒。漂洗至分检中途露空滞留时间不得过长，将菇按大小、长短归类装盒，且菇盖朝向一致，以确保密封杀菌后产品美观。

5. 充填封口。装好菇的塑盒应加注热汤汁，并允许溢出少许，以排除盒内空气并加强杀菌时的热传导。要预先将封口机二道封口的温度升到设定温度，然后进行密封剪切。

6. 杀菌。密封后的软罐头检查无破、漏，需及时进行杀菌。杀菌公式为 15′–30′–20′/121℃，杀菌时必须严格操作规程，恒温及升降温度过程中温度压力波动不得太大。

7. 冷却、保温检验。杀菌结束后经冷却、擦罐去水后的软罐头产品应先置于 37℃贮存室内 7d 观察没有胀罐、浑浊及长霉等现象，经检验合格即为成品。

（三）成品质量标准
符合 GB 7098—2015 要求。

五、茶树菇"冰菇"

（一）生产工艺流程
茶树菇栽培→采收→真空预冷→保鲜处理→冷藏→包装

（二）操作要点
1. 茶树菇的栽培。为使茶树菇发菇整齐，品质提高，在菌丝长满之后，出菇前应对培养基表层搔菌 0.2～0.5cm。

2. 鲜菇采收。"冰菇"也称"拉膜菇"，要求子实体长到六七成熟尚未开伞时就采摘，为此，必须做到及时、适时。在气温较高时，一天可采 2～3 次，并要轻拿轻放，以免损坏菇盖。

3. 真空预冷。采收回的鲜菇置洁净（经过消毒）的塑料周转篮内，每篮装 20～22.5kg，然后，放入经预冷的冷库降温（冷库先经 24h 预冷，库温为 12～15℃），进行抽真空，预冷 1～2h。

4. 保鲜处理、冷藏。每篮菇面上放置一包保鲜剂（约为 35g，保鲜剂下垫数层卫生纸），盖好篮盖，当库温降到 8℃，把塑料篮置于 PE（聚乙烯薄膜袋，厚度为 30μm）内，开始对 PE 抽空减压至 PE 紧紧压附塑料篮为止，用橡皮筋将袋口扎紧，慎防漏气，码垛，再将温度降至 5℃左右恒温贮藏。

5. 包装。贮藏结束，将菇按一定重量规格进行托盘小包装，放入泡沫箱内，再放入冰块，打包封口，运于异地市场。

第九章 其他食用菌食品加工技术

第一节 其他食用菌概述

由于本章涉及的食用菌较多，所以本节只介绍其中的一部分，主要包括鸡腿菇、榆黄蘑、块菌、姬松茸、松茸、茯苓、白灵菇等。

一、鸡腿菇

鸡腿菇又名毛头鬼伞、刺蘑菇、大鬼伞等，在分类学上属担子菌亚门、层菌纲、伞菌目、鬼伞科、鬼伞属。鸡腿菇是鸡腿蘑的俗称，因未开伞时形如鸡腿，质如鸡丝，味如鸡肉而得名。

鸡腿菇子实体单生或丛生，菌盖直径 3~5cm，初期表面白色，光滑，后期表皮开裂，形成鳞片，鳞片初期白色，中期呈淡锈色，成熟时鳞片上翘翻卷，颜色加深；菌肉白色，较薄；菌柄长 7~25cm，直径 1~2.5cm，圆柱形且向下渐粗，白色纤维质，有丝状光泽；菌环白色，可上下移动，薄而脆，易脱落；菌褶密，与菌柄离生，宽 6~10mm，初白色，后呈黑色。

鸡腿菇干品蛋白质含量达 25.4%，氨基酸总量 18.8%，脂肪 3.3%，总糖 58.8%，鸡腿菇含有的氨基酸共 20 余种，其中包括人体必需的 8 种氨基酸，且氨基酸比例合理，特别是赖氨酸和亮氨酸的含量十分丰富，而这两种氨基酸在谷物及蔬菜中很是缺乏。此外，还含有钙、磷、铁、钾等矿物质元素和维生素 B_1 等多种维生素。

鸡腿菇还具有较好的药用价值，其味甘滑性平，具有益脾胃、清心安肺、治疗痔疮等功效，经常食用有降血压、助消化、增强人体免疫力、抗肿瘤等作用。鸡腿菇中的多种氨基酸和维生素可调节新陈代谢，起到镇静安神的作用。子实体提取物中含有治疗糖尿病的有效成分，对治疗糖尿病有很好的辅助疗效。

二、榆黄蘑

榆黄蘑又名金顶蘑、金顶侧耳、黄蘑、元蘑等，是属层菌纲、侧耳科、侧耳属的一种木腐菌。因常见腐生于榆树枯枝上而得名，是我国北方著名的美味食用菌之一。

榆树蘑子实体呈覆瓦状丛生，菌盖基部下凹呈喇叭状，边缘平展或波浪形，鲜黄色至金黄色，老熟时为米黄色或近白色，直径 2~23cm；菌肉、菌褶白色，褶长短不一；柄偏生至侧生，白色，长 1.5~11.5cm，粗 0.4~2.0cm，基部相连孢子无色，孢子印白色，孢子呈歪嘴长圆筒形，表面光滑，菌丝白色，呈棉絮状。

榆黄蘑味道鲜美，营养丰富，含蛋白质、维生素和矿物质等多种营养成分，其中氨基酸含量尤为丰富，且必需氨基酸含量高，属高营养、低热量食品，长期食用，有降低血压、降低胆固醇含量的功能，是老年心血管疾病患者和肥胖症患者的理想保健食品。可入药，治虚弱萎症（肌萎）和痢疾等症，具有滋补强壮功效。研究表明，榆黄蘑的多糖可作为一种宿主免疫增强剂，具有抗肿瘤、抗病毒、抗自由基、降脂、降血糖、调节机体免疫功能的作用。

三、块菌

块菌又称松露、块菇、无娘果、猪拱菌等，是指子囊菌纲、块菌科、块菌属中一些可以食用的真菌，其中黑孢块菌被称为"厨房中的黑钻石"，是食物中的极品，被欧美人赞誉为世界三大美食之一。

块菌子实体圆球形、椭圆形，有的种类的基部凹陷，直径 2~15cm 不等，重 20~250g，表皮有四边形或五边形，边长 1~1.5mm 的疣状突起或平滑，白色或黑色，子实体内部为产孢组织，可以看到一些迷宫状的白色纹脉，与纹脉相并行的是子实层，子实层有大量子囊，子囊内有 1~6 个子囊孢子。

块菌的营养成分非常丰富，不仅含有丰富的蛋白质、多糖，还含有 18 种氨基酸、多种矿物质元素、维生素等。块菌的主要活性成分包括块菌多糖、α-雄烷醇、神经酰胺等。块菌多糖具有提高人体免疫力、抗肿瘤等功能，是块菌活性功能的重要物质基础，神经酰胺具有保湿（可以作为皮肤屏障）、诱导细胞凋亡、抗肿瘤、免疫调节等功能。特别是块菌泡制的保健酒香味独特、口感好，绿色保健和药理作用明显，具有壮阳、补肾，降低血清低密度脂蛋白、胆固醇，升高高密度脂蛋白、防止动脉粥样硬化及抗肿瘤等显著功效。时常饮用有利改善人体五脏六腑状态，具有增强免疫力、抗衰老、益胃、清神、止血、疗痔等药用价值。

四、姬松茸

姬松茸又称巴西蘑菇、小松菇、松茸菇、阳光蘑菇，属担子菌亚门、层菌纲、伞菌目、蘑菇科、蘑菇属，是一种珍稀的食药兼用菌。

姬松茸子实体丛生或单生，伞状，菌丝白色，绒毛状，菌盖圆形，盖缘初内卷后开展，直径 3.0~7.4cm，大的可达 15cm，浅褐色至棕褐色，表面有纤维状鳞片，菌肉白色；菌柄白色，生于菌盖中央，近圆柱形，初期实心，中后期松至空心，一般长度 5.9~7.5cm，直径 0.4~1.3cm，单朵重为 20~50g，最大可达 350g。

姬松茸营养丰富，干品中蛋白质含量为 28.67%，全氨基酸总量为 19.22%，其中人体必需氨基酸的含量占全氨基酸的 50.2%，比一般食用菌高，磷含量为 1080mg/100g，钾含量为 2646mg/100g，多糖的含量为 6.55%，其中多种具有抗肿瘤活性，还含有活性核酸、活性固醇类以及具抗肿瘤的外源凝集素（ABL）。姬松茸的保健作用主要体现在抗肿瘤、免疫力调节、降血糖、降血压、降低胆固醇、改善动脉硬化、治疗和预防佝偻病以及美容等方面。

五、松茸

松茸又称松口蘑或松蘑，因其长在松林下，菇蕾又酷似鹿茸，故名松茸，是一种珍稀、名贵的食用菌。属担子菌门、层菌纲、伞菌目、口蘑科、口蘑属。

松茸菌盖扁半球形至近平展，宽 5~20cm，污白色，表面干燥，具有黄褐色至栗壳色平伏的丝毛状鳞片；菌肉白色，厚；菌褶白色或稍带乳黄色，密、弯生，不等长；菌柄长 6.0~13.5cm，宽 2.0~2.6cm，中实，圆柱形，上下等粗或下部略膨大，菌环以上污白色并有粉粒，菌环以下具栗褐色纤毛状鳞片。

松茸富含蛋白质、脂肪和多种氨基酸，包括人体必需的 8 种氨基酸，含维生素 B_1、维生素 B_2、维生素 C、维生素 PP、核酸衍生物、肽类物、有机锗、固醇和多糖等。松茸具有强身健体、健胃、驱虫、止痛及理气化痰等功效，可用于糖尿病、肥胖症及癌症患者的辅助治疗。

六、茯苓

茯苓又称松腴，隶属担子菌门、层菌纲、非褶菌目、多孔菌科、茯苓属，是一种名贵中药。

茯苓子实体通常产生在菌核表面，偶见于较老化的菌丝体上，蜂窝状，大小不一，无柄平卧，厚 0.3~1cm，初时白色，老后或干后变为淡黄色。子实层着生在孔管内壁表面，由数量众多的担子组成，成熟的担子各产生 4 个孢子，孢子灰白色，长椭圆形或近圆柱形，有一歪尖。

茯苓是重要的药食同源菌物，其味甘性平，归心、肺、脾、肾经，具有利水渗湿、健脾宁心之功效，在临床中药配伍及中成药生产领域应用非常广泛；茯苓含有多糖、葡萄糖、蛋白质、氨基酸、有机酸、脂肪、卵磷脂、腺嘌呤、胆碱、麦角甾醇等多种营养物质，能增强机体免疫功能；茯苓多糖有明显的抗肿瘤作用；相关研究已证明茯苓多糖和三萜类化合物是其主要活性成分，且二者均具有显著的抗炎、抗肿瘤、抗氧化、保肝、降低移植手术后受体排斥反应等功能；茯苓中含有的钾盐有利尿作用，能增加尿中钾、钠、氯等电解质的排出，具有保护肝脏、抑制溃疡的发生、降血糖、抗辐射等作用。

七、白灵菇

白灵菇又名白阿魏蘑、刺芹侧耳白色变种，隶属于担子菌门、层菌纲、伞菌目、侧耳科、侧耳属。

子实体单生或丛生，菌盖形态上不同菌株略有不同，直径 5～15cm，有的呈手掌状，有的呈块状；菌肉肥厚，白色，菌褶密集，长短不一，近延生，奶油色至淡黄白色；菌柄偏生，菌柄长 3～8cm，直径 2～3cm，孢子印白色，孢子无色，表面光滑，长椭圆形。

白灵菇色泽洁白，味如鲍鱼，质地细腻，脆嫩可口，在食用菌市场享有"耗菇王"和"素鲍鱼"的美称。据分析，100g 白灵菇干品中含蛋白质 14.7g、糖类 43.2g、脂肪 4.3g、粗纤维 15.4g、灰分 4.8g、维生素 C 26.4mg。灰分中的钾、磷含量丰富，在蛋白质中含有 17 种氨基酸，其中人体必需氨基酸有 7 种，占氨基酸总量的 35%，糖类中多糖含量为（130～190）mg/g。

白灵菇具有一定的医药价值，有消积、杀虫、镇咳、消炎和防治妇科肿瘤等功效。它含有真菌多糖和维生素等生理活性物质及多种矿物质，具有调节人体生理平衡，增强人体免疫功能的作用。另外，白灵菇还具有补肾、壮阳、补脑、提神、预防感冒等功效。

第二节　酱类食品

一、鸡油菌香辣酱

鸡油菌是真菌植物门真菌鸡油菌的子实体，富含蛋白质、钙、磷、胡萝卜素、维生素 C、铁等营养元素，味甘、性寒。它还具有明目、利肺、有益肠胃等功效。鸡油菌香辣酱是一款营养丰富、易消化的佐餐食品、调味品。

（一）生产工艺流程

纤维素酶、酸性蛋白酶
↓
鸡油菌子实体→挑选→清洗→干燥→粉碎→过筛→混合→调配炒制→成品

（二）操作要点

1. 鸡油菌挑选。挑选新鲜优质鸡油菌，以伞盖呈均匀蛋黄色，直径 3cm 以上，菌柄内实光滑、长 3.5cm 以上者为挑选对象。

2. 清洗。将挑选好的优质鸡油菌，用灭菌的水手工清洗（蒸馏水或者高温灭菌后的冷却水），动作要轻柔，反复清洗 3 次备用。

3. 干燥。将清洗后的鸡油菌均匀的摊置在干净的托盘中，放置在 45~50℃ 的烘箱中干燥，待到水分基本散失后，每 60min 称重 1 次，如果重量变化小于 2%，则干燥完成。

4. 粉碎。将干燥后的鸡油菌利用粉碎机进行粉碎处理。

5. 过筛。将粉碎后的鸡油菌粉末过 200 目筛，操作时动作要轻，避免粉末扬尘，无法过滤的大颗粒可再次投入粉碎机研磨。

6. 纤维素酶酶解。称取定量的鸡油菌粉末放入容器中，按照 1:5 的比例加水并搅匀，利用冰醋酸调节 pH 值为 5.5，然后再加入纤维素酶，用量为 0.9%，再次搅匀，进行酶解，酶解温度为 50℃，时间 90min。

7. 酸性蛋白酶酶解。将经过纤维素酶酶解的鸡油菌酱调节 pH 值至 2.5，再加入酸性蛋白酶，用量为 1.1%，搅匀后进行酶解。酶解温度为 45℃，时间 105min。

8. 调配炒制。基础香辣酱配料：菜籽油 90g、豆豉 35g、辣椒 40g、白砂糖 7g、味精 3g、食盐 7g。炒制步骤：将新鲜红辣椒剁碎，备用；将电磁炉的温度设置为 240℃，锅加热后，倒入菜籽油；当菜籽油稍热后，加入白砂糖；一边搅匀一边加热，待油温达到六至七成热（170~190℃），加入辣椒翻炒，再加入豆豉炒匀；待到色泽成熟，有香味飘出时（30~50s），加入占成品总量 40% 的鸡油菌酱，继续炒制 20~40s；加入盐和味精，起锅即为成品。

二、山榛蘑蒜茸调味酱

本产品是以长白山区纯天然野生山榛蘑和大蒜为主要原料生产的一种新型调味酱。

（一）生产工艺流程

大蒜→浸泡去皮→灭酶处理（脱臭）→打浆

　　　　　　　　　　　　　　↓

　　　榛蘑→浸泡→清洗→漂烫→打浆→调配→入味浓缩→冷却→包装→封口→杀菌→冷却→成品

（二）操作要点

1. 榛蘑预处理。干制榛蘑用清水浸泡 1h 左右，使榛蘑软化，同时洗净表面的泥沙、虫卵等污染物。90~95℃的沸水中烫漂2~3min后迅速冷却，加入15%的清水打浆。

2. 大蒜预处理。选用新鲜无病虫害、无霉烂的大蒜，在40℃左右的温水中浸泡1h左右，切除根蒂、根须，去皮后将蒜瓣置于5%盐水中，沸水烫漂2~3min，其目的是钝化蒜酶，抑制大蒜臭味产生，软化组织，方便捣碎。

3. 溶胶。提前1~2h，将稳定剂分散于60℃左右的水中浸泡以备后用。

4. 调配。按照原料配比，将榛蘑原浆、大蒜原浆倒入调配桶中，不断搅拌，使之调配均匀。榛蘑（干品）与大蒜的用量比例为2.5:1。

5. 入味浓缩。将调配好的榛蘑与大蒜原料混合浆倒入锅内，同时加入适量的水、白砂糖、味精、生姜粉、酱油、食盐及预先浸润的稳定剂，进行熬制浓缩。具体用料比例为：食盐为7%，白砂糖为3%，CMC-Na为0.3%，生姜粉0.5%，花椒0.5%，酱油2%，味精0.6%。

6. 冷却、包装、封口与杀菌。将冷却的榛蘑蒜茸调味酱进行包装、封口后置于沸水中杀菌10min，冷却后即为成品。

（三）成品质量指标

1. 感官指标。榛蘑蒜茸调味酱呈酱色，有光泽，组织状态均匀一致，无脱水现象，黏稠度适中；口感细腻，咸味适中，具有浓郁的榛蘑风味，大蒜风味协调。

2. 理化指标。水分50%~60%，铅（以Pb计）≤1mg/kg，砷（以As计）≤0.5mg/kg。

3. 微生物指标。菌落总数≤100个/g，大肠杆菌总数≤30个/100g，致病菌不得检出。

三、黑牛肝菌调味酱

（一）生产工艺流程

牛肝菌→粉碎→焙炒

↓

鸡蛋→去蛋壳→分离蛋黄→搅拌、混合→均质→蛋黄酱→混合→胶体磨制→杀菌→冷却→成品

（二）操作要点

1. 蛋黄酱制作。将鲜蛋清洗、晾干后去壳分离得到蛋黄，缓缓向蛋黄中倒入色拉油，用打蛋机搅拌混合，使之形成乳化状液体，再加入食醋，最后用乳化器乳化，制成蛋黄酱备用。色拉油、蛋黄、食醋的比例为7:2:1。

2. 均质。蛋黄酱用均质机均质，使得膏体细腻，进一步提高W/O乳化液的

稳定性。

3. 黑牛肝菌粉的制作。挑选菌体良好的黑牛肝菌，除去杂质，烘干后粉碎过60目筛备用。将菌粉放入炒锅中进行炒制，温度160℃、时间5min。待菌粉散发出焦香味，颜色变黄后起锅、冷却备用。

4. 调味。将大蒜捣碎呈泥状，用微量食用油炒熟，制成大蒜泥，食盐用微量冷却开水溶化后备用，按照一定比例将黑牛肝菌粉、蒜泥、食盐水等边搅拌边加入蛋黄酱中。具体比例：每50g菌酱中牛肝菌和蛋黄酱的比例为1:10、食盐用量为1.5g，蒜泥为2g。

5. 胶体磨制。将调配好的黑牛肝菌蛋黄酱用胶体磨磨制，提高物料的分散性。

6. 灌装、杀菌、冷却。将上述菌酱灌装在消毒过的玻璃瓶中并封盖，121℃高温杀菌30min后冷却至40℃，擦干瓶身。

四、榆黄蘑调味酱

（一）生产工艺流程

白砂糖、味精、生姜粉、食盐、CMC – Na
↓

榆黄蘑→清洗→烫漂→切碎→入味浓缩→冷却→包装→杀菌→冷却→成品

（二）操作要点

1. 榆黄蘑预处理。将新鲜榆黄蘑去除根部杂质，清洗干净，置于90~95℃的沸水中烫漂1~2min软化组织，迅速冷却，然后将榆黄蘑切成细小碎末放在盘中备用。按配方要求称取定量的榆黄蘑、豆瓣酱，榆黄蘑与豆瓣酱的配比为1:2。

2. 溶胶。将稳定剂CMC – Na分散于60℃左右的水中浸泡，然后用勺子将其搅匀以备后用。

3. 入味浓缩。将植物油倒入锅中，加入豆瓣酱煸炒，待炒出浓郁的酱香味时加入切好的榆黄蘑块反复翻炒直至香味溢出，同时加入白砂糖（2%）、生姜粉、食盐（4%）及预先浸润的稳定剂CMC – Na（0.15%）和适量的水，进行熬制浓缩。

4. 冷却、包装、封口与杀菌。将冷却的榆黄蘑调味酱进行包装、封口后置于灭菌锅中高温杀菌15min左右，冷却后即为成品。

（三）成品质量指标

1. 感官指标。榆黄蘑调味酱呈金黄色，有光泽，组织状态均匀一致，无脱水现象，黏稠度适中；口感细腻醇厚，咸味适中，滋味鲜美，具有特殊的榆黄蘑风味。

2. 理化指标。水分50%～60%，铅（以Pb计）≤1mg/kg，砷（以As计）≤0.5mg/kg。

3. 微生物指标。菌落总数≤100个/g，大肠杆菌总数≤30个/100g，致病菌不得检出。

五、榛蘑调味酱

（一）原料配方

榛蘑100g，其他原料所占比例为：圆葱7%、食盐6%、绿花椒粉0.6%、变性淀粉4%、姜粉0.4%、白砂糖3%。

（二）生产工艺流程

圆葱末、变性淀粉、食盐、绿花椒粉、姜粉、白砂糖

↓

榛蘑→清洗、去杂质→浸泡→粉碎→调配→热浓缩→冷却→包装→杀菌→冷却→成品

（三）操作要点

1. 榛蘑预处理。干品榛蘑去除杂质后用清水浸泡2h，使榛蘑软化；在90～95℃的沸水中烫漂3min后迅速冷却，置于打碎机中打碎备用。

2. 圆葱预处理。圆葱去皮后，粉碎成1～2mm大小的碎末备用。

3. 调配。称取100g预处理榛蘑，按照原料配比，加入圆葱末、变性淀粉、食盐、绿花椒粉，加入适量清水，充分搅拌，混合均匀。

4. 入味浓缩。按照配比将上述调配好的各种原料倒入锅内，同时加入白砂糖、生姜粉进行熬制浓缩。

5. 冷却、包装、封口与杀菌。榛蘑调味酱冷却后进行真空包装，置于沸水中杀菌10min，冷却后即为成品。

（四）成品质量指标

1. 感官指标。色泽：呈酱色、有光泽；风味：具有榛蘑的特殊芳香味，圆葱味和绿花椒味协调；滋味和口感：滋味鲜美，咸味和甜味适中，口感柔和，黏度适口；组织状态：组织均匀一致，流散缓慢，黏度适中，无分层现象。

2. 卫生指标。调味酱的卫生指标符合GB 2718—2014的规定，铅（以Pb计）≤1mg/kg，砷（以As计）≤0.5mg/kg，大肠菌群≤30个/100g，致病菌不得检出。

六、美味牛肝菌风味沙拉酱

（一）生产工艺流程

白糖粉、葵花籽油、白醋　　　　熟菌粉、杀青水浓缩液、酶解液、食盐等

↓　　　　　　　　↓

鲜鸡蛋→清洗消毒擦干→去壳分离→蛋黄→蛋黄酱→搅拌均匀→胶体磨磨制→成品

（二）操作要点

1. 蛋黄酱制备。将鲜鸡蛋用自来水清洗后，用3%双氧水消毒5min，再用蒸馏水冲洗干净，用洁净的毛巾擦干水分后，去壳分离得到蛋黄，向其中加入白糖粉，用打蛋器搅打至呈均匀乳状，再缓慢加入葵花籽油，边加边搅打，使葵花籽油完全融于其中，最后加入白醋搅打均匀，即为蛋黄酱。蛋黄酱的基本配方：鸡蛋黄20g、白糖粉25g、白醋25g、葵花籽油225g。

2. 熟菌粉制备。将美味牛肝菌及加工副产物如残次菇、菇柄等，去除泥沙等杂质，切片，然后清洗干净，沥干水分。放入60℃干燥箱中进行烘制，直至菌片水分含量在10%左右。将干燥的菌片放入粉碎机中进行粉碎，过80目筛备用。将菌粉放入电炒锅中小火炒制，炒制温度180℃，时间5min，待菌粉散发出焦香味，颜色变黄后起锅，备用。

3. 杀青水浓缩液制备。将美味牛肝菌残次菇、菇柄等去除泥沙等杂质，然后清洗干净，沥干水分后切成大小均匀的片状备用。称取一定量切好的原料，以3:5（m/V）的料液比加入一定量蒸馏水，用微波加热8min。将杀青后的溶液用纱布过滤，即得杀青水。将所得杀青水晾凉后，置于4℃冷藏条件下预冷至少3h。预冷好的杀青水倒入离心管中，于-12℃条件下，以700r/min的速度冷冻离心1.5h，此时收集未结晶的液体，即得杀青水浓缩液。

4. 酶解液制备。准确称量菌粉15g，中性蛋白酶4g，加蒸馏水225mL，搅拌均匀，调节pH值为7，水浴中升温至45℃恒温酶解4h后，沸水浴灭酶20min，取出晾凉后于4℃冷藏条件下预冷。将预冷后的样液于4℃离心机中以转速3000r/min离心20min，即得酶解液。

5. 调味。食盐用一定量的杀青水浓缩液及酶解液混合液溶化，按照一定比例将菌粉、黑胡椒粉、食盐水等边搅拌边加入蛋黄酱中。具体各种原辅料配比：蛋黄酱200g、美味牛肝菌粉33.3g、美味牛肝菌酶解液15g、美味牛肝菌杀青水浓缩液15g、食盐4g、黑胡椒粉1.3g。

6. 胶体磨磨制。将调配好的沙拉酱用胶体磨磨制，提高其分散性，使膏体

均匀细腻，经胶体磨处理后即为成品。

（三）成品质量标准

1. 感官指标。色泽：呈褐色，色泽均匀一致；组织形态：均匀酱状，组织细腻，无汁液析出，流散缓慢，黏稠度适中；口感：口感细腻，滋味鲜美，咸甜适中；风味：具有蛋黄酱的香味和美味牛肝菌的特征风味。

2. 理化指标。pH 值 4.78，氨基酸态氮 0.18g/100g，油脂 52.6%。

3. 微生物指标。大肠菌群≤10 个/g，致病菌未检出。

七、发酵型风味鸡腿菇酱

（一）生产工艺流程

大豆→清洗浸泡→蒸煮→拌和→冷却→接种→入曲盘→培养→成曲→（鸡腿菇、盐水）混合→恒温发酵→成熟酱→炒酱→调配→装瓶加盖→杀菌→冷却→成品

（二）操作要点

1. 原料处理。将黄豆浸泡 10～12h，达到软而不烂，用手搓挤豆粒感觉不到硬心。高压蒸煮 15min 后冷却。将选好的鸡腿菇浸入 0.3%～0.5% 的低质量分数盐水溶液中漂洗干净，倒入含 0.04% 柠檬酸的沸水中，煮沸 2min 后再浸入 2% 的盐水溶液中。

2. 制曲。将酱油曲精拌入面粉，再拌入黄豆（大豆∶面粉∶种曲为 250∶100∶1）。装入曲盘后开始制曲，品温维持在 32℃左右，培养至成曲嫩黄绿色即可。

3. 发酵。成曲加入质量分数 16% 的盐水和鸡腿菇后，在 45℃恒温下培养，每日翻料 1 次，以保证发酵均匀。

4. 炒酱、调配。将发酵好的原酱与调味料准备好后，按热油、白糖、辣椒粉、原酱、料酒、花椒粉、五香粉、炒芝麻粉的顺序依次入锅，翻炒 20min，加入味精，装瓶。

5. 装瓶、密封、杀菌、冷却。将调配好的酱装瓶后立即进行封盖，然后在 70～80℃条件下进行常压杀菌，杀菌时间为 30min，杀菌结束后经冷却即为成品。

（三）成品质量标准

1. 感官指标。颜色鲜艳、有光泽，具有独特的酱香，味道鲜美，咸甜适口。

2. 理化指标。氨基酸态氮 1.81g/100mL。

3. 微生物指标。符合 GB 2718—2014 标准要求。

八、蛹虫草面酱

蛹虫草又称北冬虫夏草、北虫草，是虫草属真菌的模式种。本产品是以蛹虫

草和面粉结合生产的一种新型面酱。

（一）生产工艺流程

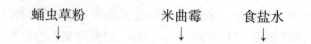

面粉＋水→拌和→蒸料→冷却→接种→制曲→发酵→磨酱→灭菌→成品

（二）操作要点

1. 蛹虫草粉制备。将蛹虫草子实体在50℃恒温真空干燥箱内干燥至恒质量后，打粉，经80目筛孔过筛后即为蛹虫草粉，备用。

2. 面料拌和。将面粉和水按10:3的比例拌和，然后再添加占面粉质量10%的蛹虫草粉，充分拌和使其成蚕豆大小的面疙瘩。

3. 蒸料、冷却。将和好的面料放入锅中蒸熟，蒸好后的面料摊开自然冷却至38℃。

4. 接种。将米曲霉菌粉按接种量0.3%接种在面料表面，使其均匀混合。

5. 制曲。控制曲料温度在30~33℃，相对湿度＞85%，保持良好通风，制曲14h后第一次翻曲，使结块曲料被打碎；制曲20h后进行二次翻曲，控制曲料温度＜32℃，使米曲霉产酶（蛋白酶、糖化酶、纤维素酶等）；48h后曲料表面长出大量黄绿色孢子，制曲完成。

6. 发酵。向制曲完成的曲料中，按曲料与食盐水1:1的质量比加入浓度为14°Bé的食盐水，在50℃条件下发酵，静置发酵5d，之后每天搅拌1次，20d后结束发酵。

7. 磨酱。将发酵好的蛹虫草面酱，用胶体磨磨细，过磨5次。

8. 灭菌。将磨细的蛹虫草面酱在80℃下杀菌10min，冷却后即为成品。

九、蛹虫草保健酱

本产品是以蛹虫草子实体和骨素为主要原料，调配以葱、姜、食盐、香辛料等其他调味料开发一种保健菌酱。

（一）生产工艺流程

调和油加热→葱末、姜末爆香→加骨素炒香→复水的蛹虫草子实体段炒制→加盐、味精、香辛料→搅拌→装瓶→排气→密封→杀菌→冷却→成品

（二）操作要点

1. 蛹虫草子实体复水。称取干蛹虫草子实体加入20倍于其质量的水，在40℃条件下恒温水浴，复水时间为80min，复水结束后取出沥干。

2. 骨素制备。选择新鲜猪骨，切段5cm左右，清洗干净，热水浸烫去油淋干后，加4倍于鲜猪骨的水重，以提取温度135℃，提取时间100min，料液比

1:4,泄压频率 1 次/40min,即是每间隔 40min 泄压 1 次,得到较高质量猪骨素。

3. 炒制。将调和油倒入锅中,加热,待油温升至 140~150℃时,加入葱末、姜末爆出香味,当油温升至 120~130℃时,加入骨素翻炒均匀后加入复水后的蛹虫草子实体段（3~5mm）,当料温再次升至 120~130℃时,加入盐、香辛料搅拌均匀,起锅前加入味精,注意葱末、姜末炒制时间不易过长,以免产生不良的气味,骨素的炒制过程注意将其打散并分散均匀,炒制过程应控制好炒制温度和时间,急火快炒酱体香味不够,体感不丰满,温度过高时间过长,酱体变焦,苦味重,影响成品的颜色和滋味。

各种原辅料的配比:复水后蛹虫草子实体与骨素之比为 6:4,调和油 10%、复合香辛料 3.0%、姜末 2%、葱末 4%、味精 1%、盐 1%。

4. 装瓶。将上述调味好的酱体趁热加入已经消毒好的玻璃瓶中,装入量为瓶容量的 90%,每罐净重 100g。

5. 排气、封口。玻璃瓶盖盖好,但不旋紧,将其移入蒸汽排气箱进行常压排气,当瓶中心温度达到 85℃,立即旋紧瓶盖。

6. 杀菌、冷却。将旋紧瓶盖的产品立即进行杀菌,杀菌条件为:115℃,15min。杀菌结束后,分段冷却至 35℃,即为成品。

(三) 成品质量标准

色泽:油润有光泽,菌体色泽适中;香气与滋味:虫草和骨素香气滋味丰满,气味浓郁、协调;组织状态:菌段均匀,酱体黏稠适中,菌料适中;口感:后味醇厚,味道鲜咸适中,菌段有咬劲,咀嚼性好,咸味适中。

第三节　酒类

一、姬松茸保健酒

(一) 生产工艺流程

姬松茸菌丝体发酵液→发酵醪液→前发酵→后发酵→陈酿→过滤→杀菌→成品酒

(二) 操作要点

1. 培养基的制备。

(1) 斜面培养基。马铃薯浸汁 20%,葡萄糖 2%,琼脂 2%,KH_2PO_4 0.2%,$MgSO_4 \cdot 7H_2O$ 0.1%。

(2) 摇瓶种子培养基。马铃薯浸汁 20%,葡萄糖 2%,KH_2PO_4 0.2%,$MgSO_4 \cdot 7H_2O$ 0.1%,维生素 B_1 0.1mg/mL。

（3）摇瓶发酵基础培养基。KH_2PO_4 0.2%，$MgSO_4 \cdot 7H_2O$ 0.1%，维生素 B_1 0.1mg/mL。

2. 姬松茸菌丝体发酵液制备。将经过斜面活化的菌丝体用接种铲切割成黄豆大小的菌丝块，接种于摇瓶种子培养基中（250mL 摇瓶装液量 50mL），于 25℃、150r/min 的振荡培养箱中培养 7d。然后以 10%接种量转接到摇瓶发酵基础培养基中进行培养（250mL 摇瓶装液量为 50mL），在 25℃、150r/min 的振荡培养箱中培养 5d。

3. 发酵醪液制备。将发酵好的姬松茸发酵液以 4000r/min 转速离心 15min，再用蒸馏水冲洗数次，即得湿菌丝体。然后采用超声波进行菌丝体破碎 30min，将破碎后的菌丝体与原培养液混合即为发酵醪液。

4. 前发酵。先在发酵醪液中加入（60～120）mg/kg 的 Na_2SO_3，4～5h 后，当其达到既定的杀菌效果时，再将活化后的 1.5% 活性干酵母接入，进行前发酵。前发酵温度控制在 20～25℃，当残糖含量小于 1% 时结束前发酵。

5. 后发酵。按预制 9°酒的要求添加 153g/L 蔗糖（16～17g/L 产生 1°酒），26℃进行后发酵，直至残糖量至 5g/L 以下时进入成熟阶段，后发酵时间为 6d。

6. 陈酿、过滤、杀菌。将经后发酵的酒液在 7～10℃的条件下进行自然澄清，陈酿 15～30d，当酒醪完全下沉、酒体清亮有光泽、酒香浓郁时，即可进行过滤、装瓶，再置于 65℃的热水中杀菌 30min 后，取出冷却即得成品。

（三）成品质量标准

1. 感官指标。色：澄清透明，均匀，呈金黄色；香：香气完整协调，细腻幽雅，具有姬松茸独特的香气；味：酒质柔顺，口感香甜爽口，酸度甜度适中，清新淡雅，无其他异味。

2. 理化指标。总糖（以葡萄糖计）4.65g/L，酒精度（20℃，vol）（8.5±0.5）%，总酸（以酒石酸计）0.5g/L，干浸出物≤18g/L，多糖≥3.00%。

3. 卫生指标。符合 GB 2757—2012 要求。

二、番茄竹荪混合发酵酒

（一）生产工艺流程

竹荪→粉碎
↓
番茄→分选→清洗破碎→混合→调整糖度、酸度→接种→主发酵→除沉渣→澄清→后发酵→陈酿→调配→冷处理→澄清→过滤→杀菌→成品

（二）操作要点

1. 原料预处理。番茄使用前用添加 1% 的漂白粉的清水清洗且晾干。竹荪

除去泥沙等杂质。

2. 破碎、混合。用打浆机将番茄破碎成糊状物，且在破碎的过程中加偏重亚硫酸钠（按 0.25μg/L 计算），防止果汁腐败。用组织捣碎机将竹荪破碎成粉末。将番茄和竹荪按 50:1 的比例混合。

3. 调整糖度、酸度。将白砂糖用 70℃ 左右的水溶解成糖浆，加入充分混匀的番茄和竹荪中，然后添加一定量的水和柠檬酸调配至适当的浓度和 pH 值（4.0）。

4. 活性干酵母活化、接种。将活性干酵母用 40℃ 的糖水活化，35~40℃ 保温 30min，然后按 0.2g/L 的接种量加入调配好的发酵果汁中，混匀。

5. 主发酵。将接种好的果汁装入发酵罐（充满率为 80%），在 18℃ 的温度下进行发酵，发酵时间为 168h。

6. 过滤、澄清、补适量偏重亚硫酸钠。主发酵后的原酒液，粗滤后，用 1% 明胶溶液、单宁、蛋清 3 种澄清剂作澄清处理，使酒液清亮透明，补适量偏重亚硫酸钠杀菌。

7. 后发酵、陈酿。杀菌后密闭，避光。在 15℃ 温度下进行后发酵，发酵时间为 1 个月，然后进行分离酒脚和陈酿。

8. 调配。对发酵好的果酒进行调配和色、香、味的勾兑。

9. 冷处理、过滤、杀菌。处理时要求冷至酒液冰点温度 0.5~1℃，冰点的近似温度为果酒的酒精含量的 0.5 倍，冷处理时间为 5d，处理完后，趁冷过滤，再经 70℃ 热水、30min 杀菌后即为成品。

（三）成品质量标准

1. 感官指标。色泽：淡红色，澄清透明，无明显的悬浮和沉淀物；香味：具有和谐、清淡的番茄酒香；滋味：酸甜适口，口感佳，风味好。

2. 理化指标。酒精度（vol）（10±1）%，总酸（以酒石酸计）（5.0~6.0）g/L，残糖（以转化糖计）≥13g/L，抗坏血酸≥40~100mg/L，干浸出物（6~10）g/L，总 SO_2 ≤250mg/L。

3. 卫生指标。符合 GB 2757—2012 要求。

三、蛹虫草保健酒

（一）生产工艺流程

蛹虫草→切断→称质量→酒浸→配制→过滤→精滤→灌装→成品

（二）操作要点

1. 蛹虫草多糖的提取。将选择好的蛹虫草切断、粉碎、称量，然后利用浓度为 55%（vol）的基酒进行浸提，具体条件为：温度 25℃，浸提时间 30d。

2，保健酒的制备。按照一定的比例将蛹虫草的酒浸提液、蜂蜜、纯净水配制成蛹虫草保健酒。得到的酒液再经 200 目筛过滤和 0.5μm 精滤，灌装 250mL 玻璃瓶中，制成成品。

（三）成品质量标准

1．感官指标。色泽：呈淡黄色；滋气味：应具有本品特有滋气味，无异味；组织状态：澄清透明液体，久置允许有少量沉淀；杂质：无杂质。

2．理化指标。酒精度（20℃，vol）≥42%，多糖≥0.3g/100mL，甲醇≤0.04g/100mL，铅（以 Pb 计）≤1.0mg/L，锰（以 Mn 计）≤2.0mg/L。

四、块菌酒

本产品是以块菌和糯米为生产的一种新型保健酒。

（一）生产工艺流程

块菌→粉碎、过筛→浸提
↓
糯米→粉碎→糊化、糖化→混合→发酵液→成分调整→接种→发酵→酒渣分离→后发酵→陈酿→澄清过滤→调配→装瓶→杀菌→成品

（二）操作要点

1．原料处理。

（1）块菌处理。新鲜块菌利用清水进行清洗、除杂，沥干后在 50℃进行烘干，然后利用粉碎机进行粉碎过 60 目筛，按水料比为 20:1 进行浸提，浸提温度 90℃，浸提时间 2h。

（2）糯米处理。糯米经粉碎，按水料比为 2:1 混合，经糊化、液化后，添加 0.3%的糖化酶，在 60℃糖化 6h，得到糯米糖化液。

2．混合。将浸提后的块菌液与糖化液按体积比为 1:2 进行配比，得到发酵液。

3．成分调整。发酵液的糖度为 10%左右，相对较低，为保证发酵结束后成品酒中保持一定的糖度和酒精度，用蔗糖将初始糖度调整到 200g/L 左右，用柠檬酸调整 pH 值到 4.5 左右。

4．活化。

（1）糖化酶。糖化酶与水为 1:10，在 45℃下保温活化 1h。

（2）酵母活化。活性干酵母用 4%的糖水在 35℃水浴锅中活化 20～30min，复水活化用水稀释倍数为 1:10，再在 33℃水浴中保温活化 1～2h，活化过程中每隔 10min 搅拌 1 次。

5．接种发酵。将上述经过活化的酵母按 1%的接种量接种到经过成分调整

的发酵液中进行发酵，发酵温度为24℃，初始糖度为210g/L，每天测定酒精度和糖度，当无气泡产生，且酒精度与糖度稳定后，发酵结束，总发酵时间为6d。

6. 后发酵。主发酵结束后，通过倒酒，将底部大量的沉淀与汁液分离，温度保持在15～20℃，后发酵20d。

7. 陈酿。陈酿期间倒酒2次，除去酒脚，陈酿温度控制为12～15℃，时间6个月。

8. 澄清。在陈酿期间，分别利用离心、添加皂土和壳聚糖的方法进行澄清处理。

9. 调配、装瓶、杀菌。将经过澄清的酒液按照成品的质量要求进行调配，再经装瓶、杀菌（65～70℃热水，30min）后即为成品。

（三）成品质量标准

1. 感官指标。色泽：红黄色，均匀一致；香气：具有块菌和糯米特有的香气；滋味：微酸，醇厚自然，柔和；状态：澄清透明，无杂质；典型性：具有块菌发酵酒的典型性。

2. 理化指标。酒精度（vol）10.2%，固形物5.8%，总糖1.6g/L，还原糖968mg/L，总酸4.03g/L，游离氨基酸31.64mg/100mL，总氨基酸153.14mg/100mL。

五、灰树花菌丝发酵酒

（一）生产工艺流程

灰树花真菌10L发酵罐发酵培养→过滤除菌体→调配→灭菌→接种酿酒酵母→主发酵→后发酵→澄清→成品

（二）操作要点

1. 菌种培养。

（1）斜面培养。从母种斜面试管中切取1cm³大小的菌丝块接种于斜面底端上方1/3处，于28℃下培养6d。

（2）种子培养。经斜面培养后的灰树花菌种，切成1cm³的菌块接种于三角瓶中（装液量100mL/300mL），28℃下150r/min振荡培养3d。

（3）液体发酵培养。将培养好的灰树花液体菌种按照10%的比例接种于10L发酵罐中发酵培养，28℃下培养6d。

（4）酿酒酵母扩大培养。将保藏的试管酵母菌种用接种环接种1～2环于灭菌试管YPDA培养基中，28℃培养24h后，将液体试管中培养的酵母菌种接种到250mL三角瓶中，28℃静置培养12h后待用。

2. 灰树花发酵液处理。将发酵好的灰树花发酵液，经6000r/min离心去菌体，取发酵液，添加20%的蔗糖，搅拌使其充分溶解，巴氏灭菌后待用。

3. 主发酵。将扩大培养后的酵母菌在无菌环境下接种到经处理好的灰树花发酵液中，入罐发酵，酵母菌接种量为 1.0g/L，初始 pH 值为 4，发酵温度为 22℃，主发酵结束后的酒精度为 11.75%（vol）。

4. 后发酵。待主发酵结束后，通过倒酒，分离出底部大量的沉淀，15~20℃发酵 15d。

5. 澄清。经发酵后的灰树花菌丝体发酵酒采用超滤澄清法进行澄清，酒液经澄清后即为成品。

（三）成品质量标准

1. 感官指标。香气：具有灰树花特有的香气和气味；色泽：浅黄色，均匀一致；状态：澄清透明，无明显杂质；滋味：酒体柔和，醇厚自然。

2. 理化指标。酒精度（20℃，vol）11.75%，可溶性固形物 97.5%，灰树花多糖 1.56g/L。

第四节　饮料类

一、榆黄蘑汁枣汁复合饮料

（一）生产工艺流程

榆黄蘑→预处理→打浆→超声波辅助破碎→酶解→超滤→闪蒸浓缩→调配→灌装→杀菌→成品

（二）操作要点

1. 榆黄蘑预处理。将榆黄蘑副产物在清水中洗去泥沙等杂质，之后切分成小段，在 95℃的水中预煮 5min，将其捞出。

2. 打浆、超声波辅助破碎。按质量比 1:15 的比例加入清水进行打浆，之后在频率为 80Hz 的条件下进行超声波辅助破碎，超声时间 10min。

3. 酶解。采用食用菌复合酶（酶 1 和酶 2）对上述制得的浆液进行酶解。先调整 pH 值为 4.0~4.5，温度为 50℃，加入酶 1（酶活力 ≥15000U/g）进行酶解，酶解时间 4h；之后调整 pH 值为 5.5，温度为 50℃，加入酶 2（酶活力 ≥30000U/g）进行酶解，酶解时间为 6h。

4. 超滤。将酶解液送入超滤设备中进行超滤操作，孔径为 10nm，操作压力为 0.08~0.12MPa，膜透水通量为 30L/（m²·h），使氨基酸、多肽等小分子物质与多糖、蛋白质等大分子物质相分离。

5. 闪蒸浓缩。将超滤后的滤液部分进入闪蒸浓缩设备中进行闪蒸浓缩，真空度为 82~88kPa，得到榆黄蘑浓缩液，使浓缩液的固形物含量为 20%。

6. 调配。将榆黄蘑提取液和浓缩枣汁（原果汁含量100%）按3:1的比例混合，添加白砂糖和柠檬酸进行调味，其用量分别为6g/100mL 和 0.08g/100mL，再添加适量的 CMC – Na、黄原胶作为稳定剂和增稠剂，同时添加适量的 β – 环状糊精进行脱涩，将上述各种原辅料充分混合均匀。

7. 灌装、杀菌。将上述调配好的饮料利用马口铁罐进行灌装封盖，然后在105℃条件下杀菌25min，冷却后即得成品.

（三）成品质量标准

1. 感官指标。色泽：色泽淡黄，清凉且均匀；气味：具有榆树蘑、枣汁特有的混合香气，明显且协调；滋味：酸甜适中，口感柔和，无明显涩味和杂味；组织状态：组织均匀，无明显沉淀。

2. 理化指标。可溶性固形物、酸度、总砷、铅均符合国家相关标准。

3. 微生物指标。符合 GB 4789—2010 系列要求。

二、榆黄蘑发酵饮料

（一）生产工艺流程

榆树蘑发酵产物→组织捣碎→加热浸提→过滤→调配→均质→灌装→杀菌→成品

（二）操作要点

1. 榆黄蘑发酵液制备。

（1）榆黄蘑液体发酵的最适胞外多糖积累的培养基配方为：马铃薯20%、葡萄糖1.5%、蔗糖1.5%、酵母膏0.1%、蛋白胨0.1%、NaCl 0.03%、磷酸二氢钾0.15%、硫酸镁0.075%、维生素 B_1 0.001%。

（2）摇瓶培养的最佳培养条件为：500mL 的三角瓶装液量200mL、pH 值6、转速160r/min、温度27℃、接种的菌龄是7d、接种量是15%、发酵时间为9d。

2. 组织捣碎。将发酵液连同菌丝体一起倒入组织捣碎机中，将其打碎成浆液。

3. 热水浸提、过滤。匀浆后的发酵浆液置于水浴中进行浸提，以促使菌丝体自溶，有利于较多的营养物质溶于发酵液中。浸提温度60℃，浸提时间为30min。浸提结束后用离心机离心分离并过滤，得到发酵匀浆滤液，滤渣可重复匀浆、浸提1次，合并2次滤液。

4. 调配。

（1）原味榆黄蘑饮料调配。调配比例为：发酵原液40%、蔗糖11%、柠檬酸0.15%、稳定剂（果胶:卡拉胶=1:1）0.15%，其余为纯净水。

（2）果味榆黄蘑饮料调配。调配比例为：发酵原液30%、苹果原汁15%、蔗糖9%、柠檬酸0.15%、稳定剂（果胶：卡拉胶＝1：1）0.15%，其余为纯净水。

5. 均质。将调配好的浆液放入均质机中均质，均质压力为18～20MPa。

6. 灌装、灭菌。将均质后的饮料先进行灌装密封然后进行杀菌，杀菌采用高温煮沸灭菌，温度为100℃煮沸15min，冷却后经质量检验合格者为成品。

三、蛹虫草保健饮料

（一）生产工艺流程
原料→热水浸提→过滤→滤液→调配→装瓶→灭菌→冷却→检验→成品

（二）操作要点
1. 虫草提取液制备。称取虫草干品1000g，加入10倍纯净水，90℃水浴提取2h后过滤，残渣加入10倍纯净水提取，共提取3次，合并滤液，90℃浓缩至1000mL，制成虫草提取液备用。

2. 其他原料提取液制备。薄荷、甘草、金银花等原料提取方法同虫草提取液制备。

3. 柠檬汁制备。取新鲜柠檬榨汁，过滤后舍弃滤渣，取澄清柠檬汁待用。

4. 调配。虫草提取液具有虫草特有的香气，配以甘草、薄荷、金银花、蔗糖，具体各种原料的配比：虫草2.5%、薄荷9%、甘草12%、金银花9%、蔗糖6%，为维持饮料澄清，加入0.05%柠檬汁，其余为纯净水。

5. 装瓶、灭菌、冷区、检验。将调配好的虫草饮料装瓶，于121℃温度下高压灭菌15min，冷却后进行产品检测，合格者即为成品。

（三）成品质量标准
1. 感官指标。色泽为浅棕黄色，气味具有独特的虫草香气、酸甜适中、无不良气味，液体状态均一、澄清、无肉眼可见杂质、无沉淀、无分层。

2. 理化指标。腺苷2.5445mg/100mL，虫草素0.9246mg/100mL。

3. 微生物指标。各种微生物未检出。

四、果味冬虫夏草饮料

（一）原料配方
冬虫夏草10g，白砂糖60g，柠檬酸0.6g，蜂蜜20g，异抗坏血酸钠0.02g，葡萄香精0.15g。

（二）生产工艺流程
冬虫夏草菌丝体→干燥→粉碎→过筛→称重→浸提→过滤→调配→过滤→灌装→杀菌→冷却→成品

（三）操作要点

1. 干燥、粉碎。将虫草菌丝体置于恒温干燥箱中，65℃下干燥3h，干燥完毕后取出自然冷却，用粉碎机将虫草菌丝体粉碎成粉末。

2. 称重、浸提、过滤。称取虫草菌丝体粉末10g，加500mL水提取，提取温度为85℃，1.5h后进行过滤，滤渣继续加300mL水提取1.5h，两次提取液混合备用。

3. 调配。按照配方的比例称取异抗坏血酸钠和柠檬酸分别用水溶解之后加入提取液中，再称取蜂蜜和白砂糖加入到溶液中。将各种原料充分混合均匀。

4. 过滤、灌装。将调配好的饮料经过滤后装入200mL的棕色玻璃瓶中，旋盖密闭。

5. 杀菌。将灌装好的饮料进行杀菌，杀菌公式为5′-20′/100℃。

6. 冷却。杀菌结束后，冷却至室温，得到成品饮料。冷却后的产品在0℃以下保存以免其抗氧化性受到破坏。

（四）成品质量标准

呈浅棕黄色，酸甜适中，具有葡萄汁的香味、无异味。

五、白灵菇芦荟复合保健饮料

（一）生产工艺流程

芦荟粉→过筛→纤维素酶酶解→抽滤→芦荟提取液
　　　　　　　　　　　　　　　　　　　　　　↓
白灵菇→烘干→粉碎→过筛→纤维素酶酶解→抽滤→白灵菇提取液→混合调配→均质→灌装灭菌→成品

（二）操作要点

1. 白灵菇提取液制备。白灵菇经粉碎过40目筛，在料液比11.4mL/g、pH值为4.4、酶用量0.43%和酶解温度45.4℃的条件下利用纤维素酶酶解60min，经抽滤得白灵菇提取液。

2. 芦荟提取液制备。芦荟粉过40目筛，在料液比12mL/g、pH值为4.4、酶用量0.4%和酶解温度45℃的条件下利用纤维素酶酶解60min，经抽滤得芦荟提取液。

3. 混合调配。将白灵菇提取液与芦荟提取液按1:2的比例混合，混合液占饮料比为1:10，再添加10%白砂糖和0.12%柠檬酸，其余为纯净水，将上述各种原料均匀搅拌至完全混合。

4. 均质。将混合均匀的料液送入均质机中进行均质处理，均质温度60℃、均质压力25MPa，对产品进行2次均质，得稳定均一的复合饮料。

5. 灌装、灭菌。将经均质后的饮料进行灌装并密封，然后采用巴氏灭菌，灭菌结束后迅速冷却至室温即为成品。

（三）成品质量标准

1. 感观指标。淡橘红、均匀无分层，富有白灵菇及芦荟特有的自然清香气味，口感柔和，酸甜适中，复合风味明显、有层次感。

2. 理化指标。可溶性固形物 11.0%，pH 值 3.76。

3. 微生物指标。细菌总数≤100 个/mL，大肠菌群 <6 个/100mL，致病菌不得检出。

六、蛹虫草饮料

（一）生产工艺流程

糖、酸等辅料

↓

蛹虫草→微波浸提→粗滤→精滤→调配→均质→UHT 杀菌→无菌灌装→倒瓶杀菌→冷却→包装

（二）操作要点

1. 微波浸提。按照料液比为 1∶60 加水，微波活力为中强火、浸提 1 次、浸提温度控制在 90℃，浸提 15min 可达到最佳浸提效果。

2. 过滤。一般采用双联过滤器粗滤、离心机或微孔过滤器（0.45~1μm）等精滤，必要时可添加少量 CMC-Na、黄原胶、海藻酸钠等来提高其稳定性。

3. 调配、均质。按照成品质量的要求加入适量的糖、酸等辅料进行调配，将调配好的饮料通过均质将微小颗粒进一步细化、混合，以提高饮料的均匀性，防止分层、沉淀的产生。控制均质温度 45~50℃，压力为 35MPa，一次均质即可达到较佳的效果。

4. UHT 杀菌、灌装。将均质后的饮料经过 137℃、5s 的瞬时杀菌，可在保证商业无菌的前提下尽可能地降低营养成分的损失，控制杀菌出口温度为 88~89℃，进行热灌装。

5. 倒瓶杀菌。灌装后料液温度控制在 88℃，对瓶子、盖子等进行一次巴氏杀菌，时间一般控制在 1min 内。

6. 冷却、包装。杀菌后的饮料经冷却至室温，再经包装即为成品。

（三）成品质量标准

1. 感官指标。橙黄色、均匀透明，具有蛹虫草淡淡的香味，酸甜可口，回味悠长。

2. 理化指标。虫草素≥1mg/100mL，可溶性固形物含量≥2g/100mL，总酸

（以柠檬酸计）≥0.1g/100g。

3．微生物指标。菌落总数≤100 个/mL，大肠菌群≤30 个/100mL，致病菌不得检出。

七、蛹虫草猕猴桃保健饮料

（一）生产工艺流程

滤渣→浸提过滤

↑　　　　↓

选果→清洗→称量→匀浆→过滤→猕猴桃汁

↓

蛹虫草菌种活化→液体发酵培养基→蛹虫草菌丝体→过滤→匀浆→蛹虫草汁→混合→调配→均质→灌装→杀菌→冷却→检验→成品

（二）操作要点

1．蛹虫草汁制备。

（1）蛹虫草菌种的活化。按常规配制 PDA 加富培养基，经高压蒸汽灭菌后，制成斜面试管培养基备用，在无菌条件下接种，在23℃下培养7d，挑选菌丝洁白、生长健壮、浓密、无污染的斜面试管作为所用菌种。

（2）蛹虫草菌丝体液体培养。按常规配制液体培养基，取200mL液体培养基装入300mL的三角瓶中，灭菌后在无菌条件下接入0.5cm² 蛹虫草试管菌种4块，放入恒温振荡培养箱中，在25℃下静止培养24h，然后在转速为120r/min，温度为22℃的条件下，振荡培养7d时终止培养，得到液体蛹虫草菌种。

（3）过滤、匀浆。将发酵液用100目的滤网过滤，将蛹虫草菌丝体与发酵液分离，然后用水冲洗蛹虫草菌丝体3遍，至于榨汁机中，加入水进行打浆，得到蛹虫草原汁。

2．猕猴桃汁制备。选用色泽正常，无虫害、无霉变、无破损的猕猴桃果实。将猕猴桃用清水反复冲洗干净。将清洗干净后的猕猴桃去皮，称取400g，切块备用。将切块后的猕猴桃至于榨汁机中，加入500mL水进行榨汁。将榨汁后的猕猴桃原汁进行过滤，再在滤渣中加100mL水，在温度为80℃条件下进行热水提取，时间30min，然后过滤，将两次滤液进行混合，即可得到猕猴桃原汁。

3．混合调配。以蛹虫草汁和猕猴桃汁为主要原料按比例混合，再按配方要求加入适当的白砂糖，柠檬酸，稳定剂进行调配，边调配边搅拌。具体调配的比例为：蛹虫草汁和猕猴桃汁的混合比例为1:5，混合汁20%，白砂糖10%，柠檬酸0.1%，稳定剂CMC 0.20%，其余为纯净水。

4．均质。将调配好的混合汁液在压力为20MPa，温度为55℃的条件下，用均质机均质 1~2min。

5. 灌装、杀菌。选用玻璃瓶包装，装瓶温度在 75~80℃。灌装后采用 95℃常压灭菌，杀菌 15min 左右。

6. 冷却、检验。封装后倒置 3~5min 后用冷水快速冷却。检验完毕无不合格产品即为成品。

（三）成品质量标准

1. 感官指标。色泽：色泽柔和；气味：猕猴桃果味较浓；口感：酸甜可口有润滑感；组织状态：形态稳定，不分层。

2. 理化指标。可溶性固形物 >15%，总糖量 >14%，总酸量 0.3%。

3. 微生物指标。细菌总数 ≤100 个/mL，大肠菌群 ≤3 个/100mL，致病菌群不得检出。

八、蛹虫草银杏叶保健饮料

（一）生产工艺流程

银杏叶片→预处理→烘干→粉碎→浸提

↓

虫草子实体→预处理→烘干→粉碎→浸提→过滤→调配→均质→灭菌→灌装→检验→成品

（二）操作要点

1. 蛹虫草子实体浸提液制备。将虫草子实体放入电热恒温鼓风干燥箱中 50℃烘干，再放入中药粉碎机中充分粉碎至 50 目，按照虫草:水 = 1:100（m/V）的比例，70~80℃浸提 1.5h，过滤取滤液。滤渣加入等体积的热水，同等条件下浸提 1h 后过滤，合并两次滤液获得虫草浸提液。

2. 银杏叶浸提液制备。将银杏叶用清水反复冲洗 2~3 次，沥干水分，放入电热恒温鼓风干燥箱中 50℃烘干，粉碎至 50 目，按照银杏叶:水 = 1:10（m/V）的比例，80℃浸提 3h，过滤取滤液，滤渣加入等体积的热水再浸提 2h 后过滤，合并两次滤液获得银杏叶浸提液。

3. 调配。将虫草浸提液和银杏叶浸提液按照 1:3（V/V）的比例混合，再添加不同配比的木糖醇、蜂蜜、柠檬酸和 CMC-Na 调节该饮料的风味。具体调配的比例（按每升饮料）：虫草子实体 5g、银杏叶 25g、木糖醇 40g、柠檬酸 0.4g、蜂蜜 20g 和 CMC-Na 3g。

4. 均质、灭菌、灌装。将混合后的料液放入高压均质机中，压力为 20MPa，时间为 10min；均质后将饮料迅速加热到 85℃，维持 5min；迅速灌装到无菌的玻璃瓶中，降温到 40℃以下，经检验合格即为成品。

（三）成品质量标准

1. 感官指标。色泽鲜亮，呈现金黄色，澄明度高，有浓郁的蛹虫草和银杏叶的香味，入口酸甜适宜，余味悠长。

2. 理化指标。可溶性固形物≥8％，总酸（以柠檬酸计）≥0.04％，虫草素≥0.01mg/L，总黄酮≥12.0mg/L；重金属含量符合国家标准。

3. 微生物指标。细菌总数≤100个/mL，大肠杆菌≤30个/100mL，致病菌未检出。

第五节　其他食品

一、牛肝菌奶油浓汤粉

（一）原料配方

1. 白牛肝菌奶油浓汤配方。红葱0.25kg、北风菌1kg、白牛肝菌1kg、波特甜葡萄酒0.3L、牛奶1L、黄油0.1kg、奶油0.3kg、盐0.15kg、胡椒粉0.03kg、白色鸡肉基础汤3L。

2. 白牛肝菌奶油浓汤微胶囊粉配方。白牛肝菌奶油浓汤90.0％、麦芽糊精5.1％、β-环状糊精2.7％、阿拉伯胶2.2％。

（二）生产工艺流程

1. 白牛肝菌奶油浓汤制作工艺。主辅料切配成形→黄油炒制→制汤→捣碎→过滤→加入奶油→成品

2. 制粉工艺流程。白牛肝菌奶油浓汤→原料混合→真空浓缩→喷雾干燥→包装→检验→成品

（三）操作要点

1. 白牛肝菌奶油浓汤制作。将红葱、白牛肝菌原料去根部，利用清水清洗干净，用刀切碎。用黄油炒香碎红葱、碎白牛肝菌和北风菌，加入波特甜葡萄酒煮干，倒入鸡汤和牛奶煮沸，调节火力大小，保持微沸20min；将白牛肝菌汤倒入捣碎机中搅成蓉汤，40目滤网过滤后加奶油浓缩，调味后备用。

注意事项：白色鸡肉基础汤需要提前准备；白牛肝菌奶油浓汤的要点在于汤的浓度，可以通过黄油炒面粉来补充调节汤的稠度，通常2.5L的汤使用125g黄油面酱来增稠。

2. 微胶囊粉末制作。

（1）原料混合、真空浓缩。按照配方的比例将浓汤、麦芽糊精、β-环状糊精、阿拉伯胶等配成一定浓度的溶液，经过保温杀菌，然后过滤，并将温度保持

在60℃左右，以备喷雾干燥之用。注意，为了提高包埋剂的溶解效率，浓汤必须预热至55~60℃；在混合过程中，包埋剂不能加得过多，以免结块，难以化开。原料混合后要进行真空浓缩，其操作条件为：真空度-0.096MPa，温度50~60℃，搅拌转速110r/min。

（2）喷雾干燥。经上述处理的白牛肝菌奶油浓汤，再经离心喷雾干燥的处理，得到粉状的白牛肝菌奶油浓汤粉。具体操作条件：控制喷雾干燥的进风温度为140~150℃、出风温度为90~100℃，进料温度控制在55~60℃，离心转速控制在16000r/min。

（3）包装、检验、入库。白牛肝菌奶油浓汤粉低水分含量，故吸湿性较强，必须采用铝箔包装。贮存于干燥、阴凉处，避免受潮，严禁与有毒有害物质混放。样品经抽样检验合格即为成品。

（四）成品质量标准

1. 感官指标。气味：牛肝菌味香浓、无异味；色泽：乳黄色；滋味：汤汁口感鲜香细滑，适口不腻；组织状态：均匀、流动性好；杂质：无外来杂质。

2. 理化指标。水分≤5%，氯化钠≤20%，砷（以As计）≤0.5mg/kg，铅（以Pb计）≤1.0mg/kg。

3. 微生物指标。菌落总数≤10000个/g，肠杆菌≤30个/100g，致病菌未检出。

二、牛肝菌干制

（一）生产工艺流程

选菇→摊晾→去杂→分类→切片与摆片→脱水干制→分级→包装→成品

（二）操作要点

1. 选菇。野外采摘的牛肝菌常会混有杂菌、杂物，加工前要仔细进行挑选，将不同种类的牛肝菌进行分类后再加工，可以保证加工产品的纯正。

2. 摊晾。雨天或阴天采摘的菇体含水量高，要在通风干燥处摊晾1~5h，以降低菇体水分。采后不能及时加工的牛肝菌也应在通风处摊晾。

3. 去杂。用不锈钢刀片削去菌柄基部的泥土、杂质，并除去树枝、落叶、毛草等杂物，以提高产品的纯净度。

4. 分类。按牛肝菌的种类、菌伞的大小、菌伞的开放程度进行分类，可分为幼菇、半开伞菇、开伞菇等类别，然后分类切片加工。

5. 切片与摆片。用不锈钢刀片沿菌柄方向纵切成片，切片时要求厚薄均匀，片厚度为1cm左右，尽量菌盖和菌柄连在一起，切下的边角碎料也可一同干制。切片时不宜用生锈的菜刀，否则会影响干片的色泽，影响成品品质。牛肝菌切片后要及时脱水干制，干制前必须合理摆片，应按菌片的大小、厚薄、干湿程度分别摆放；晾晒时可将菌片放在竹席、窗纱或干净的晒坪上；烘干时将菌片排放在烘筛上，摆片时避免堆积、重叠摆放。

6. 脱水干制。

（1）烘烤脱水。菌片烘烤可用烘干机或烘房，量少时也可用红外线灯或无烟木炭进行烘烤。烘烤起始温度为35℃，以后每1h升温1℃，升到60℃持续1h后，又逐渐将温度降至50℃。烘烤前期应启动通风窗，烘烤过程中通风窗逐渐缩小直至关闭，一般需烘烤10h左右，采取一次性烘干，菌片含水量降至12%以下为止。鲜片含水量较大时，温度递增的速度应放慢些，骤然升温或温度过高会造成菌片软熟或焦脆。烘烤期间应根据菌片的干燥程度适当调换筛位，使菌片均匀脱水。

（2）晾晒脱水。晴天上午摆片干晒，干晒时要随时翻动菌片，以便菌片均匀接受阳光照射，在太阳落山前收回，摊放在室内。菌片不能在室外过夜，吸附露水会导致菌片变黑。

7. 分级与包装。烘干或晒干的牛肝菌菌片经回软后，根据牛肝菌菌片的色泽、菌盖与菌柄是否相连等外观特征进行分级包装。菌片分级后先用食品袋封装，再用纸箱包装，运输过程中要轻拿轻放，严禁挤压，贮藏必须选择阴凉、通风、干燥和无虫鼠危害的库房。

（三）成品质量标准

出口外销产品分为4个等级：一级品要求菌片白色、菌盖与菌柄相连、无碎片、无霉变和无虫蛀；二级品要求菌片浅黄色，菌盖与菌柄相连，无破碎、无霉变和虫蛀；三级品要求菌片黄色至褐色，菌柄与菌盖相连，无破碎、无霉变和无虫蛀；四级品要求菌片深黄至深褐色，允许部分菌盖与菌柄分离，有破碎、无霉变和无虫蛀。

三、山榛蘑即食营养汤料

（一）生产工艺流程
原料选择→浸泡→除杂→清洗→切分→调味、煮制→干燥→微波灭菌→成品

（二）操作要点

1. 原料选择。选择新鲜的或是成熟晒干的优质野生榛蘑，为满足全年生产连续性的要求，可选用成熟晒干的榛蘑。

2. 浸泡。用0.2%~0.3%的食盐水浸泡30min左右，使干燥的榛蘑充分泡开，盖边缘的放射状排列的条纹柔软，清晰可见。

3. 除杂。榛蘑经过仔细挑选，剔除烂菇，霉菇及其他杂质。

4. 清洗。用水将修整好的榛蘑清洗 2~3 遍，仔细清洗表面的小沙粒等杂质，待清洗后的水清澈即可。

5. 切分。将清洗后的榛蘑切分成 2~3cm 长的蘑菇小片，注意切分要基本做到均匀一致，切忌过大或者过小。

6. 调味、煮制。按榛蘑 30%、食盐 16%、白砂糖 7%、调味剂 10% 的比例充分混合（其余部分为水），其中调味剂为五香粉、鸡精、味素、白胡椒粉、姜粉按 2:6:6:6:6 比例的混合物，投入沸水中煮 6~8min，并不断搅拌榛蘑使其受热均匀，浓缩，待榛蘑充分入味后捞出，沥干冷却后待用。

7. 干燥。将煮制好的榛蘑放入干燥箱内，在 60℃ 条件下，连续烘干 4h 左右。烘干到表面既不潮湿又不十分坚硬的榛蘑小块即可。

8. 微波杀菌。采用微波间歇灭菌法灭菌，输出功率为 800W，灭菌总时间为 4min。

（三）成品质量标准

1. 感官指标。色泽：棕褐色；质地：榛蘑呈干燥的小片状，调料均匀一致；滋味：具有长白山野生榛蘑所特有的鲜味，香气突出，鲜味浓郁，口感细腻，风味俱佳。

2. 理化指标。水分 5.10%，灰分 21.5%，总糖 10.8%。

3. 微生物指标。菌落总数 ≤3000 个/g，大肠菌群 ≤50 个/100g，致病菌群不得检出。

四、竹荪干制

竹荪干制的方法有三种：晒干法、烘干法和脱水机干制法，下面对其分别进行介绍。

（一）晒干法

将竹荪鲜子实体一朵一朵地平放在棉布单上，置太阳下暴晒，菌裙尽量左右对称。当菌裙干缩后，再移到架空的窗纱上晒干，或者直接将竹荪排放于清扫干净的水泥地板上暴晒干。晒制的干品朵形美观，颜色白，无油渍，质量好。遇短期阴雨天气，可在迎风处用多层竹架上铺棉布单后再晾制，注意通风以防霉烂，一遇晴天立即搬出如前法暴晒，也可烘、晒相结合，晒至半干时再用电热烘干。干品竹荪含水量以 12%~13% 为宜，含水量过低易被挤压破碎，过高则易受虫蛀和发生霉变。

（二）烘干法

竹荪极易吸收空气中的烟雾和异味，故最好不用煤、炭直接烘烤。采用烟道式烘房烘制时，可将烘房预热至 40℃，待空气湿度变低时，再将烤筛放进去。

烘房应装鼓风机，以及时通风排湿。烘干后将干品与烤筛一并取出，经20min回软后再包装。

（三）脱水机干制法

将竹荪按大小、厚薄、干湿分层铺放。起始温度35~45℃，加大风量保持1h后，逐渐升温至50~55℃，持续1.5~2h，并调整排湿装置，使热气充分循环。每次升、降温需事先查看，避免菌柄出水、变黑。待竹荪触之有干燥感，颜色变白时，再升温至60℃保持30min，取出，略经回软后包装。

（四）包装

按相关标准进行分级包装，先将竹荪干品装入食品塑料袋中，密封袋口，再装入木箱或瓦楞纸箱中，贮于干燥、防潮设施良好的库房内。

五、姬松茸牛骨粉酥性饼干

（一）生产工艺流程

姬松茸牛骨粉、姬松茸粉
↓

辅料预混（食用猪油、白砂糖）→面团调制→辊轧→成形→烘焙→冷却→包装→成品

（二）操作要点

1. 超微粉碎牛骨粉制备。原料解冻后，加入原料重量2倍的水、1400U/g原料的中性蛋白酶，1100U/g原料的木瓜蛋白酶，在50℃条件下保温酶解25h，90℃灭酶10min，经离心机取骨渣，再清洗、高压蒸煮、烘干，粗破碎后再超微粉碎得超微牛骨粉。

2. 姬松茸粉制备。选择新鲜的姬松茸，清洗干净，然后切成姬松茸片，将干燥制得的姬松茸片用粉碎机进行粉碎，过100目筛，即制成姬松茸粉。

3. 面团调制。将事先配好的辅料按其各自的比例加入适量的水放入和面机中，均匀搅拌成乳浊液，调制7~12min。面粉采用湿面筋含量24%的低筋粉。具体各种原辅料的配比（占面粉的百分比）：姬松茸粉6%、超微牛骨粉6%、食用猪油6%、白砂糖10%、适量碳酸氢钠和水。

4. 辊轧。用压面机压片，调整压辊两端的距离，压制使面片厚2.5~3.0mm。主要是将事先调好的面团通过物理的方法辊轧成平整的面片，时间不宜过长，由于面团中油糖含量比较多，轧成面片时质地较软，容易断裂。

5. 成形。用有花纹的印模手工压模成形（用力均匀），面片辊轧后可设计成自己喜欢的图案，比如花形，鱼形等，也可采用机械进行辊印成形。

6. 烘烤。将成形后的饼干坯送入烤箱或烤炉进行烘烤，选取温度

230~270℃,保持 3.5~5.0min。时间不宜过长,否则淀粉受热糊化,尽量使其成品含水率为 2%~4% 为宜。

7. 冷却。烘烤后的饼干,表面层温度高,与中心部的低温形成温度差,使得热量发散慢。采用冷却后再包装,可以防止饼干的破裂与外形收缩。

(三) 成品质量标准

1. 感官指标。形态:形体完整,大小均匀,波纹清晰,无连边;色泽:呈棕黄色,边缘不出现过焦过白现象;滋味口感:有姬松茸香味,口感脆嫩,味纯鲜香,无异味;组织状态:断面结构呈细密多孔状,没有油污,无异物,无杂质。

2. 理化指标。水分 3.4%,碱度(以碳酸钠计)0.12%,蛋白质 4.22%,钙 977.20mg/100g。

六、姬松茸面条

(一) 生产工艺流程

原料预处理→混合调配→平衡水分→喂料→一次挤出糊化改性→二次挤出成形→冷却→干燥→包装

(二) 操作要点

1. 原料预处理。姬松茸干品经筛选、除杂后,用流动水清洗干净,然后用鼓风干燥箱于 45℃下烘干,粉碎至粒度为 120 目后备用。

2. 混合调配。由于姬松茸粉、小麦粉比较细,在搅拌时容易四处飞散,造成原料浪费、增加成本等问题,因此按照比例事先将干粉混匀,再放入搅拌器中,边搅拌边加入 29% 的水,直到形成颜色均匀、物料均匀、无结块的物料。

3. 平衡水分。将混合调配好的物料,用保鲜膜封上,防止水分散失。

4. 面条制备。采用单螺杆挤出机,将调配好的物料以均匀速度进料,在一次挤出温度 140℃,二次挤出温度 100℃ 的条件下进行挤出,将挤出的面条分别切割成 20~30cm 的面条。

5. 冷却、干燥、包装。将切割后的面条在常温下冷却,干燥至水分小于 10%,然后进行检测包装。

七、藏香猪松茸肉丸

(一) 原料配方

以藏猪肉的净重为基数,食盐 2.0%、白砂糖 1.5%、味精 0.8%、五香粉 0.2%、小苏打 0.8%、复合磷酸盐 0.2%、淀粉 15%、松茸 20%,葱姜适量。

(二) 生产工艺流程

原料的选取→原料的预处理→绞碎→添加配料→斩拌→丸子成形→冷冻→煮

制→冷却→成品

（三）操作要点

1. 藏猪肉原料选取和预处理。选取非疫区经卫生检验合格的藏猪，经屠宰后去污，并剔出骨、筋腱、淋巴等不可食部分，将猪肉绞碎，绞碎后放在0～4℃清洁环境中备用。

2. 松茸原料选取和预处理。选取新采集松茸，形若伞状，色泽鲜明，菌盖呈褐色，菌柄为白色，均有纤维状茸毛鳞片，菌肉白嫩肥厚，质地细密，有浓郁的特殊香气。将松茸菌柄底部的泥土用刀削掉、洗净，然后切成3～6mm大小的块，放入10%的盐水中煮制。待煮熟后捞出晾干冷却，然后放入低温环境下储存备用。

3. 斩拌及添加配料。将绞碎的藏猪肉进行斩拌，边斩拌边按先后顺序添加白砂糖→味精→五香粉→食盐→复合磷酸盐→淀粉→小苏打→水→葱、姜→松茸。在整个斩拌过程中，肉馅的温度要尽量控制在10℃以下。

4. 丸子成形。搅拌好的肉馅静置20～30min，使丸子进一步乳化，然后制丸，控制肉的直径在2～3cm。

5. 冷冻。将成形的肉丸放入冰箱进行速冻，使丸子快速成形，时间约为30min。

6. 煮制。将冷冻好的丸子取出立即放入沸水中煮制7～10min，至丸子有弹性、光滑或者肉丸漂浮至水面时即可，将煮制好的肉丸捞出进行冷却，产品经冷却后即为成品。

八、巨大口蘑饼干

（一）原料配方

低筋面粉100g，巨大口蘑菇粉6g，黄油25.56g，蔗糖34g，奶粉7g，鸡蛋1个，泡打粉1g，食盐0.5g。

（二）生产工艺流程

原辅料预处理→面团调制→成形→摆盘→烘烤→冷却→产品

（三）操作要点

1. 原辅料预处理。黄油要预先软化，蔗糖打成细粉状，鸡蛋要先打散。

2. 面团调制。先将蔗糖粉加入预先软化的黄油中，两者搅拌均匀至没粒状，然后拌入食盐和泡打粉，粗略拌匀，加入打散的鸡蛋，把所有调料拌至均匀糊状。低筋粉、奶粉和巨大口蘑粉先混合均匀，然后过80目筛加至黄油糊浆中。整个过程要把所有原料充分混合均匀，无需加水，否则成品不够酥脆。

3. 成形。将面团分成9份，用手搓成圆球，然后压成圆饼状，也可采用机械进行成形。将成形后的饼干坯放置已刷油的烤盘中。

4. 烘烤。将烤盘放入烤炉或烤箱中进行烘烤，烘烤至饼干呈金黄色。烘烤温度 180℃，烘烤时间 15min 左右。

5. 冷却。烘烤结束后，在烤箱内用余温热 5min，防止骤冷引起饼干表面大面积破裂，然后再取出进行冷却，产品经冷却后即为成品。

（四）成品质量标准

外观：饱满，表面无（或少量）细小裂纹，厚薄均匀，色泽：米黄色，色泽均匀无过焦、过白现象；香味：黄油香味浓郁，有明显的巨大口蘑香味，两种香味不冲突，融合度很好；结构：用手易掰断、软硬适中、内质细密均匀，断层呈多孔状，无大孔、口感醉松或松脆，香甜适中；口感：不黏牙，韧性适中、有巨大口蘑特殊味道、吞咽后有余香。

九、莜面马铃薯口蘑保健饼干

（一）生产工艺流程

原材料处理→称量→预混→面团调制→成形→摆盘→烘烤→冷却→产品

（二）操作要点

1. 原材料处理。选择新鲜马铃薯，将其洗净后蒸熟去皮，并捣烂成泥后备用；将干制的口蘑用温水浸泡，泡软后切成 $0.2cm^3$ 左右的丁备用。

2. 称量。准确称量莜面以及食盐、碳酸氢钠、碳酸氢铵等各种配料。具体配比：莜面 50g、食盐 0.5g、碳酸氢铵 0.15g、碳酸氢钠 0.3g、马铃薯 20g、口蘑 3.5g、植物油 7.5g。

3. 预混、面团调制。将莜面、马铃薯、口蘑在和面机中充分混合均匀，然后再加入其他原辅料并充分混合均匀。

4. 成形、摆盘。用手按压模具，使模具均匀受力，保证莜面马铃薯口蘑保健饼干边缘整齐。成形后将饼干坯放置已经提前刷油的烤盘中。

5. 烘烤、冷却。饼干成形后，将烤盘送入烤箱或烤炉进行烘烤，上火温度 110℃、下火温度 130℃，烘烤时间为 8min。烘烤结束后经冷却即为成品。

（三）成品质量标准

色泽：呈浅黄色或金黄色，色泽基本均匀，无过焦或过白现象；组织状态：外形完整，厚薄均匀，有明显的层次，无过大的气泡空隙；风味：莜面香味浓，无异味，且有马铃薯和口蘑的香味；口感：酥松、细腻，味道纯正，不黏牙。

十、鸡腿菇素火腿肠

（一）生产工艺流程

新鲜鸡腿菇→挑选→清洗→切片→护色→烫漂→斩碎→混匀→灌肠→蒸煮杀菌→检验→成品

（二）操作要点

1. 鸡腿菇挑选、清洗。挑选合格的鸡腿菇（可参考 DB35/T 505—2003），利用清水清洗干净，并利用不锈钢刀进行切片。

2. 护色。将已清洗好切片的鸡腿菇在 10g/L 的抗坏血酸溶液中浸泡 30min，抑制其褐变。

3. 烫漂。将护色后的鸡腿菇切片放入 95℃的热水中烫漂 3min，漂烫后的鸡腿菇片要迅速冷却。

4. 斩碎、混匀。将漂烫后的鸡腿菇片搅成浆状，过 120 目筛。在斩碎的过程中加入已溶解的蔗糖酯、味素、五香粉、卡拉胶等，将之混匀，斩拌 2~3min，再加入食盐、大豆油、玉米淀粉和大豆分离蛋白等充分搅拌、混合。各种原辅料的具体配比：以 100g 菇浆料为基准，玉米淀粉 12%、大豆分离蛋白 10%、食盐 1.5%、卡拉胶 1.4%，蔗糖酯、味精、五香粉等适量。

5. 灌肠。将馅料灌至肠衣中，检查肠体是否密封完好，卡扣两端是否有馅料，肠衣中的馅料添加要紧密无缝隙，防止过紧或过松。胀度要适中，以两手指压肠体两边相碰为宜，最后用铝卡将两端结扎密封。

6. 蒸煮杀菌、检验。先将锅内的水温预先升温至 95℃，把灌装好的素火腿肠放入锅内，保持 90℃水温加热 25min 左右即可。取出经冷却后检验合格即为成品。

（三）成品质量标准

色泽：呈鸡腿菇的固有色泽，颜色适中；组织状态：组织紧密，有弹性，有明显的纹理，无异物、气泡；口感：口感细腻，非常可口，无残留物；风味：咸淡适中，鲜香可口，具有固有的风味，无异味；外观：肠体均匀饱满，无损伤，表面干净。

十一、鸡腿菇腌渍

（一）生产工艺流程

鲜菇修整→护色→漂洗→漂烫杀青→冷却→盐渍→包装→成品

（二）操作要点

1. 修整。待鸡腿菇长至圆柱形或钟形，颜色由浅变深，菌盖与菌环未分离时进行采摘。采摘后除去病菇、虫菇与老菇，用工具削去基部培养料和泥土。

2. 护色、漂洗。用0.05%的焦亚硫酸钠溶液冲洗鲜菇，并放于由0.15%焦亚硫酸钠和0.1%柠檬酸组成的护色液中浸泡5min，然后用流水漂洗干净。或先用0.6%的精盐水洗去菇体泥屑杂质，再用0.1%柠檬酸液（pH值为4.5）漂洗。

3. 漂烫杀青。为了杀死菇体细胞，抑制酶活性，防止后熟与开伞，迫使菇内水分排出，便于盐分渗入，需要进行漂烫杀青。具体操作过程：向不锈钢锅或铝锅内加入5%盐水或0.1%柠檬酸水，沸腾后放菇煮7~10min。杀青合格的鸡腿菇菇芯无白色，放入冷水中会沉底，杀青不彻底则会变色、腐烂。

4. 冷却。杀青后立即用自来水流水冷却，冷却要快速、彻底，否则易变褐发臭。

5. 盐渍。按水:盐为5:2的比例置于杀青容器中烧开，至盐不能溶解，盐水浓度为23°Be′，过滤后即为饱和食盐水；按柠檬酸50%、偏磷酸钠42%、明矾8%的比例混均并溶于水后即为调酸剂，配好备用。

另外，盐渍容器要洗刷干净，将冷却菇控水称重，按每100kg加25~30kg盐的比例逐层盐渍：先在缸底放一层保底盐，接着放一层菇，依次直至满缸，并盖一层封顶盐，上面铺打密孔的薄膜；其上再加一层盐，最后加饱和盐水和调酸剂，漫过封顶盐，用柠檬酸调pH值至3~3.5；缸口加竹片盖帘，压上重物使菇完全浸入盐水，盖好缸盖。盐渍过程中要经常测定盐水浓度，当盐渍液浓度下降到15°Be′以下时，就要立即倒缸，把菇捞出，移入另外盛有饱和盐水的缸中，加封顶盐、压石、封盖。

盐渍过程中还要严防杂物落入。如盐渍菇冒泡、上涨是杀青不彻底、冷却不彻底、加盐不足或气温过高等原因造成的，一旦发现，及时倒缸。一般盐渍10~15d，盐水浓度保持20~22°Be′时，即可进行包装。

6. 包装。将菇从盐渍缸内捞出、控水、称重。外运时一般用国际标准的塑料桶分装。清洁桶内，套上软包装，加1kg保底盐，装上菇，晃动敦实，加足饱和盐水，并用调酸剂调pH值为3.5左右，加上1kg封口盐，扎紧袋口，盖好内盖，拧紧外盖。成品菇在运输途中会有一定失重，故应在50kg标准桶内多装1.5kg盐渍菇。

十二、滑子菇腌渍

（一）生产工艺流程
原料选择→水洗→杀青→冷却→盐渍→调酸装桶→贮藏

（二）操作要点
1. 原料选择。选用无病虫害、色泽正常的鲜菇作原料。用刀去掉老化硬根，保留嫩柄长 1～3cm，除去杂质后进行分级。一级菇的菌盖直径为 1～2cm，不开伞；二级菇的菌盖直径为 2～3cm，半开伞；等外品为全开伞菇。

2. 水洗。将分级后的滑子菇用流水洗出杂质，水洗后放到竹筛上沥去多余的水分。

3. 杀青。将滑子菇分批少量放入浓度为 10% 的盐水中，用竹、木器轻轻翻动，将盐水加热烧开 2～3min 后捞出。杀青时最好用铝锅，以保持菇体的正常颜色，生产量大或集中加工时最好用不锈钢的蒸煮锅加热杀青。

4. 冷却。将杀青好的滑子菇捞出后放在流动的冷水中冷却，当滑子菇菇体完全凉透后捞出放在筛子上沥去多余水分。

5. 盐渍。

（1）第 1 次盐渍。先在缸底铺上 2cm 厚的盐，按 1kg 滑子菇加 0.5kg 盐的比例拌匀后装入缸内，再做 1 个大于缸口直径的纱布袋（内装盐），压在混盐的滑子菇上面，塞好，四周不要留空隙，再加水淹过滑子菇，几天后把上面浮起的黏泥状盐水捞出。要注意不断向袋内加盐，以压住滑子菇不使之浮起，必要时上面要盖木板再压重物，使盐袋、木板、重物的总重量达到菇重的 60%，腌渍时间为 15～20d。

（2）第 2 次盐渍。目的是进一步提高盐渍效果以利保存。另准备好缸，底层铺 2cm 厚的盐，取出第 1 次盐渍的滑子菇，挑出开伞的和变黑的滑子菇，如果第 1 次拌的盐全部溶解了，再添加 15% 重量的盐，其他操作同第 1 次盐渍。要逐渐加大压重物的重量，因为滑子菇表面有黏性很强的黏液，开始盐渍时若加重过大会使盐分不易渗入，到盐渍后期菇体内仍有水分和黏液，易引起腐烂变质。盐渍 15d 即可装桶。

6. 调酸装桶。

（1）装桶前的准备。配制加入调酸剂的饱和盐水。调酸剂由偏磷酸、柠檬酸和明矾按重量比 50:42:8 的比例混合而成，加调酸剂使饱和盐水的 pH 值达到 3～3.5。同时要检查包装容器是否有损坏处。

（2）装桶。将盐渍好的滑子菇捞出后去掉盐，沥去多余的水分（最好在筛子上面放 5～6h 至不再滴水），装入内衬塑料袋的铁桶内，每桶装滑子菇净重 70kg，再灌入有调酸剂的饱和盐水，最上面再放 2cm 厚的盐，扎好袋口，盖好桶盖加铅封。也可用 25kg 塑料桶包装，方法同上。桶外标明品名、等级、自重、净重和产地，即可储存或外销。

7. 贮藏。包装好的桶要放置在遮阳棚或仓库内保存，不要露天存放，运输时注意不要碰坏。

十三、块菌多糖含片

（一）生产工艺流程

微波辅助   甘露醇粉、乳糖
↓   ↓

块菌→挑选→清洗→沥干→浸提→粉碎→过筛→混合→制软料（加润湿剂）→制粒→干燥→整粒→压片（加硬脂酸镁）→包装→杀菌→成品

（二）操作要点

1. 块菌挑选。选择品质优良的块菌子实体并清洗干净。

2. 块菌多糖粉制备。将块菌子实体切片后放置在55℃干燥箱中，干燥24h后取出，置于粉碎机中粉碎。在料液比为1:40（m/V），微波功率320W，微波时间200min条件下浸提3次，过滤，合并滤液。滤液浓缩成稠浸膏，将稠浸膏置于55℃干燥箱烘至水分含量3%以下，放入搅拌机打碎成粉末，过100目筛，得块菌微粉。

3. 混合。选用甘露醇粉为填充剂，甜味剂为乳糖，放入搅拌机混合均匀，过100目筛，备用。

4. 制软料。将块菌多糖粉与各辅料混合均匀后，慢慢加入70%（vol）乙醇润湿黏合剂25mL，同时不断地搅拌，制成软硬适中的软料。具体各种原辅料的比例为：以块菌多糖粉用量为100g时，硬脂酸镁2g、甘露醇粉20g、乳糖45g。

5. 制粒。以18目筛为制粒工具，把软料紧握成团，压过18目筛，使软料变为颗粒状。

6. 干燥。将湿粒置于60℃干燥箱中干燥3h左右，每隔0.5h翻动1次，以加快干燥速度。

7. 整粒。颗粒干燥后，再过1次16目筛。

8. 压片。在整粒料中加入适量的柠檬酸作清凉剂，混入硬脂酸镁作润滑剂，加盖静置一段时间，用压片机压片。

9. 包装、灭菌。将压片即食进行包装，然后在紫外线下照射20min。

（三）成品质量标准

色泽：浅褐色、有光泽、色泽自然；风味：有块菌特有的香味、甜味协调、可口；口感：入口顺滑、无糊口、无粉粒感；组织状态：形态完整、表面光滑，断面组织紧密。

十四、菌菇汤冻调味料

本产品是以白牛肝菌和鸡枞菌为主要原料加工而成。

（一）生产工艺流程

选料→清洗→干燥→粉碎→加入各辅料→搅拌→煮制→冷却、成形→贮存

（二）操作要点

1. 原料清洗、干燥。白牛肝菌、鸡枞菌称量后用清水进行清洗。白牛肝菌、鸡枞菌分别进行微波热风流态化干燥，工艺参数：功率12W/g，干燥温度40℃，振动频率为30~45Hz，直至物料的干基含水率降到8%以下的安全贮藏水平。

2. 粉碎。将干燥后的白牛肝菌、鸡枞菌粉碎后过120目筛，食盐、白糖、白胡椒、蒜粉分别进行粉碎后过100目的过滤筛。

3. 配料。白牛肝菌:鸡枞菌为3:1，用量为5%，复合凝胶剂（卡拉胶:魔芋胶=2:8）5%、食盐2.5%，再加入3.5%的辅料，辅料由白糖、香油、白胡椒、蒜粉按3:4:2:1的比例组成，将原辅料混合均匀。

4. 煮制。在原辅料中按比例加入水，搅拌均匀，水浴加热，煮制12min。

5. 冷却、成形。将煮制得到的稠状物倒入统一大小的模具里，在4℃下冷却、成形，得到体积为2cm×2cm×1cm的菌菇汤冻调味品。

（三）成品质量标准

外观：深黄色，透明有光泽；组织状态：质地均匀，无杂质，弹性适中；气味：有浓郁的菌菇味；滋味：鲜香味美，甜咸适中，有菌菇特有的风味。

十五、茯苓保健鱼面

（一）生产工艺流程

茯苓→粉碎→过筛→茯苓粉

↓

鲜活淡水鱼→预处理→采肉→漂洗→脱水→绞肉→擂溃→压延→制卷→蒸制→切卷片→晒干→包装

（二）操作要点

1. 茯苓粉制备。将茯苓用粉碎机粉碎，通过60目筛过滤，制备茯苓粉。

2. 鱼预处理。及时将活鲜的淡水鱼洗净、去头、去鳞、去内脏，用流动水洗净腹腔内血污，黑膜和白筋等。

3. 采肉。采用手工采肉。先将洗净的鱼体以脊骨为中心一剖为二，并立即洗净，分别刮下鱼肉，边刮边用刀背捶打鱼肉，剔除鱼刺和筋膜，然后将刮下的鱼肉放入清水中浸泡，除去血水、腥味及其他异味物质。也可采用机械采肉，但注意不可对鱼肉采用太高的压力，否则易引起鱼肉纤维损伤和鱼肉蛋白质持水力的下降，造成制品弹性严重下降和风味的劣变。

4. 漂洗、脱水。用清水漂洗法，漂洗时鱼肉与水的比例为1:5，水温为

10℃以下，慢慢搅拌 10min。搅拌后静置 10min，倾去其表面漂洗液，再按相同比例加水搅拌、静置、倾析，并重复 3 次，且在第 3 次漂洗时使用 0.15% 的食盐溶液，以使肌球蛋白收敛，容易脱水。最后将鱼肉放入离心机中脱水，脱水时间 3~5min，使鱼肉水分含量为 80%。

5. 绞肉。将脱水后的鱼肉，先切成长约 6cm、宽 3cm 左右的长条，将鱼肉和水按一定比例放入绞肉机中粗绞 1 次，然后再细绞 1 次至糊状，注意鱼肉绞制适当，过细则极易破坏鱼肉蛋白中的鲜味物质，使其流失，太粗则口感粗糙。

6. 擂溃。首先在不加任何配料的条件下对鱼肉进行空擂 5min，然后加入质量分数为 2.0%~2.5% 的食盐进行盐擂 20min，擂至鱼浆成黏糊状，手感细滑，没有粗粒感。盐擂完后添加面粉、淀粉、茯苓粉、鸡蛋清等辅料，继续擂溃 5min，使之充分混合到鱼浆中。各种原辅料具体配比：鱼肉 35%、面粉 45%、玉米淀粉 8%、茯苓粉 9%，其他辅料（料酒、生姜、味精等，比例为 2:1:1）3%。

7. 压延、制卷。采用传统手碾。取一团料浆搓成长筒状，从中间往两端搓，使其表面光滑，粗细一致，搓至直径 8~10cm。在搓条期间，不能让料团沾粉，沾粉后难以搓开，特别是分口无法整平。搓成长筒状后，将鱼糜捏制成块（每块重 250g），在碾板和木棍上撒上淀粉，将鱼糜块碾成厚约 0.2cm 的薄皮并制成 4~6 层的皮卷，根据蒸笼的大小切成不同长度的皮卷条上蒸笼。

8. 蒸制、切卷片、晒干。水烧开后上笼蒸制，开始前 10min 内应大火蒸制，使鱼糜能迅速形成凝胶并定形，之后应减小火力再蒸制 15min 后开笼，用洁净干纱布擦去鱼糜表面水汽，冷却至 40℃ 左右后切成薄圈，晒干。

9. 包装。用塑料食品包装袋包装，袋重量可根据销售要求而定，一般以 250g 和 500g 为宜。

（三）成品质量标准

外观：色白，表面有光泽，无气泡，大小一致，厚度均匀，面条完整；弹性：弹性好，筋道，耐煮制，面条晶莹透彻，汤汁清澈；风味：鱼腥味轻，鲜味浓郁，具有适宜的咀嚼性但不发绵和发硬，似奶油般柔滑，无粉质感和粗糙感。

十六、玫瑰茯苓糕

（一）生产工艺流程

1. 玫瑰花汁制备。玫瑰花→挑选、清洗→浸泡→浸提→过滤→澄清→玫瑰花汁
2. 玫瑰茯苓糕生产。

糯米→挑选→清洗→晾干→粉碎→过筛→糯米粉

↓

茯苓片→挑选→清洗→晾干→粉碎→过筛→茯苓粉→加面粉→搅拌混匀→制

成面团→饧发→成形→蒸糕→检测→成品

（二）操作要点

1. 玫瑰花汁制备。挑出个大、颜色鲜艳的玫瑰花，用清水清洗数次。将玫瑰花与水按 4∶10 的比例先浸泡 30min，然后在 90℃ 水浴中浸提 1h。将水浴后的玫瑰花汁放冷，纱布过滤后得到澄清的玫瑰花汁。

2. 茯苓粉的制备。挑选片薄、整齐、筋少粉足的茯苓片，用水清洗两次，晾干。将晾干的茯苓片用粉碎机粉碎成粉，过 100 目筛，筛两次，得到茯苓粉。

3. 糯米粉制备。挑选颗粒饱满，大小均匀，颜色白皙的糯米，用水清洗两次，晾干；将晾干的糯米用粉碎机粉碎成粉，过 100 目筛，筛两次，得到糯米粉。

4. 调制面团。按糯米粉 30%、茯苓粉 15%、面粉 10% 和玫瑰花提取液 10% 的比例混匀，加入适量的白砂糖、水、发酵粉和成面团。

5. 饧发、成形。将和好的面团饧发 10min，然后装模成形。

6. 蒸糕。蒸糕是产品酥软有弹性的关键，蒸糕时间太短，产品出现黏合不紧的现象；时间过长，产品会出现组织过硬不酥软的现象。蒸糕时间以 10min 较好。最后出锅冷却，检测各项指标后包装。

（三）成品质量标准

1. 感官指标。外观：外形完整，表面细腻，大小一致，厚薄均匀；色泽：颜色均匀一致，呈浅粉色；滋味和气味：酥软爽口，甜度适中，食而不腻，食后有淡淡的茯苓味和玫瑰花的清香；组织形态：粉质细腻，组织松软有弹性，酥松且黏合性好；杂质：无肉眼可见杂质。

2. 理化指标。酸值 ≤5mg/g，过氧化氢值 ≤5g/100g，总砷 ≤0.5mg/kg，铅 ≤0.5mg/kg。

3. 微生物指标。无致病菌及微生物作用所引起的腐败象征，符合 GB 7098—2015 标准。

十七、茯苓营养保健果冻

（一）原料配方

茯苓提取液 100g，复合凝聚剂（卡拉胶 0.08g，魔芋粉 0.20g，琼脂 1.0g）、白砂糖 20g，氯化钾 0.16%，香精 0.01%，柠檬酸 0.1%，山梨酸钾 0.01%~0.02%。

（二）生产工艺流程

卡拉胶 + 魔芋胶 + 琼脂→调配→溶解→过滤

　　　　　　　　　　　↓

茯苓→粉碎→过筛→熬煮→过滤→茯苓汁→调配→灌装→杀菌→冷却→成品

（三）操作要点

1. 茯苓汁制备。以茯苓为原料，用粉碎机粉碎，120 目过筛，加 15 倍的水于 100℃浸泡 1h，重复 2 次，然后用 4 层纱布过滤，得茯苓汁备用。

2. 果冻胶调配。果冻一般采用琼脂、明胶、魔芋粉、海藻酸钠和明胶等原料制作。仅用一种凝聚剂制作出的果冻品质较差，几种凝聚剂复合调配后可以改善果冻的弹性、凝聚性和断裂度，从而使制出的果冻柔软适中、细腻均匀。本产品以卡拉胶、魔芋胶、琼脂为原料调配凝聚剂。

3. 熬煮糖胶。将白砂糖与复合胶体混合拌匀，加水后，边搅边加热，沸腾后保持 5～8min。

4. 糖胶液过滤。用纱布过滤糖胶液除去微量的杂质及煮糖胶的过程中由于搅拌产生的泡沫，制得澄清黏滑的糖胶液，这样做出来的果冻才口感细腻。如果不过滤，制得的果冻口感粗糙。

5. 调配。将制备好的糖胶和茯苓汁混合均匀，然后再加入其他辅料。辅料加入的顺序为氯化钾、山梨酸钾、柠檬酸钠、香精、柠檬酸。预先用少量水溶解辅料，糖胶过滤后，温度降为 90℃，边搅拌边加入山梨酸钾、柠檬酸钠；待冷却到 80℃以下加入香精；冷却到 70℃左右再加柠檬酸。

6. 灌装灭菌。将调配好的茯苓糖胶液灌装入果冻杯中并封口，放入 85℃热水中灭菌 5～10min。

7. 冷却。自然冷却或喷淋冷却，使之凝冻即得成品。

（四）成品质量标准

1. 感官指标。组织状态：成冻完整，不黏壁，弹性、韧性好，表面光滑，质地均匀；色泽：白色，半透明；口感及风味：细腻，酸甜可口，具有茯苓的风味，同时还有砂糖的风味，无异味。

2. 理化指标。可溶性固形物 > 30%，pH 值 4.0 左右，重金属符合国家标准。

3. 微生物指标。细菌总数 ≤100 个/g，大肠菌群 ≤6 个/100g，致病菌未检出。

参考文献

[1] 吕作舟. 食用菌栽培学 [M]. 北京：高等教育出版社，2006.

[2] 戴希尧，任喜波. 食用菌实用栽培技术 [M]. 化学工业出版社，2015.

[3] 蔡衍山. 珍稀食用菌生产手册 [M]. 广东科技出版社，2003.

[4] 焦镭，钱志伟，柴梦颖. 香菇酸奶的工艺研究 [J]. 乳业科学与技术，2011，34（1）：25 – 26.

[5] 张邦建，王海峰，武建新. 冬瓜香菇酸乳饮料的研制 [J]. 安徽农业科学，2011，39（3）：1525 – 1527.

[6] 邱怡筠，王超萍，时伟. 胡萝卜香菇发酵饮料的生产工艺研究 [J]. 山东食品发酵，2011，161（2）：11 – 14.

[7] 刘丽，张洁，杨春晓. 富含香菇多糖的山楂功能性饮料的研制 [J]. 饮料工业，2014，17（4）：16 – 21.

[8] 孙永林，王海燕. 发酵型香菇葡萄酒酿造工艺研究 [J]. 中国酿造，2015，34（11）：167 – 170.

[9] 黄和升，王海平. 烹饪用香菇醪糟汁的研制 [J]. 中国调味品，2015，40（12）：98 – 100，108.

[10] 杨猛，孙颖，李甜甜. 香菇保健酒的工艺研究与开发 [J]. 酿酒科技，2014，237（3）：70 – 72.

[11] 王纯彬. 香菇冰淇淋的研制 [J]. 食品研究与开发，2014，35（8）：38 – 40.

[12] 胡春晓，宣丽，齐森. 香菇柄水溶性膳食纤维饮料的研制 [J]. 粮食与食品工业，2015，22（1）：51 – 54.

[13] 李飞，王凤舞. 香菇核桃酸奶的研制 [J]. 青岛农业大学学报（自然科学版），2014，31（4）：302 – 306.

[14] 梁宝东，魏海香，徐坤. 香菇菌丝体酸奶生产工艺的研究 [J]. 食品科技，2012，37（2）：129 – 132.

[15] 张凤琴，查振中，任雅馨. 香菇菌液制备香菇酸奶的研究 [J]. 巢湖学院学报，2015，17（6）：50 – 53.

[16] 白青云. 香菇莲藕乳酸菌饮料的研制 [J]. 农产品加工，2011，240（4）：12 – 13.

[17] 李湘丽，闫吉美. 香菇糯米甜酒的制作工艺 [J]. 食品安全导刊，2016，135

(12)：127.

[18] 于晓平，李娜，王大为. 香菇肽乳饮料的工艺优化 [J]. 乳品科学与技术，2015，38 (5)：16-19.

[19] 贺晓龙，任桂梅，许帆. 香菇酸奶的制作工艺 [J]. 仲恺农业工程学院学报，2010，23 (3)：54-56.

[20] 骆嘉原，常晨，孙瑶. 香菇可溶性膳食纤维饮品的研制 [J]. 中国酿造，2017，36 (3)：182-187.

[21] 王晓华，吕志华，余学富. 大河乌猪火腿香菇杂酱的研制 [J]. 肉类工业，2012，375 (7)：5-8.

[22] 陈军明. 香菇牛肉酱的研制 [J]. 肉类工业，2016，424 (8)：4-6.

[23] 翟众贵，李宏梁，张婷. 香辣香菇酱加工工艺的研究 [J]. 中国调味品，2014，39 (2)：62-66.

[24] 李培睿，张晓伟，王加华. 红曲香菇黄豆酱的制作 [J]. 中国调味品，2015，40 (3)：66-69.

[25] 李利，马立安，宴涛. 红曲香菇豆瓣酱的制作工艺 [J]. 中国调味品，2012，37 (1)：48-50.

[26] 崔东波. 牛蒡香菇保健肉酱的研制 [J]. 中国调味品，2014，39 (10)：106-108.

[27] 崔东波. 香菇黑木耳保健牛肉酱的研制 [J]. 中国调味品，2013，38 (11)：33-35.

[28] 杨立. 以鲴鱼碎肉为原料的鲴鱼香菇调味酱加工工艺 [J]. 中国调味品，2016，41 (3)：106-109.

[29] 张永清. 方便面香菇酱包的研制 [J]. 中国调味品，2014，39 (5)：86-90.

[30] 成希祥. 香菇鸡肉酱加工工艺研究 [J]. 中国调味品，2016，41 (10)：93-96.

[31] 安东，李新胜，周萍. 低温真空油炸香菇脆片工艺研究 [J]. 中国果菜，2012，175 (11)：25-27.

[32] 刘明华，方祖成，刘大青. 休闲食品香菇脆片的工艺研究 [J]. 湖南农业科学，2016，55 (8)：2077-2081.

[33] 王桂桢，何璞，占锋. 香菇脆片加工工艺参数的筛选 [J]. 保鲜与加工，2016，16 (3)：49-54.

[34] 于智峰，赵立庆，郑君君. 即食五香香菇粒研制 [J]. 食用菌，2012，34 (3)：60-61.

[35] 周大胜. 多味香菇丝加工技术 [J]. 农村新技术，2010，352 (24)：55.

[36] 陈吉江，王文涛，郇迪. 仿真素食香菇丝生产工艺和配方研究 [J]. 中国调味品，2012，37 (3)：91-94.

[37] 吴凡. 发酵香菇香肠生产工艺研究 [J]. 山东食品发酵，2012，164 (1)：34-35.

[38] 王文娟，许传兵. 低盐风干香菇香肠的制作 [J]. 山东畜牧兽医，2015，217 (2)：11-12.

[39] 王存堂，王岩，杨丽. 香菇-冷却肉低温火腿的研制 [J]. 食品科技，2010，35

（12）：148 – 149.

［40］　黄友琴，潘嫣丽，黄卫萍. 牛肉味香菇柄松的制作工艺［J］. 食品研究与开发，
　　　　2010，31（6）：114 – 117.

［41］　唐明，仇敏，邵伟. 双孢蘑菇面酱酿制工艺研究［J］. 中国酿造，2012，31（7）：
　　　　190 – 191.

［42］　路源. 炭烤香菇加工技术［J］. 农产品加工（学刊），2012，286（7）：150，157.

［43］　叶春苗. 香菇保健香肠制作工艺研究［J］. 农业科技与装备，2011，199（1）：26
　　　　– 27.

［44］　罗通彪. 香菇灌肠工艺研究［J］. 北京农业，2014，587（18）：236 – 237.

［45］　高倩倩. 香菇鸡肉灌肠的研制［J］. 肉类研究，2011，25（7）：11 – 13.

［46］　于伟. 香菇鸡肉低温火腿的研制［J］. 肉类工业，2012，373（5）：10 – 13.

［47］　扶庆权. 香菇热狗肠的研制［J］. 肉类工业，2015，410（6）：1 – 2.

［48］　杨燕，胡跃. 风味香菇猪蹄加工工艺［J］. 肉类工业，2010，348（4）：9.

［49］　薛淑静，王肖莉，李露. 真空油炸香菇脆片的护色与浸糖工艺研究［J］. 农产品加
　　　　工，2016，411（7）：38 – 41.

［50］　李盛旻，王永宏，王广耀. 香菇山楂复合果丹皮的研制［J］. 北方园艺，2012，276
　　　　（21）：126 – 128.

［51］　张先，张莹祺，赵金伟. 香菇番茄复合果丹皮的研制［J］. 食用菌，2010，185（2）：
　　　　63 – 65.

［52］　邵信儒，孙海涛，徐晶. 山榛蘑蒜茸调味酱生产工艺的研究［J］. 中国调味品，
　　　　2010，35（8）：75 – 77.

［53］　程菲儿，廉春毅，冯翠萍. 麻辣杏鲍菇酱罐头的研制［J］. 山西农业大学学报，
　　　　2015，35（5）：548 – 550.

［54］　郭秀峰，蒋立勤. 黑牛肝菌调味酱的制作工艺研究［J］. 中国调味品，2011，36
　　　　（4）：59 – 61.

［55］　崔东波. 木耳海带保健风味制品［J］. 中国调味品，2013，38（1）：63 – 65.

［56］　侯丽丽，陈宇飞，于季弘. 榆黄蘑调味酱的研制［J］. 中国调味品，2015，40（7）：
　　　　92 – 95.

［57］　刘长姣，王晓英，于徊萍. 榛蘑调味酱的研制［J］. 中国调味品，2014，39（11）：
　　　　97 – 99.

［58］　谭石升. 风味杏鲍菇酱的研制［J］. 江苏调味副食品，2014，137（2）：16 – 18.

［59］　翁梁. 茶树菇瘦肉酱的研制［J］. 中国调味品，2015，40（12）：80 – 83.

［60］　郝涤非. 鳙鱼香菇鱼丸的加工［J］. 科学养鱼，2012，274（6）：75 – 76.

［61］　陈秀丽，刘玉兵，贾健辉. 香菇营养面包的研制［J］. 食品工程，2014，130（1）：
　　　　27 – 29.

［62］　曹效海，郭庆彬. 香菇牦牛肉松的研制［J］. 黑龙江畜牧兽医，2011，388（16）：
　　　　43 – 45.

［63］ 严亮，刘丽，林珊. 香菇软糖的研制 ［J］. 食品安全导刊，2015，116（26）：76 - 79.

［64］ 尤勇. 香菇柄松加工工艺的研究 ［J］. 食品安全导刊，2015，97（6）：129 - 130.

［65］ 王安建，刘丽娜，魏书信. 香菇柄松加工工艺的研究 ［J］. 农产品加工（学刊），2013，304（1）：48 - 50.

［66］ 王丹，段伊静，何珊. 香菇纸加工工艺研究 ［J］. 中国农学通报，2014，30（30）：290 - 295.

［67］ 赵瑞英. 香菇罐头加工技术 ［J］. 农村新技术，2011，353（1）：35.

［68］ 郭刚军，王全会，龚加顺. 火腿香菇软罐头生产工艺 ［J］.. 农村新技术，2010，336（8）：30 - 32.

［69］ 沈硕，马国栋，万刚. 香菇保健鱼丸的加工工艺研究 ［J］. 肉类工业，2011，360（4）：31 - 33.

［70］ 师文添. 速冻调理香菇木耳鱼丸的工艺研究 ［J］. 食品工业，2016，37（7）：129 - 132.

［71］ 谢亮生，卢进峰，王雅静. 香菇贡丸生产工艺研究 ［J］. 肉类工业，2011，366（10）：15 - 17.

［72］ 陈红，崔海月，李玉扩. 香菇胡萝卜汁牛肉丸的研制 ［J］. 食品科技，2013，38（3）：116 - 119.

［73］ 王宝刚，汪金萍，刘洋. 香菇保健馒头加工工艺 ［J］. 食用菌，2016，220（1）：63 - 65.

［74］ 黄茂坤，林婂，潘超然. 香菇柄仿真肉味素食品的研制 ［J］. 江苏农业科学，2011，39（6）：439 - 442.

［75］ 胡传久，魏海龙，程俊文. 香菇柄功能食品曲奇饼干的研制 ［J］. 食药用菌，2016，34（1）：54 - 56.

［76］ 姜璐，常晨，骆嘉原. 香菇膳食纤维营养强化曲奇饼干的研制 ［J］. 中国林副特产，2017，146（1）：18 - 21.

［77］ 刘家硕，张铂瑾，徐燕新. 香菇糕点制作工艺的研究 ［J］. 保鲜与加工，2014，14（1）：47 - 49.

［78］ 朱妞，吴丽萍. 香菇面包的制作工艺研究 ［J］. 包装与食品机械，2013，31（4）：24 - 27.

［79］ 李超，吴双双. 即食复合香菇杏鲍菇面制品的研制 ［J］. 食品科技，2017，42（5）：152 - 155.

［80］ 任文武，詹现璞，杨耀光. 黑木耳饮料加工技术 ［J］. 农产品加工（学刊），2012，286（7）：155，157.

［81］ 杨飞芸，杨洋. 黑木耳发酵豆奶的研制 ［J］. 中国酿造，2011，30（11）：199 - 201.

［82］ 吴琼，陈丽娜，邹险峰. 黑木耳复合饮料的研制及物性分析. 食品科技，2013，38（9）：79 - 81.

[83] 刘明华，陈其国. 黑木耳枸杞悬浮饮料的研制［J］. 食品研究与开发，2014，35 (20): 69 – 71.

[84] 范春梅，刘学文. 黑木耳核桃复合乳饮料的研制［J］. 食品工业，2012，33（3）: 7 – 9.

[85] 韩阿火. 黑木耳红糖姜汁复合饮料的研制［J］. 淮海工学院学报（自然科学版），2015，34（2）: 52 – 55.

[86] 田宇，郭阳，袁俊芳. 黑木耳凝固型酸奶的研制［J］. 中国乳品工业，2015，43 (9): 61 – 64.

[87] 崔福顺，崔泰花. 黑木耳红枣复合酸奶的研制［J］. 食用菌，2010，187（4）: 63 – 64.

[88] 高银璐，王英臣. 黑木耳麦芽汁饮料的研制［J］. 农业与技术，2016，36（15）: 171 – 175.

[89] 王磊，边忠博，陈宇飞. 黑木耳红枣复合饮料工艺的研究［J］. 食品工业科技，2013，34（23）: 271 – 274.

[90] 许玉然，马福民，邹德静. 黑木耳人参复合乳酸发酵饮料的工艺研究［J］. 饮料工业，2015，18（2）: 44 – 48.

[91] 韩春城，吴周和，邹沛. 芦笋黑木耳保健饮料的研制［J］. 饮料工业，2010，13 (6): 22 – 25.

[92] 范春梅，清源，刘学文. 毛木耳花生乳的研制［J］. 食品工业，2011，32（5）: 35 – 37.

[93] 金凤石，赵鑫，王大为. 正交试验优化玉木耳乳饮料生产工艺［J］. 乳业科学与技术，2016，39（2）: 11 – 15.

[94] 沈珺. 南瓜黑木耳无糖新型冰淇淋工艺优化［J］. 农业工程，2014，4（4）: 91 – 92.

[95] 孔祥辉，韩冰，张琪. 调味黑木耳饮品生产工艺研究［J］. 中国调味品，2015，40 (11): 84 – 88.

[96] 王磊，陈宇飞，杨柳. 黑木耳红枣复合果醋酒精发酵工艺的研究［J］. 中国调味品，2017，42（6）: 101 – 104，108.

[97] 孙立志，牟柏德，金鑫. 黑木耳饼干的研制［J］. 食用菌，2010，32（5）: 66 – 67.

[98] 郭珊，邵信儒，赵祥宇. 长白山黑木耳蜜饯的研制［J］. 人参研究，2016，28（2）: 29 – 30.

[99] 张丕奇，马银鹏，赵阳. 袋装即食调味黑木耳的研制［J］. 中国调味品，2015，40 (7): 108 – 110，133.

[100] 曲勃，杨颖. 长白山黑木耳咸菜加工工艺研究［J］. 现代农业科技，2013，611 (21): 283 – 284.

[101] 张学义，申世斌，谢晨阳. 黑木耳即食菜加工方法及产品配方［J］. 中国林副特产，2016，142（3）: 59，62.

[102] 毛迪锐，高晓旭，郝广明. 黑木耳低脂灌肠制品的研制［J］. 吉林林业科技，2012，

41 (6): 37 - 39.

[103] 范秀芝, 史德芳, 陈丽冰. 黑木耳红枣菌糕的研制 [J]. 食品工业科技, 2015, 36 (24): 239 - 242.

[104] 清源, 李向婷. 毛木耳保健果冻的研制 [J]. 安徽农业科学, 2010, 38 (14): 7514 - 7515, 7558.

[105] 周雅男, 杨华, 郭德军. 三种果味黑木耳果冻配方的研究 [J]. 中国管理信息化, 2015, 18 (4): 129 - 132.

[106] 吴洪军, 谢晨阳, 冯磊. 黑木耳蓝莓果冻产品加工研究 [J]. 中国林副特产, 2012, 116 (1): 19 - 21.

[107] 陈峰, 江瑞荣, 曾霖霖. 银耳黑木耳复合保健羹的研究 [J]. 食品工业科技, 2012, 33 (14): 263~265.

[108] 吴洪军, 冯磊, 么宏伟. 黑木耳蓝莓果果羹加工技术的研究 [J]. 中国林副特产, 2011 (6): 30 - 31.

[109] 清源. 纸型毛木耳的加工工艺研究 [J]. 食品工业, 2012, 33 (5): 21 - 22.

[110] 谢雅真, 徐丽婷, 曾丽萍. 黑木耳低糖果脯的研制 [J]. 北京农业, 2011, 473 (12): 72.

[111] 刘明华, 陈其国. 黑木耳咀嚼片制备工艺的研究 [J]. 食品研究与开发, 2017, 38 (1): 46 - 50.

[112] 邓晓华. 东北原生种猕猴桃、黑木耳果酱加工工艺 [J]. 中国林副特产, 2011, 112 (3): 33 - 34.

[113] 孔祥辉, 郭玮, 王笑庸. 黑木耳草莓果酱的研制 [J]. 农产品加工, 2015, 392 (18): 20 - 23.

[114] 冯磊, 么宏伟, 谢晨阳. 蓝莓、黑木耳果酱加工工艺研究 [J]. 中国林副特产, 2010, 109 (6): 30 - 31.

[115] 余雄涛, 李启华, 张智. 黑木耳桃酥功能食品的研制 [J]. 食品工程, 2013, 126 (1): 17 - 19.

[116] 李次力, 张月团, 王润生. 黑木耳营养粉的研制 [J]. 食品工业科技, 2011, 32 (12): 304 - 306.

[117] 潘旭琳, 魏春红. 黑木耳营养米粉的研制 [J]. 农产品加工 (学刊), 2013, 320 (6): 8 - 10.

[118] 清源. 毛木耳罐头加工工艺研究 [J]. 安徽农业科学, 2010, 38 (15): 8191 - 8192.

[119] 刘长姣, 陈宇飞, 于徊萍. 木耳鸡肝调味酱的研制 [J]. 中国调味品, 2016, 41 (7): 111 - 112, 119.

[120] 胡盼盼, 高平, 王莉. 黑木耳发酵泡菜加工工艺研究 [J]. 天津农业科学, 2017, 23 (5): 53 - 57.

[121] 许剑英. 杏鲍菇灌肠的研制 [J]. 现代农业, 2010, 407 (5): 14 - 16.

[122] 张天翼. 杏鲍菇灌肠工艺配方的研究 [J]. 安徽农业科学, 2010, 38 (14): 7520 – 7521.

[123] 徐银, 曹正, 韩艳丽. 杏鲍菇风味香肠加工工艺研究 [J]. 肉类工业, 2015, 409 (5): 4 – 7.

[124] 贾娟, 岳亚峰. 杏鲍菇海带复合保健香肠工艺的研究 [J]. 肉类工业, 2015, 414 (10): 5 ~ 8.

[125] 张玉香, 刘进杰, 杨润亚. 杏鲍菇橙汁复合饮料的研制 [J]. 鲁东大学学报 (自然科学版), 2010, 26 (1): 45 – 47.

[126] 刘晓光, 李小曼. 杏鲍菇橘汁冲饮的研制 [J]. 浙江农业科学, 2016, 57 (1): 127 – 129.

[127] 芦菲, 李波, 吴红霞. 杏鲍菇乳复合饮料的研制 [J]. 食用菌, 2013, 35 (2): 62 – 63.

[128] 秦立虎, 任江红. 杏鲍菇大果粒酸奶的研制 [J]. 中国奶牛, 2012, 235 (19): 36 – 38.

[129] 王海平, 黄和升. 高纤维杏鲍菇冰淇淋生产配方的研究 [J]. 食品科技, 2016, 41 (9): 130 – 133.

[130] 郝涤非, 翁梁. 杏鲍菇枸杞姜撞奶的研制 [J]. 食品工业, 2015, 36 (1): 24 – 26.

[131] 黄秀锦, 谭佩毅. 高纤维杏鲍菇冰淇淋的研制 [J]. 保鲜与加工, 2017, 17 (2): 78 – 82.

[132] 张培培, 叶裴然, 唐俊. 杏鲍菇软罐头加工和杀菌工艺 [J]. 食品研究与开发, 2016, 37 (10): 62 – 66.

[133] 王翠娟. 金针菇杏鲍菇复合菇罐头的开发工艺研究 [J]. 安徽农业科学, 2013, 41 (21): 9053 – 9055.

[134] 赵文亚, 李双双, 王雪. 即食香辣杏鲍菇的研制 [J]. 中国调味品, 2015, 40 (10): 84 – 87.

[135] 仲山民, 林芬, 陆凌红. 香辣型杏鲍菇风味即食产品的加工 [J]. 食品工业, 2013, 34 (5): 111 – 113.

[136] 刘凌岱, 王希, 周谢. 杏鲍菇脯的加工工艺研究 [J]. 安徽农业科学, 2012, 40 (4): 2301 – 2303.

[137] 王甜, 张正茂. 杏鲍菇软糖生产工艺优化 [J]. 食品工业, 2012, 33 (12): 15 – 17.

[138] 芦菲, 曹琳琳, 李波. 杏鲍菇山楂即食片的研制 [J]. 食用菌, 2014, 36 (5): 60 – 61.

[139] 魏明, 欧阳建华, 危贵茂. 杏鲍菇香辣三黄鸡块的研制 [J]. 肉类工业, 2012, 375 (7): 12 – 13.

[140] 翁梁. 杏鲍菇保健挂面的研制 [J]. 现代面粉工业, 2014, 28 (4): 31 – 33.

[141] 杨松杰, 刘思航. 富硒杏鲍菇醋的制作工艺比较 [J]. 湖北农业科学, 2015, 54

(8)：1955-1957.

[142] 赖谱富，陈君琛，钟礼义. 杏鲍菇酥饼的加工工艺 [J]. 福建农业学报，2016，31
(9)：971-974.

[143] 刘晶晶，俞琴玉，蔡娇娇. 杏鲍菇饼干的生产工艺及货架期预测 [J]. 食品工业科
技，2017，38 (1)：257-260，264.

[144] 李西腾. 杏鲍菇酱油生产工艺的研究 [J]. 中国调味品，2014，39 (11)：75-78.

[145] 万孝华. 杏鲍菇的盐渍加工 [J]. 农村新技术，2011，376 (24)：39.

[146] 周意文，赵楠，唐春. 红生姜-红枣-枸杞-银耳复合饮料工艺研究 [J]. 中国食
品添加剂，2015，131 (1)：127-133.

[147] 周航，张松. 桃胶银耳保健饮品工艺条件研究 [J]. 现代食品，2016 (12)：
114-119.

[148] 崔东波. 山楂银耳复合保健饮料的研制 [J]. 北方园艺，2011，242 (11)：
142-145.

[149] 杨勇，陈岗，谭红军. 一种银耳复合饮料的研制 [J]. 安徽农业科学，2015，43
(16)：284-287.

[150] 李大峰，贾冬英，华禹. 银耳百合饮料的关键工艺及配方 [J]. 食品与发酵工业，
2010，36 (4)：212-214.

[151] 尚校兰，张春丹，张兰. 银耳黄瓜饮料的研制及超高压灭菌对其品质的影响 [J].
食品与发酵工业，2016，42 (11)：162-165.

[152] 原德树，周文凤，牛小明. 银耳莲子汁饮料加工技术及配方研究 [J]. 中国食品添
加剂，2011，104 (1)：172-177.

[153] 畅阳. 搅拌型银耳枸杞酸奶的研制 [J]. 现代食品，2016 (15)：86-89.

[154] 王玉心，王团团，王馨. 搅拌型枸杞银耳酸奶的研制 [J]. 中国林副特产，2012，
117 (2)：7-10.

[155] 王振轩，赵云财. 银耳红枣发酵酒的生产技术 [J]. 酿酒，2014，41 (4)：
114-115.

[156] 王丽娟，李素云，邱赛. 银耳山药复合饮料的研制 [J]. 粮油加工，2010，388
(10)：102-104.

[157] 李胜，王彩蕴，郑凤荣. 银耳芝麻蛋白饮料的工艺及稳定性研究 [J]. 北方园艺，
2013，283 (4)：143-147.

[158] 刘健影，王大为. 正交试验优化银耳乳饮料配方 [J]. 乳业科学与技术，2014，37
(2)：9-13.

[159] 吴杰，赵雪松，刘跃芹. 珍珠桂圆银耳乳的研制 [J]. 粮油加工，2013，755 (8)：
75-77.

[160] 李文敬，徐旭，张艳荣. 银耳冰淇淋生产工艺优化 [J]. 乳业科学与技术，2012，
35 (3)：17-21.

[161] 陶伟双，徐璐，都凤华. 银耳发酵酸乳的研制 [J]. 中国酿造，2012，31 (10)：

174 – 177.

[162] 王腾宇，王世让，李丹. 新型银耳黄酒的研制 ［J］. 食品工业，2017，38（5）：58 – 61.

[163] 谭红军，姚华峰. 即食银耳羹的新工艺研究 ［J］. 食用菌，2011，33（5）59 – 60.

[164] 孙健全，张润光，张志国. 红枣银耳复合果冻的研制 ［J］. 食品研究与开发，2012，33（2）：74 – 77.

[165] 马艳梅，丁原春，王芳. 可吸型银耳莲子果冻的研究 ［J］. 吉林农业，2015，366（21）：109 – 110.

[166] 王芳，丁原春，马艳梅. 清冻型银耳莲子果冻研制试验 ［J］. 现代农业科技，2016，665（3）：316，323.

[167] 杜国军. 魔芋 – 银耳保健粉丝的研制 ［J］. 食品工业，2010，31（2）：37 – 38.

[168] 海金萍，许雪玲. 雪梨银耳低糖复合果酱的研制 ［J］. 食品研究与开发，2013，34（4）：50 – 52.

[169] 刘长姣，于果，陈宇飞. 银耳红枣山楂复合果酱的研制 ［J］. 食品研究与开发，2017，38（9）：127 – 130.

[170] 周建华，卜婷婷. 花生红衣山药银耳软糖的研制 ［J］. 食品研究与开发，2015，36（20）：67 – 69.

[171] 詹艺舒，林绍霞，陈炳智. 即食银耳脯的生产工艺 ［J］. 食品与发酵工业，2017，43（4）：177 – 182.

[172] 刘洁，王文亮，徐同成. 金针菇多糖保健饮料的工艺研究 ［J］. 饮料工业，2011，14（10）：20 – 21.

[173] 胡继松，胡亚平，王克勤. 金针菇苹果复合饮料的研制 ［J］. 湖南农业科学，2014，332（5）：56 – 59.

[174] 刘波，闫利娟. 金针菇甜杏仁保健饮料的研制 ［J］. 饮料工业，2016，19（2）：40 – 43.

[175] 唐华丽，王兆丹，杨帆. 木瓜金针菇复合饮料的研制 ［J］. 包装与食品机械，2013，31（2）：6 – 8.

[176] 卢翠文，玉澜. 金针菇花生酸奶的工艺研究 ［J］. 食品研究与开发，2012，33（1）：8891.

[177] 郝涤非，高建炳. 金针菇花生撞奶的研制 ［J］. 农产品加工（学刊），2013，317（5）：14 – 16.

[178] 贾娟，王方. 紫薯金针菇复合保健酸乳发酵工艺优化研究 ［J］. 保鲜与加工，2013，13（2）：21 – 25.

[179] 班清. 金针菇黑米酒的制作 ［J］. 食品工程，2011，120（3）：33 – 35.

[180] 胡顺端. 金针菇保健酒生产工艺 ［J］. 农村新技术，2011，362（10）：46.

[181] 周萍，李新胜，马超. 金针菇复合片剂制备技术研究 ［J］. 食品研究与开发，2015，36（12）：99 – 102.

[182] 杨伟, 芦菲, 王委. 金针菇火腿肠制备工艺研究 [J]. 食用菌, 2016, 38 (3): 60 – 61.

[183] 张俊韬, 孙月娥. 金针菇即食调理食品的研制 [J]. 食品工业, 2011, 32 (12): 8 – 10.

[184] 朱旻晔, 陈力力, 王雅君. 金针菇橘子果冻的研制 [J]. 食用菌, 2011, 33 (3): 61 – 63.

[185] 张青, 张文英. 金针菇蓝莓果冻的研制 [J]. 饮料工业, 2014, 17 (7): 23 – 27.

[186] 高雅文, 李壮, 刘学军. 金针菇牛肉丸生产工艺优化 [J]. 食品科学, 2010, 31 (6) 302 – 305.

[187] 周跃勤. 金针菇软糖生产工艺探讨 [J]. 中国食用菌, 2011, 30 (4): 56.

[188] 李思宁. 蒜香金针菇的加工工艺研究 [J]. 中国调味品, 2012, 37 (5): 64 – 66.

[189] 付世玉, 陈宏伟, 陈安徽. 金针菇菌根粉营养饼干制作工艺 [J]. 农业工程, 2017, 7 (2): 91 – 95.

[190] 赵玲玲, 王月明, 王文亮. 金针菇保健馒头制作工艺的研究 [J]. 农产品加工, 2017, 425 (2): 28 – 31.

[191] 于丽萍. 酸辣金针菇的制作 [J]. 农村新技术, 2014, 409 (9): 52.

[192] 刘万珍. 低盐蘑菇酱制作技术 [J]. 农村新技术, 2012, 382 (6): 34.

[193] 关随霞, 李爱江, 孙军杰. 蘑菇汁饮料制作工艺的研制 [J]. 安徽农学通报, 2012, 18 (19): 185 – 186.

[194] 沈莉. 蘑菇罐头的制作 [J]. 农产品加工, 2011, 240 (4): 16 – 17.

[195] 张苏. 保健型蘑菇酒的酿制 [J]. 农村新技术, 2010, 350 (22): 60.

[196] 荆亚玲, 阎晓萌, 秦娜. 双孢蘑菇菇柄酸奶加工工艺研究 [J]. 食用菌, 2015, 37 (3): 60 – 62.

[197] 孙莉, 徐晓燕. 蘑菇加工研究进展 [J]. 轻工科技, 2013, 29 (8): 25 – 27.

[198] 郭军尚. 果味平菇酱 [J]. 农村新技术, 2016, 428 (4): 53.

[199] 罗茂春, 胡晓冰, 林标声. 凝固型红平菇酸奶的加工工艺. 食品研究与开发, 2013, 34 (12): 38 – 40.

[200] 彭凌, 张婷, 贺新生. 红平菇面包的加工工艺 [J]. 食品研究与开发, 2010, 31 (8): 72 – 76.

[201] 吴洪军, 付婷婷, 李静彤. 泡椒平菇软罐头加工技术研究 [J]. 中国林副特产, 2014, 129 (2): 27 – 28.

[202] 陈云. 平菇醋酿造工艺的研究 [J]. 中国调味品, 2016, 41 (2): 9395, 99.

[203] 杜海珍. 平菇脆片加工工艺研究 [J]. 现代食品科技, 2010, 26 (6): 630 – 631.

[204] 张时. 三种特色平菇食品的加工 [J]. 农家顾问, 2011, 342 (10): 49 – 50.

[205] 刘媛, 杨伟, 聂远洋. 平菇猴头菇复合枣片的研制 [J]. 食用菌, 2017, 39 (2): 67 – 68.

[206] 于永翠. 冬瓜蘑菇鸡肉粥的研制 [J]. 肉类工业, 2017, 430 (2): 11 – 13.

[207] 赵宏伟, 潘利华, 罗建平. 风味灵芝饮料的研制 [J]. 饮料工业, 2011, 14 (4): 16 – 19.

[208] 刘俊华, 邵春水, 刘文娟. 富硒灵芝醋饮料的生产工艺研究 [J]. 食用菌, 2010, 32 (4): 65 – 66.

[209] 李建国, 蔡小艳. 灵芝冰淇淋生产工艺的研究 [J]. 农产品加工 (学刊), 2012, 301 (12): 72 – 74.

[210] 张群, 李高阳. 灵芝苦荞皮低糖复合保健饮料的研制 [J]. 湖南农业科学, 2013, 306 (3): 91 – 93, 97.

[211] 丁芳林, 董益生, 刘玉兰. 灵芝水果保健饮料的研制 [J]. 现代农业科技, 2011, 27 (16): 324 – 325.

[212] 郑必胜, 李会娜, 曾娟灵. 芝速溶茶的研制 [J]. 现代食品科技, 2012, 28 (7): 835 – 839.

[213] 陈今朝, 王慧超, 谭永忠. 灵芝银杏叶保健酸奶的研制 [J]. 食品工业, 2014, 35 (3): 112 – 115.

[214] 陈秀丽, 贾健辉, 刘玉兵. 破壁灵芝孢子粉乳饮料的研制 [J]. 现代食品, 2016 (3): 65 – 67.

[215] 明红梅, 曹新志, 董瑞丽. 松针枸杞灵芝保健酒的研制 [J]. 食品与机械, 2010, 26 (4): 120 – 122, 131.

[216] 王英, 宁正祥. 灵芝首乌酒的研制 [J]. 酿酒科技, 2013, 227 (5): 79 – 81.

[217] 高清山, 张玉清. 复合型灵芝保健酒的生产工艺研究 [J]. 酿酒, 2014, 41 (1): 68 – 70.

[218] 杨生辉. 灵芝保健软糖的研制 [J]. 食品工业, 2010, 31 (1): 45 – 47.

[219] 陈秀丽, 刘玉兵, 贾健辉. 灵芝营养桃酥的研制 [J]. 福建农业, 2014 (8): 36.

[220] 沈冬明. 无糖型灵芝颗粒剂的研制 [J]. 安徽农业科学, 2012, 40 (11): 6447 – 6448.

[221] 任文武, 詹现璞, 杨耀光. 猴头菇饮料加工技术 [J]. 农产品加工 (学刊), 2012, 280 (5): 143 – 144.

[222] 郝涤非, 蒋利群. 猴头菇葡萄汁保健饮料的研制 [J]. 农产品加工, 2011, 249 (7): 73 – 75.

[223] 王谦, 冯东东, 黄紫飘. 一种新型猴头发酵饮料的制备及其相关检测 [J]. 食品科技, 2017, 42 (4): 101 – 104.

[224] 邹东恢, 郭宏文. 枸杞猴头菇发酵酒的工艺研究 [J]. 酿酒, 2012, 39 (3): 83 – 85.

[225] 张鑫, 张海悦, 李震. 猴头菇蛋白多糖口含片的研制猴头菇蛋白多糖口含片的研制 [J]. 食品研究与开发, 2016, 37 (9): 100 – 104.

[226] 陈梅香, 魏俊杰, 苗晓燕. 猴头菌保健蛋糕的研制 [J]. 粮油加工, 2010, 385 (7): 95 – 95.

[227] 曹淼，贾君，化志秀. 猴头菇海绵蛋糕的研制 [J]. 食品研究与开发，2017，38 (1)：56-60.

[228] 邱瑞芳. 猴头菇牛皮糖巧加工 [J]. 农村新技术，2011，362 (10)：39.

[229] 梁凤龙，赵云财. 茶树菇发酵酒. 酿酒，2014，41 (4)：106-107.

[230] 翁梁，秦维，沈娟. 茶树菇发酵香肠的研制 [J]. 肉类工业，2016，420 (4)：1-3，5.

[231] 刘爱和. 茶树菇软罐头加工及保藏试验 [J]. 食用菌，2011，33 (4)：52-53.

[232] 郑秀莲. 茶树菇"冰菇"加工工艺关键技术研究 [J]. 食用菌，2012，34 (1)：57-58.

[233] 罗晓莉，张沙沙，曹晶晶. 美味牛肝菌风味沙拉酱的研制 [J]. 食品工业科技，2017，39 (3)：206-210.

[234] 李西腾，徐园园，王江歌. 发酵型风味鸡腿菇酱的工艺研究 [J]. 农产品加工，2015，394 (10)：30-32.

[235] 李瑛，吕嘉枥，王丽红. 姬松茸保健酒的制备 [J]. 现代食品科技，2010，26 (1)：92-94.

[236] 何惠，况光仪. 番茄竹荪混合发酵酒的研制 [J]. 酿酒科技，2010，187 (1)：57-59.

[237] 张苏德. 北冬虫夏草保健酒的研制 [J]. 酿酒，2012，43 (2)：71-72.

[238] 朱会霞，孙金旭，张浩. 灰树花菌丝体发酵酒工艺研究 [J]. 酿酒科技，2012，221 (11)：95-97，101.

[239] 肖伟东，邰丽梅，樊建. 块菌酒主发酵工艺条件优化研究 [J]. 食品工业科技，2014，35 (15)：245-249.

[240] 王麒琳，张立娟，王玥玮. 榆黄蘑汁枣汁复合饮料的研制 [J]. 食品研究与开发，2016，37 (14)：79-82.

[241] 李延辉，郑凤荣. 榆黄蘑发酵饮料的研制 [J]. 北方园艺，2010，210 (3)：165-167.

[242] 陈伟，陈海燕，杨建军. 北冬虫夏草保健饮料制作工艺研究 [J]. 上海农业科技，2016，358 (4)：26-27.

[243] 李晓磊，赵珺，代思成. 果味冬虫夏草饮料的研制 [J]. 食品研究与开发，2010，31 (1)：66-68.

[244] 刘珍珍，李超，宋慧. 白灵菇芦荟复合保健饮料的研制 [J]. 粮油加工，2013，749 (6)：73-75.

[245] 王绍胜，辛松林. 牛肝菌奶油浓汤粉加工工艺的研究 [J]. 食品与发酵科技，2011，47 (4)：27-29.

[246] 吕志伟. 牛肝菌的加工 [J]. 农产品加工，2011，240 (4)：23.

[247] 邵信儒，孙海涛，姜瑞平. 山榛蘑即食营养汤料的研制 [J]. 中国调味品，2011，36 (10)：64-66.

[248] 石亚军. 竹荪的干制加工 [J]. 农村新技术, 2016, 432 (8): 54.

[249] 刘亚兵, 李江林, 陈怀德. 姬松茸牛骨粉酥性饼干的研制 [J]. 粮食与食品工业, 2014, 21 (4): 62-65.

[250] 辜雪冬, 王常勇, 谢磊. 藏香猪松茸肉丸加工研究 [J]. 食品工业, 2012, 33 (2): 68-70.

[251] 梁大伟, 莫美华. 巨大口蘑饼干的研制 [J]. 现代食品, 2016 (9): 107-109.

[252] 丁培峰, 王云峰, 李育峰. 莜面马铃薯口蘑保健饼干研制 [J]. 粮食与油脂, 2016, 29 (6): 43-45.

[253] 王洪立, 陈家浩, 任伟. 鸡腿菇素火腿肠的工艺研究 [J]. 特种经济动植物, 2015, 18 (7): 51-52.

[254] 陈晓丽. 鸡腿菇的加工 [J]. 农产品加工, 2011, 240 (4): 18.

[255] 甄佳美, 刘通, 彭杉. 响应面法优化姬松茸面条生产工艺 [J]. 农产品加工, 2017, 428 (3): 26-30.

[256] 安振营. 滑子菇盐渍加工方法 [J]. 农村新技术, 2016, 426 (2): 53-54.

[257] 清源. 块菌多糖含片的研制 [J]. 食品工业, 2017, 38 (5): 40-42.

[258] 赵丹, 韩清华, 周海军. 菌菇汤冻调味料制备与工艺优化 [J]. 食品工业科技, 2017, 38 (3): 196-201.

[259] 刘璐, 高冰, 丁城. 蛹虫草面酱发酵工艺研究 [J]. 中国酿造, 2017, 36 (3): 188-191.

[260] 孙连海, 郭明月, 王凯. 蛹虫草保健酱的加工工艺研究 [J]. 中国调味品, 2015, 40 (11): 68-71.

[261] 任文武, 周婧琦, 杨耀光. 蛹虫草饮料加工技术 [J]. 农产品加工 (学刊), 2012 (5): 142, 144.

[262] 党花利, 秦秀丽. 蛹虫草-猕猴桃保健饮料工艺研究 [J]. 食用菌, 2014, 280 (5): 58-60.

[263] 李尽哲, 黄雅琴, 叶兆伟. 蛹虫草银杏叶保健饮料的研制 [J]. 中国酿造, 2015, 34 (12): 175-178.

[264] 路红波. 茯苓保健鱼面的研制 [J]. 食品工业, 2011, 32 (7): 55-57.

[265] 王丽琼, 刘庆莲, 腾菲菲. 玫瑰茯苓糕的研制 [J]. 粮食与食品工业, 2016, 23 (4): 59-61.

[266] 杨东方, 姚雪峰, 冀小君. 茯苓营养保健果冻的研制 [J]. 农产品加工 (学刊), 2012, 289 (8): 82-83, 97.